高等职业教育精品规划教材

JavaScript 语言与 Ajax 应用
（第二版）

主　编　董　宁　陈　丹

副主编　袁晓曦　江　平

主　审　曹　静

中国水利水电出版社
www.waterpub.com.cn

内 容 提 要

本书基于 ECMAScript 6 标准系统介绍了 JavaScript 语言与 Ajax 应用相关的技术，主要包括：JavaScript 语言基本概念与开发环境的选择、面向对象程序设计、文档对象模型、事件处理、浏览器对象模型、JavaScript 库、动画效果、Ajax 应用和表单验证等，逻辑严密，实例丰富，内容翔实，可操作性强。

本书可作为高职院校或大专院校相关专业教材，也可作为 Web 应用前台开发人员的参考书，还可作为各类计算机培训机构的教材。

本书免费提供电子教案和全部程序的源文件，读者可以从中国水利水电出版社网站以及万水书苑下载，网址为：http://www.waterpub.com.cn/softdown/或 http://www.wsbookshow.com。

图书在版编目（CIP）数据

JavaScript语言与Ajax应用 / 董宁，陈丹主编. --
2版. -- 北京 : 中国水利水电出版社，2016.3（2022.1重印）
高等职业教育精品规划教材
ISBN 978-7-5170-4128-3

Ⅰ. ①J… Ⅱ. ①董… ②陈… Ⅲ. ①JAVA语言－程序设计－高等职业教育－教材②计算机网络－程序设计－高等职业教育－教材 Ⅳ. ①TP312②TP393.09

中国版本图书馆CIP数据核字(2016)第036246号

策划编辑：杨庆川　　责任编辑：李　炎　　封面设计：李　佳

书　　名	高等职业教育精品规划教材 JavaScript 语言与 Ajax 应用（第二版）
作　　者	主　编　董　宁　陈　丹 副主编　袁晓曦　江　平 主　审　曹　静
出版发行	中国水利水电出版社 （北京市海淀区玉渊潭南路 1 号 D 座　100038） 网址：www.waterpub.com.cn E-mail：mchannel@263.net（万水） sales@waterpub.com.cn 电话：（010）68367658（营销中心）、82562819（万水）
经　　售	全国各地新华书店和相关出版物销售网点
排　　版	北京万水电子信息有限公司
印　　刷	三河市德贤弘印务有限公司
规　　格	184mm×260mm　16 开本　15.75 印张　388 千字
版　　次	2011 年 7 月第 1 版　2011 年 7 月第 1 次印刷 2016 年 3 月第 2 版　2022 年 1 月第 4 次印刷
印　　数	10001—12000 册
定　　价	32.00 元

前　言

JavaScript 语言是一种脚本语言，ECMAScript 标准定义了其语法规则。随着页面前端开发的地位越来越重要，JavaScript 语言已经被推到了 Web 应用开发的中心位置，熟练掌握 JavaScript 语言是 Web 应用开发人员必备的技能。

本书基于新颁布的 ECMAScript 6 标准，不仅包含了 JavaScript 语言与 Ajax 技术的各种概念和理论知识，而且对多种知识的综合运用进行了详细的讲解。知识点系统连贯，逻辑性强，重难点突出，利于组织教学，在内容安排上注意承上启下、由简到繁、循序渐进地讲述 JavaScript 语言，从基本概念到面向对象编程、从 JavaScript 库的使用到 Ajax 技术都进行了详细阐述，并进行了细致的实例讲解。

本书是作者在多年的教学实践和科学研究的基础上，参阅了大量国内外相关教材后，几经修改而成。主要特点如下：

1．实例丰富，内容充实。

在本书中使用了大量实例来介绍 JavaScript 语言，几乎涉及 JavaScript 语言的每一个领域。

2．讲解通俗，步骤详细。

本书中的每个示例都是以通俗易懂的语言描述，并配以示例源代码帮助读者更好地掌握 JavaScript 语言。

3．由浅入深，逐步讲解。

本书按照由浅入深的顺序，循序渐进地介绍了 JavaScript 语言与 Ajax 应用的相关知识。各个章节在编写的时候都是层层展开、环环相套的。

4．内容紧跟 JavaScript 语言技术的发展。

本书中介绍的 JavaScript 语言编程技术与 Ajax 技术都是目前 Web 应用开发中使用的主流技术。

5．本书配有全部程序的源文件和电子教案。

为方便读者使用，书中全部实例的源代码及电子教案均免费提供给读者。

本书循序渐进地介绍了与 JavaScript 语言开发相关的各方面知识，包括开发环境的选择、JavaScript 语法、面向对象程序设计、文档对象模型、事件处理、浏览器对象模型、JavaScript 库、动画效果、Ajax 技术和表单验证，同时还介绍了大量 JavaScript 代码的开发经验，对使用中的重点难点进行了专门的讲解。

本书由董宁、陈丹主编，袁晓曦、江平任副主编，曹静主审，谢日星、罗炜、刘洁、张宇、肖奎、李汉桥参加编写，董宁、陈丹统编全稿。

读者朋友在阅读本书的过程中，如觉得有疑问或不妥之处，请与编者（dong.ning@qq.com）联系，帮助我们共同改进提高，编者将不胜感激。

编　者

2015 年 12 月

目　录

第 1 章　JavaScript 基础

JavaScript 是一种基于对象的脚本编程语言，从本章中你可以了解到 JavaScript 是如何以及为何出现的，从它的开始到如今涵盖各种特性的实现，还介绍了 JavaScript 的具体应用及 JavaScript 脚本语言的开发环境。

- JavaScript 和客户端脚本编程的起源
- 在 Web 页面中使用 JavaScript 的方法
- 编写和调试 JavaScript 的几种常用工具

1.1　JavaScript 的历史与现状

1.1.1　JavaScript 的发展

当 Internet 普及越来越广时，对于开发客户端脚本的需求也逐渐增大。此时，大部分 Internet 用户仅仅通过 28.8kbt/s 的 Modem 来连接到网络，尽管这时网页已经不断地变得更大和更复杂。加剧用户痛苦的是，仅仅为了简单的表单有效性验证，就要与服务器进行多次的往返交互。设想一下，用户填写完一个表单，单击提交按钮，等待 30 秒后，看到的却是一条告诉你忘记填写一个必要的字段的信息。那时正处于技术革新最前沿的 Netscape，开始认真考虑开发一种客户端语言来处理简单的问题。

当时为 Netscape 工作的 Brendan Erich，开始着手为即将在 1995 年发行的 Netscape Navigator 2.0 开发一个称之为 LiveScript 的脚本语言，起初的目的是同时在浏览器和服务器使用它。Netscape 与 Sun 公司联手及时完成了 LiveScript 的实现。就在 Netscape Navigator 2.0 即将正式发布前，Netscape 将其更名为 JavaScript，目的是为了利用 Java 这个 Internet 时髦词汇。Netscape 的这一决定也实现了当初的意图，JavaScript 从此变成了因特网的必备组件。

因为 JavaScript 1.0 如此成功，Netscape 在 Navigator 3.0 中发布了 JavaScript 1.1 版本。恰在那个时候，微软决定进军浏览器市场，发布了 IE 3.0b 并搭载了一个 JavaScript 的克隆版，叫做 JScript（这样命名是为了避免与 Netscape 潜在的许可纠纷）。微软步入浏览器领域的这重要一步当然推动了 JavaScript 的进一步发展。在微软进入后，有 3 种不同的 JavaScript 版本同时存在：Netscape Navigator 3.0 中的 JavaScript、IE 中的 JScript 以及 CEnvi 中的 ScriptEase。与其他编程语言不同的是，JavaScript 并没有一个标准来统一其语法或特性，而这 3 种不同的版本恰恰突显了这个问题，随着用户担心的增加，这个语言的标准化显然已经势在必行。

1997 年，JavaScript 1.1 作为一个草案提交给 ECMA（欧洲计算机制造商协会）。第 39 技术委员会（TC39）被委派来“标准化一个通用、跨平台、中立于厂商的脚本语言的语法和语义”。由来自 Netscape、Sun、微软、Borland 和其他一些对脚本编程感兴趣的公司的程序员组成的 TC39 锤炼出了 ECMA-262，该标准定义了叫作 ECMAScript 的全新脚本语言。在 1998 年，该标准成为了国际标准（ISO/IEC 16262）。这个标准继续处于发展之中。在 2005 年 12 月，ECMA 发布 ECMA-357 标准（ISO/IEC 22537），主要增加了对扩展标记语言 XML 的有效支持。从此，Web 浏览器就开始努力（虽然有着不同程度的成功和失败）将 ECMAScript 作为 JavaScript 实现的基础。

1.1.2 JavaScript 的现状

2015 年 6 月 ECMAScript 6 已经正式发布，作为 ECMAScript 5.1 之后的一次重要改进，其目标是使参照此标准实现的 JavaScript 语言可以更适合用来开发大型的复杂的企业级应用。ECMAScript 6 添加了模块和类等工程化开发语言的必要特性，同时也添加了 Maps、Sets、Promise（异步回调）和 Generators（生成器）等一些实用特性。

虽然 ECMAScript 6 在语言标准上做了大量的更新，但其依旧完全向后兼容以前的版本，也就是说所有的在 ECMAScript 6 语言标准发布之前编写的 JavaScript 老代码都可以在实现了 ECMAScript 6 语言标准的浏览器或其他设备上正常运行。

截至目前，ECMAScript 6 的官方名称是 ECMAScript 2015，其下一个版本将在 2016 年发布，命名为 ECMAScript 2016。ECMA 今后将用频繁发布小规模增量更新的方式公布新的语言标准，所以，新的 JavaScript 语言版本将按照 ECMAScript 加年份的形式命名发布。

1.1.3 JavaScript 的定位

JavaScript 语言是一种脚本语言，ECMAScript 标准定义了其语法规则，JavaScript 语言的学习不仅仅是 JavaScript 语法学习，同时也要掌握 JavaScript 语言宿主的调用。JavaScript 语言宿主是指 JavaScript 语言的运行环境。在 Web 前端开发领域中，浏览器作为 JavaScript 语言宿主提供了许多对象供 JavaScript 语言调用。本书除了介绍 JavaScript 语言之外，也会讲解浏览器提供的对象如何使用。

随着 ECMAScript 标准的完善，各种优秀的 JavaScript 语言编译与运行环境不断涌现。随着 Node.js 等框架的出现，使 JavaScript 语言不仅仅可以被用在 Web 前端开发领域，还可以用在服务器程序的开发中。不过应用 JavaScript 语言进行服务器程序开发并不在本书的介绍范围之内，感兴趣的读者可自行查阅相关的技术资料。

1.1.4 JavaScript 在 Web 前端开发中的作用

HTML 超文本标识语言可用来制作所需的 Web 网页，通过 HTML 符号的描述就可以实现文字、表格、声音、图像、动画等多媒体信息的检索。然而采用单纯的 HTML 技术存在一定的缺陷，那就是它只能提供一种静态的信息资源，缺少动态的效果。这里所说的动态效果分为两种：一种是客户端的动态效果，就是我们看到的 Web 页面是活动的，可以处理各种事件，例如鼠标移动时图片会有翻转效果等；另一种是客户端与服务器端的交互产生的动态效果。实现客户端的动态效果，JavaScript 无疑是一件适合的工具。JavaScript 的出现，使得信息和用户之间不仅只是一种显示和浏览的关系，而是实现了一种实时的、动态的、交互性的表达能力。从而基于 CGI 的静态 HTML 页面将被可提供动态实时信息并对客户操作进行响应的 Web 页面所取代。JavaScript 脚本正是满足这种需求而产生的语言。

JavaScript 是一种基于对象和事件驱动并具有安全性能的脚本编写语言，它采用小程序段的方式实现编程，像其他脚本语言一样，JavaScript 同样也是一种解释性语言，它提供了一个简易的开发过程。它的基本结构形式与 C、C++、VB、Delphi 十分类似。但它不像这些语言一样，需要先编译，而是在程序运行过程中被逐行地解释。在 HTML 基础上，使用 JavaScript 可以开发交互式 Web 网页，它是通过嵌入或调入在标准的 HTML 语言中实现的。JavaScript 与 HTML 标识结合在一起，实现在一个网页中链接多个对象，与网络客户交互作用，从而可以开发客户端的应用程序，其作用主要体现在以下几个方面。

①动态性。JavaScript 是动态的，它可以直接对用户或客户输入做出响应，无须经过 Web 服务程序。它对用户的反映响应，是采用以事件驱动的方式进行的。所谓事件驱动，就是指在主页中执行了某种操作所产生的动作，就称为“事件”。比如按下鼠标、移动窗口、选择菜单等都可以视为事件。当事件发生后，可能会引起相应的事件响应。

②跨平台。JavaScript 依赖于浏览器本身，与操作环境无关，只要能运行浏览器的计算机，并支持 JavaScript 的浏览器就可以正确执行。

③相对安全性。JavaScript 是客户端脚本，通过浏览器解释执行。它不允许访问本地的硬盘，并且不能将数据存入到服务器上，也不允许对网络文档进行修改和删除，只能通过浏览器实现信息浏览或动态交互，从而有效地防止数据的丢失。

④节省客户端与服务器端的交互时间。随着 WWW 的迅速发展。有许多服务器提供的服务要与客户端进行交互，如确定用户的身份、服务的内容等，这项工作通常由 CGI/PERL 编写相应的接口程序与用户进行交互来完成。很显然，通过网络与用户的交互过程一方面增大了网络的通信量，另一方面影响了服务器的服务性能。服务器为一个用户运行一个 CGI 时，需要一个进程为它服务，它要占用服务器的资源（如 CPU 服务、内存耗费等），如果用户填表出现错误，交互服务占用的时间就会相应增加。被访问的热点主机与用户交互越多，服务器的性能影响就越大。而 JavaScript 是一种基于客户端浏览器的语言，用户在浏览中填表、验证的交互过程只是通过浏览器对调入 HTML 文档中的 JavaScript 源代码进行解释执行来完成的，即使是必须调用 CGI 的部分，浏览器只将用户输入验证后的信息提交给远程的服务器，大大减少了服务器的开销。

1.1.5 Ajax

Ajax 即 Asynchronous JavaScript and XML（异步 JavaScript 和 XML），Ajax 并非缩写词，而是由 Jesse James Gaiiett 创造的名词，是指一种创建交互式网页应用的网页开发技术。Ajax 描述了把 JavaScript 和 Web 服务器组合起来的编程范型，JavaScript 是 Ajax 的核心技术之一，在 Ajax 技术架构中起着不可替代的作用。Ajax 是一种 Web 应用程序开发的手段，它采用客户端脚本与 Web 服务器交换数据，所以不必采用中断交互的完整页面刷新，就可以动态地更新 Web 页面。使用 Ajax 技术可以不必刷新整个页面，只是对页面的局部进行更新，而且还可以节省网络宽带，提高网页加载速度，从而缩短用户等待时间，改善用户的操作体验。

1.2 JavaScript 的运行

1.2.1 JavaScript 代码的装载与解析

当一个 HTML 页面被装载时，它会装载并解析过程中遇到的任何 JavaScript。Script 标签可以出现在文档的 head 中，也可以出现在 body 中。如果有指向外部 JavaScript 文件的链接，它会先装载该链接，再继续解析页面。嵌入第三方的脚本时，如果远程服务器因负担过重而无法及时返回文件，就有可能导致页面的装载时间显著变长。

代码解析是浏览器取得代码并将之转化成可执行代码的过程。这个过程的第一步是检查代码的语法是否正确，如果不正确，过程会立即失败。如果一个包含语法错误的函数被运行，将很可能会得到一条错误消息，显示函数还没定义。当浏览器确认代码合法之后，它会解析 script 块中所有的变量和函数。如果要调用的函数来自其他 script 块或者其他文件，需要确保它在当前 script 元素之前装载。

1.2.2 在 HTML 页面中嵌入 JavaScript

JavaScript 的脚本包括在 HTML 中，成为 HTML 文档的一部分，与 HTML 标识相结合，构成动态的、能够交互的网页。

1．引入 JavaScript 脚本代码到 HTML 文档中

如果需要把一段 JavaScript 代码插入 HTML 页面，我们需要使用 script 标签（同时使用 type 属性来定义脚本语言）。这样，<script type="text/javascript">和</script>就可以告诉浏览器 JavaScript 代码从何处开始，到何处结束。浏览器载入嵌有 JavaScript 代码的 HTML 文档时，能自动识别 JavaScript 代码的起始标记和结束标记，并将其间的代码按照 JavaScript 语言标准加以解析并运行，然后将运行结果返回 HTML 文档并在浏览器窗口显示。

【例 1-1】将 JavaScript 代码嵌入到 HTML 文档中。

```
<html>
    <head>
        <title>JavaScript Test</title>
    </head>
    <body>
        <center>
            <script language="JavaScript" type="text/javascript">
                document.write("Hello World!");
            </script>
        </center>
    </body>
</html>
```

在例 1-1 的代码中除了 script 标记对之间的内容外，都是最基本的 HTML 代码，可见 script 标记可以将 JavaScript 代码封装并嵌入到 HTML 文档中。script 标记的作用是将 JavaScript 代码封装，并告诉浏览器其间的代码为 JavaScript 代码。这段 JavaScript 代码调用了 document 文档对象的 write()方法将字符串写入到 HTML 文档中。

下面重点介绍 script 标记的几个属性：

（1）language 属性：用于指定封装代码的脚本语言及版本，有的浏览器还支持 PERL、VBScript 等，所有浏览器都支持 JavaScript（当然，非常老的版本除外），同时 language 属性默认值也为 JavaScript。

（2）type 属性：指定 script 标记对之间插入的脚本代码类型。

（3）src 属性：用于将外部的脚本文件内容嵌入到当前文档中，一般在较新版本的浏览器中使用，一般使用 JavaScript 脚本编写的外部脚本文件使用.js 为扩展名，同时在 script 标记中不包含任何内容，如下：

```
<script language="JavaScript" type="text/javascript" src="Hello.js">
</script>
```

下面的例子演示了<script>标记的 src 属性如何引入 JavaScript 脚本代码。

【例 1-2】改写例 1-1 的代码并保存为 1-2.htm：

```
<html>
    <head>
        <title>JavaScript Test</title>
    </head>
    <body>
        <center>
            <script language="JavaScript" type="text/javascript" src="1-2.js">
            </script>
        </center>
    </body>
</html>
```

同时再编辑如下代码并将其保存为 1-2.js：

```
document.write("Hello World!");
```

将 1-2.htm 和 1-2.js 文件放置于同一目录，在浏览器中打开 1-2.htm，结果与例 1-1 显示相同。

可见通过外部引入 JavaScript 代码文件的方式，能实现同样的功能，并具有如下优点：

①将 JavaScript 代码同现有页面的逻辑结构及浏览器结果分离。通过外部代码，可以轻易实现多个页面共用实现相同功能的代码文件，以便通过更新一个代码文件内容达到批量更新的目的。

②浏览器可以实现对目标代码文件的高速缓存，避免额外的由于引用同样功能代码文件而导致下载时间的增加。

与 C++语言等使用外部头文件（.h 文件等）相似，引入 JavaScript 代码时使用外部代码文件的方式符合结构化编程思想。

引用外部文件中的 JavaScript 代码也必须更加谨慎。在某些情况下，引用的外部 JavaScript 代码文件由于功能过于复杂或其他原因导致的加载时间过长有可能导致页面事件得不到处理或者得不到正确的处理，程序员必须谨慎使用并确保脚本加载完成后其中的函数才被页面事件调用，否则浏览器报错。

综上所述，使用引入外部 JavaScript 代码文件的方法是效果与风险并存，开发者应权衡优缺点以决定是将 JavaScript 代码嵌入到目标 HTML 文档中还是通过引用外部代码文件的方式来实现相同的功能。

2. 嵌入 JavaScript 代码的位置

JavaScript 代码可放在 HTML 文档中任何位置。一般来说，可以在 head 标记、body 标记之间按需要插入 JavaScript 代码。

（1）head 标记之间放置

放置在 head 标记之间的 JavaScript 代码一般用于提前载入以响应用户的动作，一般不影响 HTML 文档的浏览器显示内容。如下是其基本文档结构：

```
<html>
     <head>
          <title>文档标题</title>
          <script language="javascript" type="text/javascript">
            //脚本语句…
          </script>
     </head>
     <body>
     </body>
</html>
```

（2）body 标记之间放置

如果需要在页面载入时运行 JavaScript 代码生成网页内容，应将脚本代码放置在 body 标记之间，可根据需要编写多个独立的代码段并与 HTML 代码结合在一起。如下是其基本文档结构：

```
<html>
     <head>
          <title>文档标题</title>
     </head>
     <body>
          <script language="javascript" type="text/javascript">
            //脚本语句…
          </script>
            //HTML 语句
          <script language="javascript" type="text/javascript">
            //脚本语句…
          </script>
     </body>
</html>
```

（3）在两个标记对之间混合放置

如果既需要提前载入脚本代码以响应用户的事件，又需要在页面载入时使用脚本生成页面内容，可以综合以上两种方式。如下是其基本文档结构：

```
<html>
     <head>
          <title>文档标题</title>
          <script language="javascript" type="text/javascript">
            //脚本语句…
          </script>
     </head>
```

```
    <body>
        <script language="javascript" type="text/javascript">
            //脚本语句…
        </script>
    </body>
</html>
```

在 HTML 文档中何种位置嵌入 JavaScript 代码应由其实际功能需求来决定。

1.3　JavaScript 的开发环境

由于 JavaScript 代码是由浏览器解释执行的，所以编写运行 JavaScript 代码并不需要特殊的编程环境，只需要普通的文本编辑器和支持 JavaScript 代码的浏览器即可。

JavaScript 语言编程一般分为如下步骤：

①选择 JavaScript 代码编辑器编辑脚本代码。

②嵌入该 JavaScript 代码到 HTML 文档中。

③选择支持 JavaScript 的浏览器浏览该 HTML 文档。

④如果错误则检查并修正源代码，重新浏览，重复此过程直至代码正确为止。

⑤处理在不同浏览器中 JavaScript 代码不兼容的情况。

1.3.1　编写 JavaScript 代码

由于 JavaScript 纯粹由文本构成，因此编写 JavaScript 代码可以用任何文本编辑器，也可以用编写 HTML 和 CSS 文件的任何程序，或者用像 Visual Studio 和 Eclipse 这样强大的集成开发环境。如果只是用作 Web 前端开发的话，还可以使用类似 Sublime Text 这样专注于代码编写的轻量级且功能强大的文本编辑工具作为 JavaScript 的编写工具。

Sublime Text 是一个功能强大的代码编辑器，支持多种编程语言的语法高亮，拥有优秀的代码自动完成功能，还拥有代码片段（Snippet）等功能，支持 Vim 模式，可以使用 Vim 模式下的多数命令，同时也支持宏。Sublime Text 还具有良好的扩展能力和完全开放的用户自定义配置与编辑状态恢复功能，支持强大的多行选择和多行编辑等。Sublime Text 也是一个跨平台的编辑器，同时支持 Windows、Linux、Mac OS X 等操作系统。

根据需要，本书将重点介绍如何将 Sublime Text 配置成易用且高效的 JavaScript 开发环境。

1. Sublime Text 的版本选择与获取

一般来说，如果是首次使用 Sublime Text，可以直接选择目前的最新版本 Sublime Text 3。Sublime Text 所有版本都可以在其官方网站（http://www.sublimetext.com）上直接下载，Sublime Text 虽然是一款收费软件，但是却可以无限期试用，所以，Sublime Text 对于初学者来说是非常友好的。

根据操作系统选择对应的版本下载安装后运行可以看到如图 1-1 所示的界面。本书选用的是 Sublime Text 3 x64 版本，系统环境为 Windows 10。

图 1-1　Sublime Text 3 界面

2. JavaScript 开发环境的配置

Sublime Text 3 是一款通用型文本编辑工具，默认安装后并未提供 JavaScript 开发环境所需的代码高亮和智能提示等功能，所以在开始编写 JavaScript 代码前还需安装一些 Sublime Text 的插件。

作为 JavaScript 代码编写工具，笔者在此推荐安装如下 Sublime Text 3 插件。

（1）Package Control

该插件的功能是为 Sublime Text 3 添加一个在线插件管理平台，让用户可以方便地查找与安装插件。Package Control 可以说是 Sublime Text 3 的必装插件。其安装步骤如下：

①运行 Sublime Text 3，使用快捷键 Ctrl+`调出控制台，如图 1-2 所示。

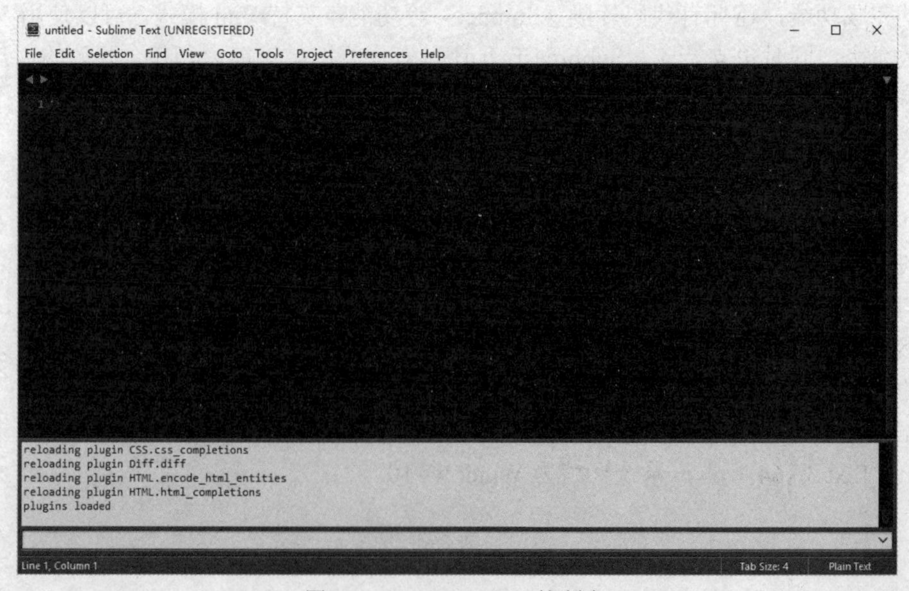

图 1-2　Sublime Text 3 控制台

②保持计算机连上 Internet，复制如图 1-3 所示的安装代码到控制台并运行。运行成功后重启 Sublime Text 3，如果在菜单 Perferences|Package Settings 中看到 Package Control 这一项，则表示安装成功。安装代码在 Package Control 官方网站（https://packagecontrol.io）上有提供，不要试图自行编写。

```
import urllib.request,os,hashlib; h =
'2915d1851351e5ee549c20394736b442' +
'8bc59f460fa1548d1514676163dafc88'; pf = 'Package
Control.sublime-package'; ipp =
sublime.installed_packages_path();
urllib.request.install_opener( urllib.request.build_opener(
urllib.request.ProxyHandler()) ); by = urllib.request.urlopen(
'http://packagecontrol.io/' + pf.replace(' ', '%20')).read();
dh = hashlib.sha256(by).hexdigest(); print('Error validating
download (got %s instead of %s), please try manual install' %
(dh, h)) if dh != h else open(os.path.join( ipp, pf), 'wb'
).write(by)
```

图 1-3 Package Control 安装代码

（2）Emmet

该插件的功能是可以通过 CSS 选择器自动生成 HTML，可以大大提高 HTML 代码的编写效率，对 JavaScript 程序的开发是很有帮助的。例如，通过“div#content>h1+p”这样的 CSS 选择器自动生成如下 HTML 代码：

```
<div id="content">
    <h1></h1>
    <p></p>
</div>
```

Emmet 插件的安装步骤如下：

①运行 Sublime Text 3，使用快捷键 Ctrl+Shift+P 调出 Package Control 命令面板，输入“Install”，选择 Package Control: Install Package 并运行，如图 1-4 所示。

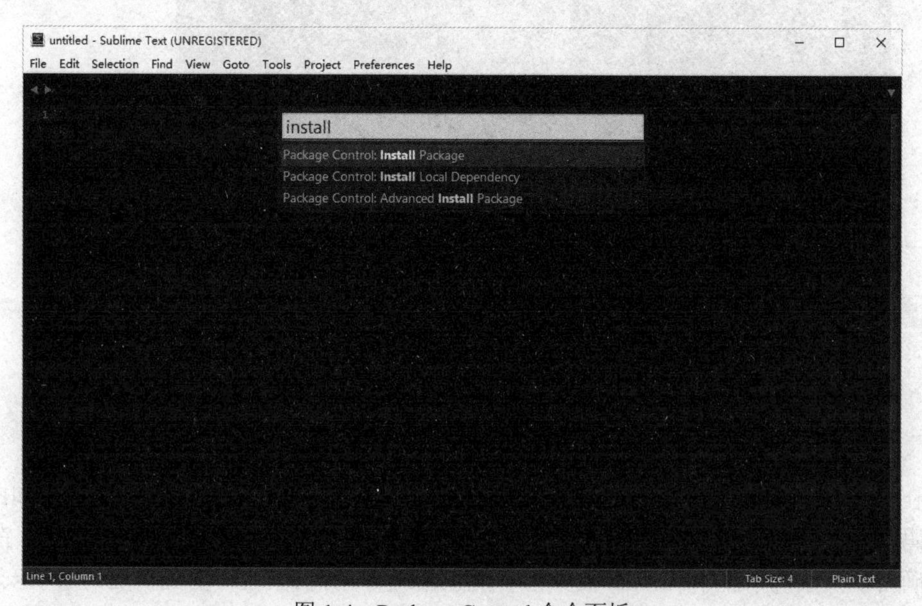

图 1-4 Package Control 命令面板

②在出现的插件选择面板中输入“emmet”，选择如图 1-5 所示的第一项并运行，注意状态栏的提示。在安装好后重启 Sublime Text 3 即可。

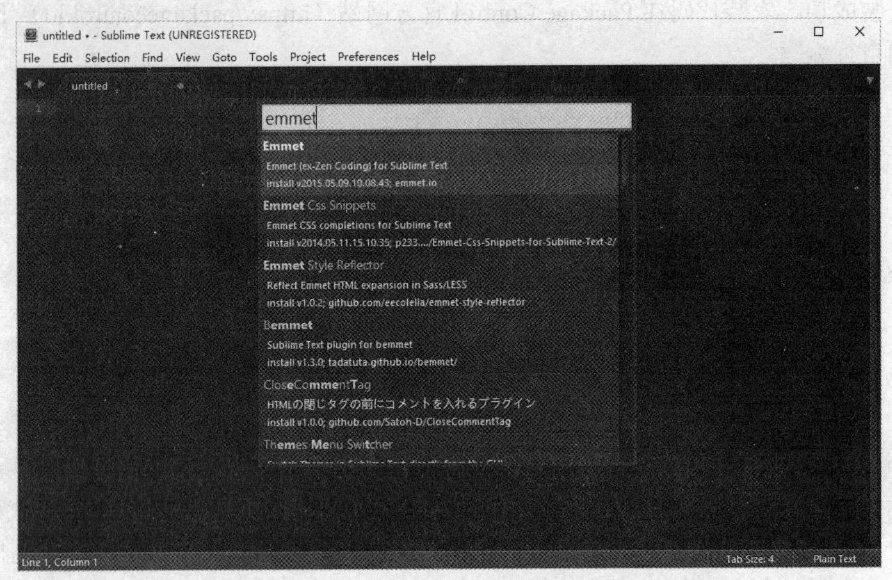

图 1-5　安装 Emmet

③安装好 Emmet 插件后可以在 Sublime Text 3 状态栏的最右边单击鼠标左键，在弹出的快捷菜单中选择 HTML 进入 HTML 编辑模式，如图 1-6 所示。

图 1-6　进入 HTML 编辑模式

④在 HTML 编辑模式下输入“div#content>h1+p”并按 Tab 键，如果自动生成了如图 1-7 所示的代码，则说明 Emmet 插件安装成功。由于 Emmet 插件的运行依赖于 PyV8 组件，在该组件没有正确自动安装的情况下 Emmet 插件也不能正常运行，所以在这种情况下还需手动安装 PyV8 组件，具体步骤可以参见其在 Github 上的页面（https://github.com/emmetio/pyv8-binaries）。

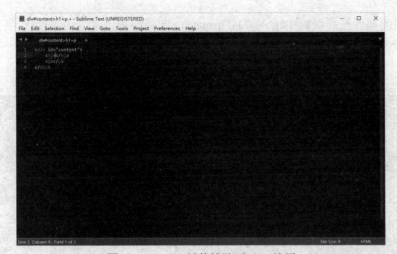

图 1-7　Emmet 插件辅助 HTML 编写

（3）JsFormat

该插件的功能为自动调整 JavaScript 代码的格式，不仅仅可以辅助调整我们自己编写的代码的格式，在阅读其他格式混乱的代码时，JsFormat 插件也特别有用。例如对于这么一段书写混乱的 JavaScript 代码："var a="Hello World!";function b(){alert(a);}b();"，用 JsFormat 插件格式化后将变成如下样式：

```
var a = "Hello World!";
function b() {
    alert(a);
}
b();
```

而这样一段代码将容易理解得多。

JsFormat 插件安装步骤如下：

①运行 Sublime Text 3，使用快捷键 Ctrl+Shift+P 调出 Package Control 命令面板，输入"Install"，选择 Package Control: Install Package 并运行，如图 1-8 所示。

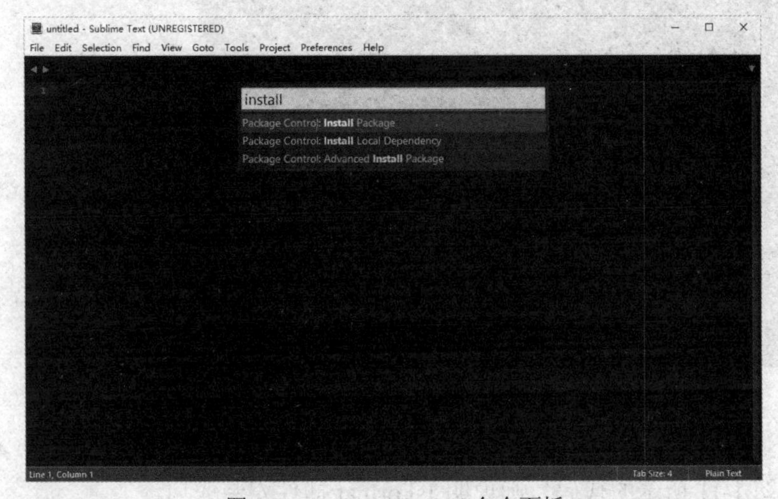

图 1-8　Package Control 命令面板

②在出现的插件选择面板中输入“JsFormat”，选择如图 1-9 所示的第一项并运行，注意状态栏的提示。在安装好后重启 Sublime Text 3 即可。

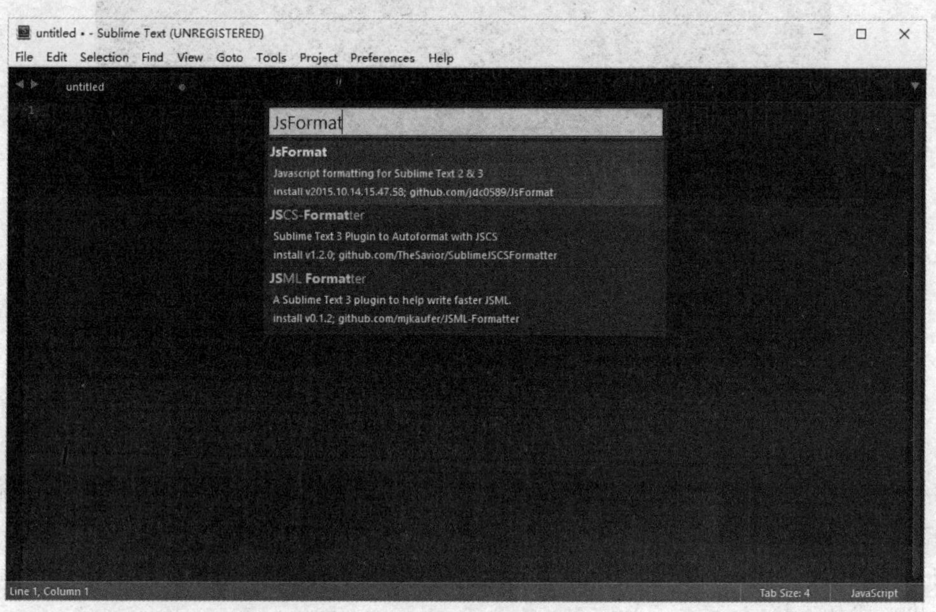

图 1-9 安装 JsFormat 插件

③安装好 JsFormat 插件后可以在 Sublime Text 3 状态栏的最右边单击鼠标左键，在弹出的快捷菜单中选择“JavaScript”进入 JavaScript 编辑模式，如图 1-10 所示。

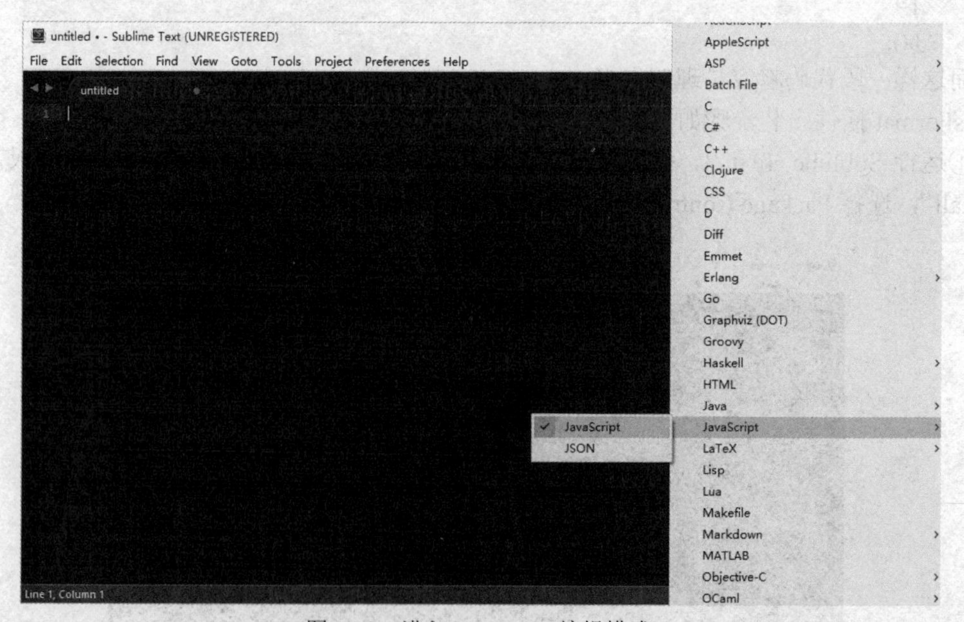

图 1-10 进入 JavaScript 编辑模式

④在 JavaScript 编辑模式下输入“function b(){alert(a);}”并按快捷键 Ctrl+Alt+F，如果自动格式化成如图 1-11 所示的代码，则说明 JsFormat 插件安装成功。

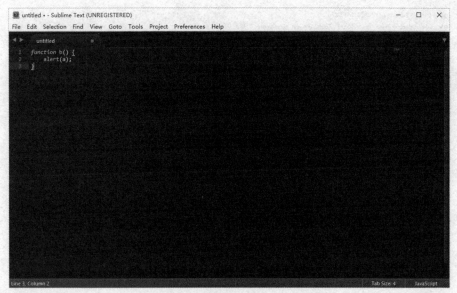

图 1-11　自动格式化的 JavaScript 代码

（4）SublimeCodeIntel

该插件的功能是在编辑器中提供 JavaScript 代码智能提示，对于 JavaScript 语言初学者来说，该插件可以说是必装插件。

SublimeCodeIntel 插件安装步骤如下：

①运行 Sublime Text 3，使用快捷键 Ctrl+Shift+P 调出 Package Control 命令面板，输入“Install”，选择 Package Control: Install Package 并运行，如图 1-12 所示。

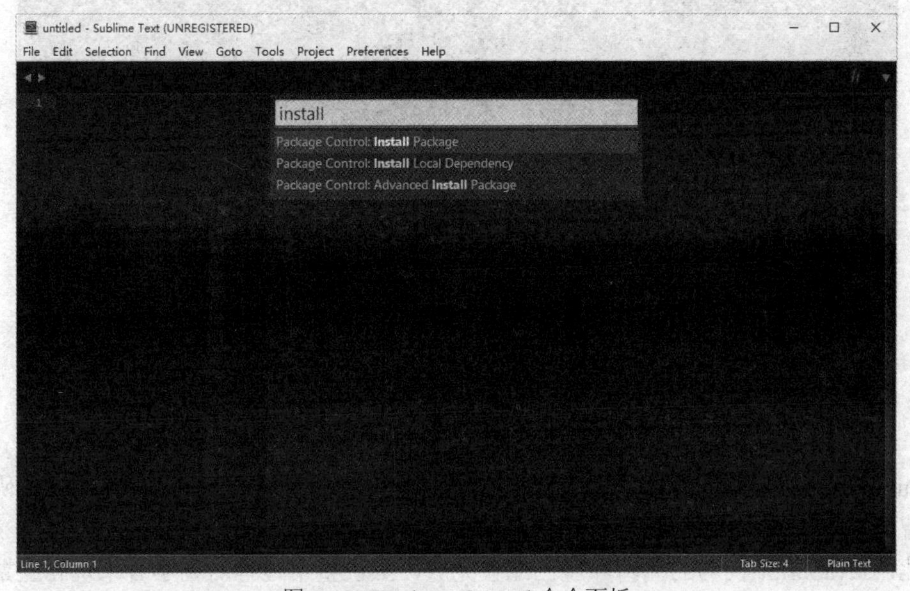

图 1-12　Package Control 命令面板

②在出现的插件选择面板中输入“SublimeCodeIntel”，选择如图 1-13 所示的第一项并运行，注意状态栏的提示。在安装好后重启 Sublime Text 3 即可。

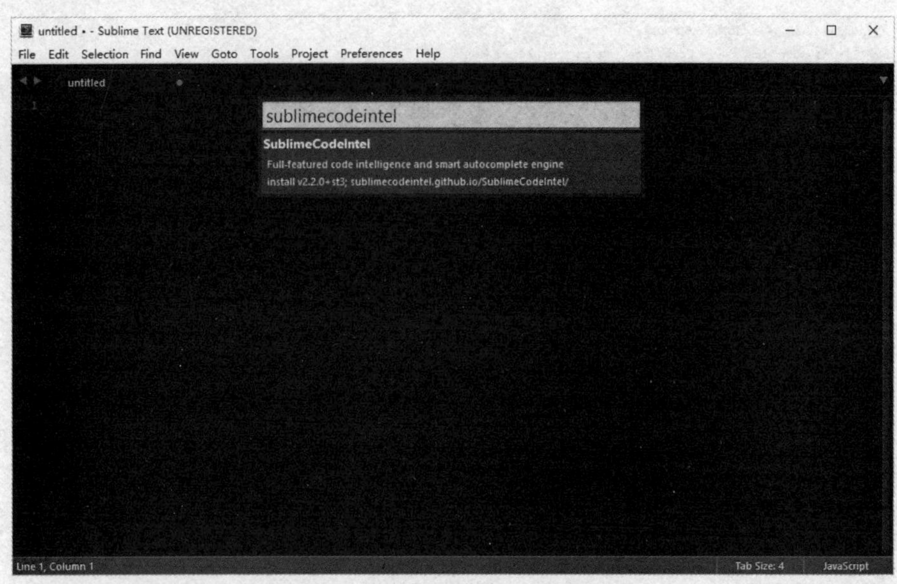

图 1-13　安装 SublimeCodeIntel 插件

③SublimeCodeIntel 插件安装所需的时间较长，安装好后会自动打开其说明文档，如图 1-14 所示。

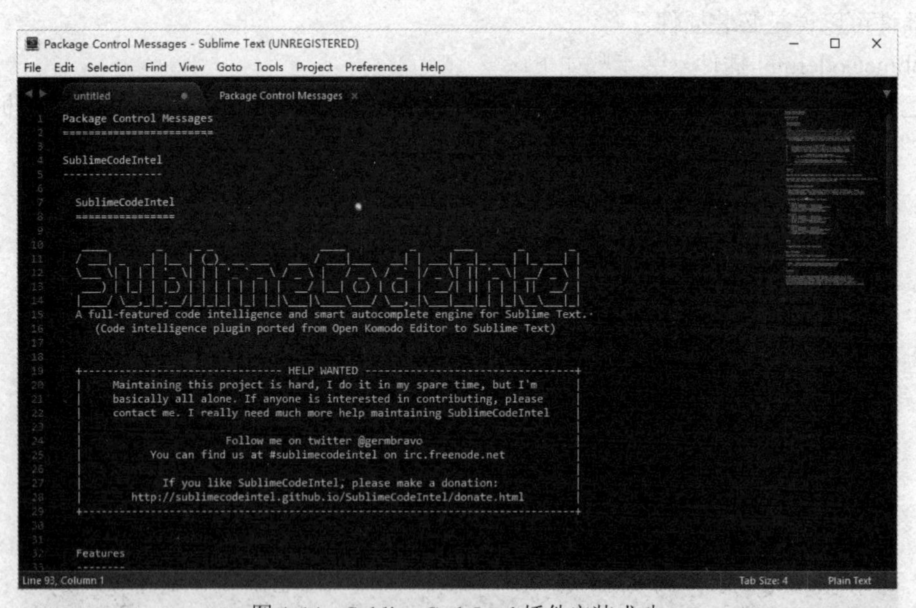

图 1-14　SublimeCodeIntel 插件安装成功

④SublimeCodeIntel 插件安装完成后，在 JavaScript 编辑模式下编写 JavaScript 代码时会自动弹出智能提示，如图 1-15 所示。

至此，JavaScript 代码的编辑环境已配置完成，虽说整个过程对初学者来说有些繁琐，不过一旦熟练使用这款编辑器后将能大大提升 JavaScript 代码的编写效率，从这点上来看花点时间完成编辑环境的配置是值得的，同时笔者也将尽可能在本书的配套资料中提供配置好的编辑器。

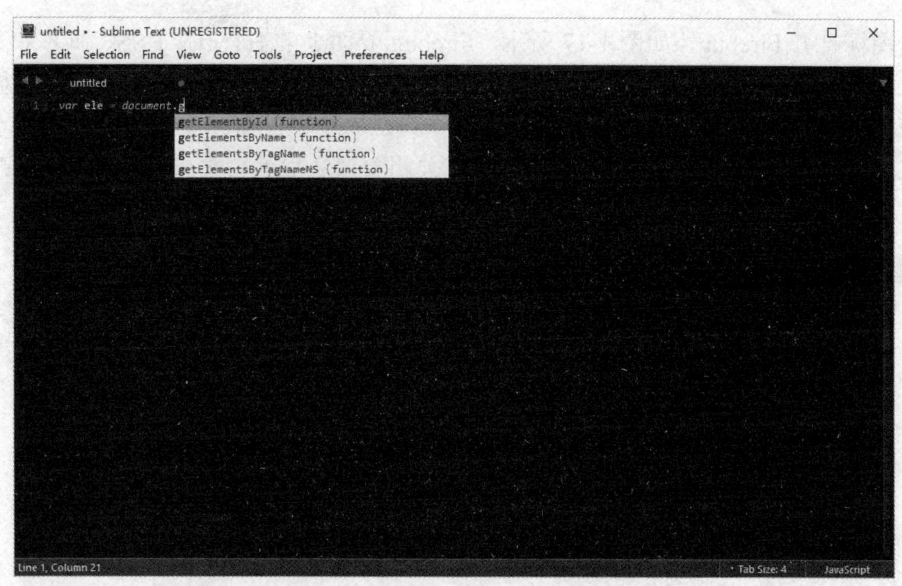

图 1-15　JavaScript 代码智能提示

1.3.2　运行与调试 JavaScript 代码

运行和调试 JavaScript 代码的主要工具是 Web 浏览器，主流的 Web 浏览器还会包含一些 JavaScript 调试程序。对于 JavaScript 代码来说，Mozilla Firefox 是最适合运行与调试用的浏览器之一。Mozilla Firefox Web 浏览器的插件 Firebug 是调试 JavaScript 代码必不可少的，尤其是 Ajax 应用的开发。这个插件程序允许检查一个 Web 页面的所有元素、查看 Ajax 调用的结果以及查看 CSS，所有这些都是实时的，这使得调试更加容易。

用 Firefox 浏览器在任意搜索引擎输入“Firebug”进入其官方网站后根据提示即可安装 Firebug 插件，本书使用的 Firefox 版本是 41.0.2。在 Firefox 中安装好 Firebug 后，我们可以在 Firefox 工具栏中找到 Firebug 插件的图标，如图 1-16 所示。

图 1-16　Firebug 插件

单击图标打开 Firebug，如图 1-17 所示。Firebug 界面上的 HTML、CSS、脚本和 DOM 标签页可以观察到每个元素的状态，在 HTML 标签页中选择一个元素，右侧面板就会显示选中元素上应用的样式信息。还可以进行编辑修改，修改结果会在 Firefox 窗口中实时显示出来，但是在这里进行的修改都是暂时的，刷新页面或关闭窗口之后就会丢失，绝对不会修改原始的文件。

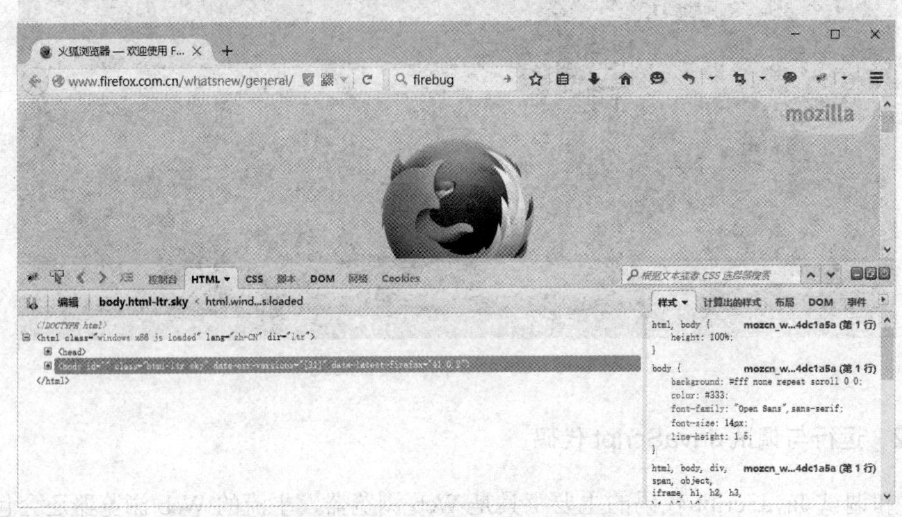

图 1-17　Firebug 中的 HTML 标签页

在 Firebug 窗口的菜单栏部分单击“控制台”标签页，如果控制台被禁用，可单击“控制台”标签页下的“启用”菜单打开并使用控制台，如图 1-18 所示。

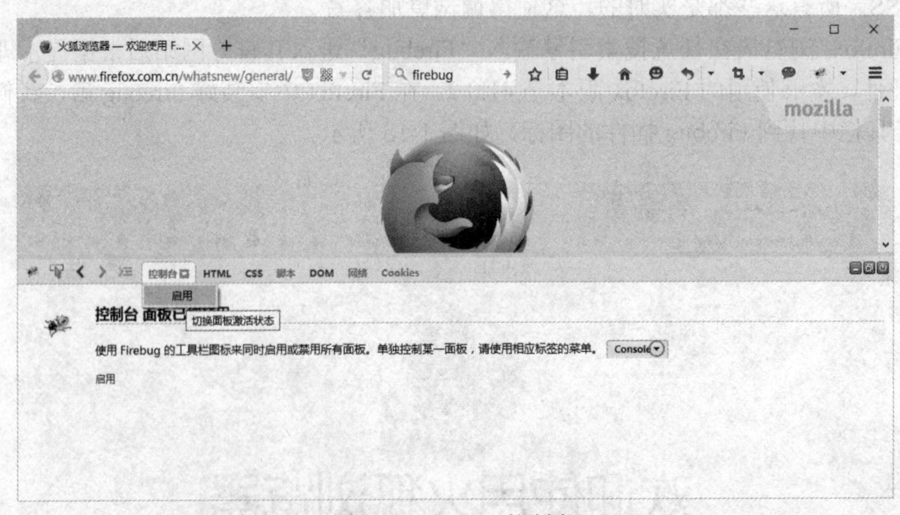

图 1-18　Firebug 控制台

JavaScript 代码运行中的错误信息、Ajax 调用、性能分析结果、命令行执行结果都会显示在控制台的界面上。Firebug 提供了很多手段可以让我们将 JavaScript 代码运行中的信息输出到 Firebug 控制台。其中最常用的函数是 console.log()，它会将信息写入到控制台，并且不会干扰当前页面。如果将例 1-1 的结果改由控制台输出可以采用如下方式。

【例 1-3】使用 Firebug 控制台进行信息输出。

```
<html>
    <head>
        <title>使用 Firebug 控制台进行信息输出</title>
        <script type="text/javascript">
            console.log("Hello World!");
        </script>
    </head>
    <body>
    </body>
</html>
```

将该 HTML 文档在 Firefox 中打开，可以在 Firebug 的控制台界面看到如图 1-19 所示的输出结果。

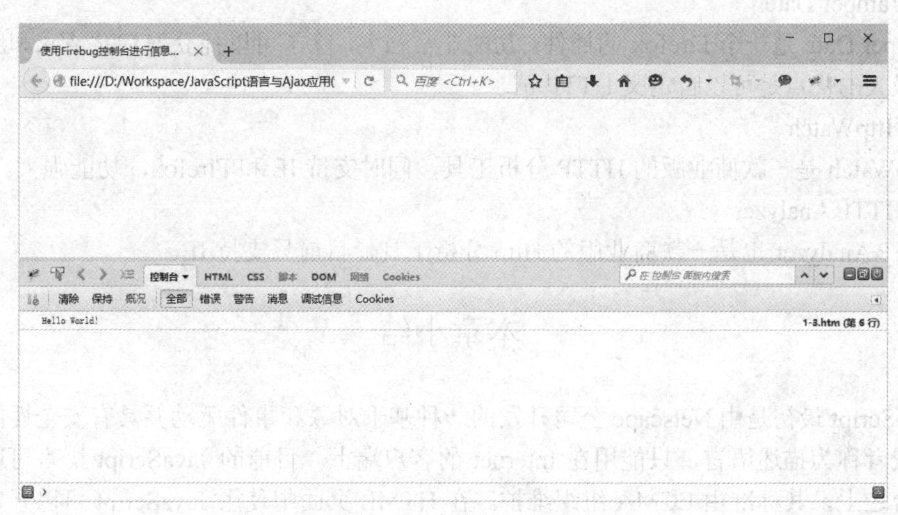

图 1-19　使用 Firebug 控制台进行信息输出

1.3.3　HTTP 调试

在 Web 中进行的所有操作都是运行在 HTTP 传输协议上面的，这是来回传递的信息包都使用的协议。如果能看到实际发送和接收的信息，不但对于 Ajax 调用，对于任何服务器/客户端交互都是很有帮助的。虽然有时候可以在后端记录这些信息，但是记录下来的信息不一定能真实反映出在前端发生的事情。目前有如下几种软件可以实现 HTTP 调试功能。

1．Firebug

通过使用 Firebug 的调试器跟踪 Ajax 调用，可以观察到请求首部和响应首部。这可以很方便地确认收到的数据是否正确。通过对调用的检查还能看到向服务器发送了什么数据，以及从服务器收到了什么数据。

2．Live HTTP Headers

如果要进行更细粒度的 HTTP 请求分析，可以使用 Live HTTP Headers。这个 Firefox 扩展能显示所有 HTTP 请求/响应信息，不但便于进行 Ajax 调用，而且便于监视页面请求（包括表单数据）、重定向甚至 Flash 中发出的服务器调用。它还能重发指定的请求，甚至在重发之前，还允许修改请求首部，大大方便了对各种情形的测试。

Firebug 在响应信息的分析方面更出色，因此将它和 Live HTTP Headers 结合使用能得到更全面的分析。

3．ieHTTPHeaders

IE 也有类似的插件，名为 ieHTTPHeaders，可以用它分析往来的通信。

4．HttpFox

HttpFox 是一个 Firefox 的插件，功能简单使用方便，就是简单地捕获和查看网络链接。

5．Fiddler

Fiddler 是一款强大的 HTTP 调试软件，安装后同时支持 IE 和 Firefox，并且两个浏览器打开的调试界面是同一个，对于同时要在 IE 和 Firefox 下进行 HTTP 调试的开发人员来说是一个不错的选择。

6．Tamper Date

Tamper Date 是一个 Firefox 的插件，功能非常强大，除了可以捕获 HTTP 请求和应答数据之外，最大的优点是可以自定义 HTTP 请求。

7．HttpWatch

HttpWatch 是一款商业版的 HTTP 分析工具，同时支持 IE 和 Firefox，功能强大。

8．HTTP Analyzer

HTTP Analyzer 也是一款商业版的 Http 分析工具，目前只支持 IE。

本章小结

JavaScript 最初是由 Netscape 公司开发的一种基于对象和事件驱动并具有安全性能的脚本语言，或者称为描述语言，只能用在 Internet 的客户端上。目前的 JavaScript 语言可以运行在多种平台之上，其标准由 ECMA 组织维护。在 HTML 页面中使用 JavaScript 可以开发交互式 Web 页面。JavaScript 使得 Web 网页和用户之间实现了一种实时性的、动态的、交互性的关系，使网页包含更多活跃的元素和更加精彩的内容。

本章主要介绍了 JavaScript 语言的发展历史、使用特点、功能和未来，还介绍了如何在 HTML 页面中嵌入 JavaScript 代码、编辑 JavaScript 代码的环境以及调试 JavaScript 代码的常用工具。

习　题

1-1　什么是 JavaScript？

1-2　如何在 HTML 页面中嵌入 JavaScript？

1-3　编写一段 JavaScript 代码，在 Firebug 的控制台中输出信息。

第 2 章　JavaScript 语法

JavaScript 语言作为一门功能强大、使用范围较广的程序语言，其语言基础包括数据类型、变量、运算符、函数以及核心语句等内容。本章主要介绍 JavaScript 脚本语言的基础知识，带领读者初步领会 JavaScript 语言的精妙之处，并为后续章节的深入学习打下坚实的基础。

本章要点

- JavaScript 的基本数据类型
- JavaScript 的表达式和常用运算符
- JavaScript 的语句构成
- 函数的使用及其属性和方法

2.1　JavaScript 语法基础

2.1.1　变量

变量（variable）是相对于常量而言的，常量通常是一个不会改变的固定值，而变量是对应到某个值的一个符号，这个符号中的值可能会随着程序的执行而改变，因此称为“变量”。JavaScript 语言和其他程序设计语言一样也引入了变量，其主要作用是存取数据以及提供存放信息的容器。

JavaScript 中的变量命名同其他语言非常相似，只是要注意以下几点：

①第一个字符必须是字母（大小写均可），下划线（_）或者美元符号（$）。

②后续的字符可以是字母、数字、下划线或者美元符号。

③变量名称不能是关键字或保留字。

④不允许出现中文变量名，且大小写敏感。

在 JavaScript 语言中，声明变量的过程相当简单，可以使用关键字 var、let、const 作为其变量标识符，其用法为在关键字后面加上变量名。

1．使用 var 声明变量

通过 var 声明一个名为 age 的变量，代码如下：

```
var age;
```

JavaScript 脚本语言允许开发者不首先声明变量就直接使用，而在变量赋值时自动声明该变量。一般来说，为培养良好的编程习惯，同时为了使程序结构更加清晰易懂，建议在使用变量前对变量进行声明。

变量赋值和变量声明可以同时进行，例如下面的代码声明名为 age 的变量，同时给该变量赋初值 25：

```
varage = 25;
```

当然，也可在一句 JavaScript 脚本代码中同时声明两个以上的变量，例如：

```
var age , name;
```

同时初始化两个以上的变量也是允许的，例如：

```
var age = 35 , name = "tom";
```

JavaScript 中的变量可以根据其有效范围分为全局变量和局部变量两种。其中全局（globe）变量从定义开始，到整个 JavaScript 代码结束为止，都可以使用；而局部（local）变量只有在函数内部里才有效。如果不写 var，直接对变量进行赋值，那么 JavaScript 将自动把这个变量声明为全局变量。

2. 使用 let 声明变量

ECMAScript 6（以下简称 ES6）是 JavaScript 语言的下一代标准，已经在 2015 年 6 月正式发布了。它的目标，是使得 JavaScript 语言可以用来编写复杂的大型应用程序，成为企业级开发语言。在 ES6 中新增了 let 来声明变量，它的用法类似于 var，但是所声明的变量，只在 let 命令所在的代码块内有效。例如有如下代码：

```
{
    var a=3;
    let b=5;
}
a // 3
b // ReferenceError: a is not defined.
```

上面代码在代码块之中，分别用 var 和 let 声明了两个变量。然后在代码块之外调用这两个变量，结果 var 声明的变量返回了正确的值，而 let 声明的变量报错。这表明，let 声明的变量只在它所在的代码块有效。

let 不允许在相同作用域内，重复声明同一个变量。如下所示代码都会报错：

```
// 报错
{
    let a = 2;
    var a = 3;
}
// 报错
{
    let a = 2;
    let a = 3;
}
```

let 实际上为 JavaScript 新增了块级作用域。例如：

```
{
    let n = 5;
    {
        let n = 10;
```

```
    }
    console.log(n);    //    5
}
```

上面有两个代码块，都声明了变量 n，运行后输出 5。这表示内层作用域可以定义外层作用域的同名变量，外层代码块不受内层代码块的影响。如果使用 var 定义变量 n，最后输出的值就是 10。

ES6 允许块级作用域的任意嵌套。外层作用域无法读取内层作用域的变量。如下所示：

```
{{{{
    {let insane = 'Hello World'}
    console.log(insane); // 报错
}}}};
```

说明：如果目前的浏览器不支持 ES6，可以使用 Google 公司的 Traceur 转码器将 ES6 代码转为 ES5.1 代码。这意味着，你可以用 ES6 的方式编写程序，而不用担心浏览器是否支持。

Traceur 允许将 ES6 代码直接插入网页。首先，必须在网页头部加载 Traceur 库文件。

```
<!-- 加载 Traceur 编译器 -->
<script src="http://google.github.io/traceur-compiler/bin/traceur.js"
        type="text/javascript"></script>
<!-- 将 Traceur 编译器用于网页 -->
<script src="http://google.github.io/traceur-compiler/src/bootstrap.js"
        type="text/javascript"></script>
<!-- 打开实验选项，否则有些特性可能编译不成功 -->
<script>
        traceur.options.experimental = true;
</script>
```

接下来，就可以把 ES6 代码放入上面这些代码的下方。

```
<script type="module">
    <!--ES6 代码 -->
</script>
```

注意，script 标签的 type 属性的值是 module，而不是 text/javascript。这是 Traceur 转码器识别 ES6 代码的标识，转码器会自动将所有 type=module 的代码转换为 ES5.1，然后再交给浏览器执行。

在文中后续部分涉及到 ES6 新增语法的部分如果使用的浏览器不支持，都可以使用这种转换方式进行编译后再执行。

3. 使用 const 声明变量

const 也用来声明变量，但声明的是常量。一旦声明，常量的值就不能改变，这意味着，const 一旦声明变量，就必须立即初始化，不能留到以后赋值。例如：

```
const flag;   // 报错：只声明不赋值，就会报错
const PI = 3.14;     // const 声明的变量不得改变值
PI = 3;  // 报错：改变常量的值会报错
```

const 声明的常量，也与 let 一样不可重复声明。如下所示：

```
var str = "Hello!";
let age = 18;
// 以下两行都会报错
```

```
const str = "Goodbye!";
const age = 20;
```

const 的作用域与 let 命令相同，只在声明所在的块级作用域内有效。

```
{
    const MAX = 5;
}
console.log(MAX);    // 报错：MAX is not defined
```

2.1.2 关键字与保留字

ECMA-262 定义了 JavaScript 支持的一套关键字（keyword）。根据规定，关键字不能用作变量名或函数名。表 2-1 是关键字的完整列表。

表 2-1 JavaScript 关键字

break	case	catch	continue	default
delete	do	else	finally	for
function	if	in	instanceof	new
return	switch	this	throw	try
typeof	var	void	while	with

JavaScript 还定义了一套保留字（reserved word）。保留字在某种意义上是为将来的关键字而保留的单词。因此，保留字也不能被用作变量名或函数名。保留字的完整列表如表 2-2 所示。

表 2-2 JavaScript 保留字

abstract	boolean	byte	char	class
const	debugger	double	enum	export
extends	final	float	goto	implements
import	int	interface	long	native
package	private	protected	public	short
static	super	synchronized	throws	transient
volatile				

2.1.3 原始值与引用值

在 JavaScript 中，变量可以存放两种类型的值，即原始值和引用值。原始值指的就是代表原始数据类型（基本数据类型）的值，即 Undefined、Null、Number、String、Boolean 类型所表示的值。引用值指的就是复合数据类型的值，即 Object、Function、Array 以及自定义对象，等等。

原始值是存储在栈中的简单数据段，也就是说，它们的值直接存储在变量访问的位置。堆是存放数据的基于散列算法的数据结构，在 JavaScript 中，引用值是存放在堆中的。引用值是存储在堆中的对象，也就是说，存储在变量处的值（即指向对象的变量，存储在栈中）是一个指针，指向存储对象的内存处。

为变量赋值时，JavaScript 的解释程序必须判断该值是原始类型的，还是引用类型的。要实现这一点，解释程序则需要尝试判断该值是否为 JavaScript 的原始类型之一，即 Undefined、Null、Boolean、String 类型。由于这些原始类型占据的空间是固定的，所以可以将它们存储在较小的内存区域——栈中。这样便于迅速查找变量的值。

如果一个值是引用类型的，那么它的存储空间将从堆中分配。由于引用值的大小会改变，所以不能把它放在栈中，否则会降低变量查找的速度。相反，放在变量的栈空间中的值是该对象存储在堆中的地址。地址的大小是固定的，所以把它存储在栈中对变量性能无任何负面影响。

2.2　JavaScript 数据类型

2.2.1　基础数据类型

变量包含多种类型，JavaScript 脚本语言支持的基本数据类型包括 Number 型、String 型、Boolean 型、Undefined 型和 Null 型，分别对应于不同的存储空间。汇总如表 2-3 所示。

表 2-3　基本数据类型

类型	举例	简要说明
Number	45 , -34 , 32.13 , 3.7E-2	数值型数据
String	"name" , 'Tom'	字符型数据，需加双引号或单引号
Boolean	true , false	布尔型数据，不加引号，表示逻辑真或假
Undefined		表示未定义
Null	null	表示空值

1. Number 型

Number 型数据即为数值型数据，包括整数型和浮点型，整数型数制可以使用十进制、八进制以及十六进制标识，而浮点型为包含小数点的实数，且可用科学计数法来表示。一般来说，Number 型数据为不在括号内的数字，例如：

```
var myDataA=8;
var myDataB=6.3;
```

上述代码分别定义值为整数 8 的 Number 型变量 myDataA 和值为浮点数 6.3 的 Number 型变量 myDataB。

除了常用的数字之外，JavaScript 还支持以下两个特殊的数值：

①Infinity：当在 JavaScript 中使用的数字大于 JavaScript 所能表示的最大值时，JavaScript 就会将其输出为 Infinity，即无穷大的意思。当然，如果 JavaScript 中使用的数字小于 JavaScript 所能表示的最小值，JavaScript 也会输出-Infinity。

②NaN：JavaScript 中的 NaN 是“not a number”（不是数字）的意思。通常是在进行数字运算时产生了未知的结果或错误，JavaScript 就会返回 NaN，这代表着数字运算的结果是一个非数字的特殊情况。如用 0 来除以 0，JavaScript 就会返回 NaN。NaN 是一个很特殊的数字，不会与任何数字相等，包括 NaN。在 JavaScript 中只能使用 isNaN()函数来判断运算结果是不是 NaN。

2. String 型

String 型数据表示字符型数据。JavaScript 不区分单个字符和字符串，任何字符或字符串都可以用双引号或单引号引起来。例如下列语句中定义的 String 型变量 nameA 和 nameB 包含相同的内容：

```
var nameA = "Tom";
var nameB = 'Tom';
```

如果字符串本身含有双引号，则应使用单引号将字符串括起来；若字符串本身含有单引号，则应使用双引号将字符串括起来。一般来说，在编写脚本过程中，双引号或单引号的选择在整个 JavaScript 脚本代码中应尽量保持一致，以养成好的编程习惯。

3. Boolean 型

Boolean 型数据表示的是布尔型数据，取值为 ture 或 false，分别表示逻辑真和假，且任何时刻都只能使用两种状态中的一种，不能同时出现。例如下列语句分别定义 Boolean 变量 bChooseA 和 bChooseB，并分别赋予初值 true 和 false：

```
var bChooseA = true;
var bChooseB = false;
```

值得注意的是，Boolean 型变量赋值时，不能在 true 或 false 外面加引号，例如：

```
var happyA = true;
var happyB = "true";
```

上述语句分别定义初始值为 true 的 Boolean 型变量 happyA 和初始值为字符串"true"的 String 型变量 happyB。

4. Undefined 型

Undefined 型即为未定义类型，用于声明了变量但未对其初始化时赋予该变量的值，如下列语句定义变量 name 为 Undefined 型：

```
var name;
```

Undefined 类型只有一个值，即 undefined。当声明的变量未初始化时，该变量的默认值是 undefined。定义 Undefined 型变量后，可在后续的脚本代码中对其进行赋值操作，从而自动获得由其值决定的数据类型。

5. Null 型

Null 型数据表示空值，它只有一个专值 null，null 用来表示尚未存在的对象。如果函数或方法要返回的是对象，那么找不到该对象时，返回的通常是 null。

2.2.2 数据类型转换

JavaScript 是一种无类型的语言，这种“无类型”并不是指 JavaScript 没有数据类型，而是指 JavaScript 是一种松散类型、动态类型的语言。因此，在 JavaScript 中定义一个变量时，不需要指定变量的数据类型，这就使得 JavaScript 可以很方便灵活地进行隐式类型转换。所谓隐式类型转换，就是不需要程序员定义，JavaScript 会自动将某一个类型的数据转换成另一个类型的数据。JavaScript 隐式类型转换的规则是：将类型转换到环境中应该使用的类型。JavaScript 中除了可以隐式转换数据类型之外，还可以显式转换数据类型。显式转换数据类型可以增强代码的可读性。常用的类型转换的方法有以下几种。

1. 转换成字符串

JavaScript 中三种主要的原始值（布尔值、数字、字符串）以及其他对象都有 toString()方法，可以把它们的值转换成字符串。如下所示：

```
var myNum = 100;
console.log(myNum.toString());          //输出“100”
var bFound = false;
console.log(bFound.toString());          //输出“false”
```

各种类型向字符串转换的结果如下：

①undefined 值：转换成“undefined”。

②null 值：转换成“null”。

③布尔值：值为 true，转换成“true”；值为 false，转换成“false”。

④数字型值：NaN 或数字型变量的完整字符串。

⑤其他对象：如果该对象的 toString()方法存在，则返回 toString 方法的返回值，否则返回 undefined。

2. 转换成数字

ECMAScript 提供了两种把非数字的原始值转换成数字的方法，即 parseInt()和 parseFloat()。只有对 String 类型调用这些方法，它们才能正确运行，对其他类型返回的都是 NaN。

①提取整数的 parseInt()方法

parseInt()方法用于将字符串转换为整数，其格式为：

```
parseInt(numString,[radix])
```

需要说明的是：

第一个参数为必选项，用来指定要转化为整数的字符串。当使用仅包括第一个参数的 parseInt()方法时，表示将字符串转换为整数。其转换过程为：从字符串第一个字符开始读取数字（跳过前导空格），直到遇到非数字字符时停止读取，将已经读取的数字字符串转换为整数，并返回该整数值。如果字符串的开始位置不是数字，而是其他字符（空格除外），那么 parseInt()方法返回 NaN，表示所传递的参数不能转换为一个整数。例如：

```
parseInt("437abc45");          //返回值为 437
```

第二个参数是可选项。使用该参数的 parseInt()方法能够完成八进制、十六进制等数据的转换。其中 radix 表示要将 numString 作为几进制数进行转化，radix 的值在 2～36 之间。当省略第二个参数时，默认将第一个参数按十进制转换。但如果字符以 0x 或 0X 开头，那么按十六进制转换。不管指定哪一种进制转换，方法 parseInt()总是以十进制值返回结果。例如：

```
parseInt("100abc",8);
```

表示将“100abc”按八进制数进行转换，由于“abc”不是数字，所以实际是将八进制数 100 转换为十进制，转换的结果为十进制数 64。

②提取浮点数的 parseFloat()方法

parseFloat()方法用于字符串转换为浮点数，其格式为：

```
parseFloat(numString)
```

parseFloat()方法与 parseInt()方法很相似。不同之处在于 parseFloat()方法能够转换浮点数。参数 numString 即为要转换的字符串，如果字符串不以数字开始，则 parseFloat()方法返回 NaN，表示所传递的参数不能转换为一个浮点数。例如：

```
parseFloat(19.3abc);          //转化的结果为 19.3
```

3. 基本数据类型转换

在 JavaScript 中可以使用如下 3 个函数来将数据转换成数字型、布尔型和字符串型，下面看一下这几个强制转换的函数：

① Boolean(value)：把值转换成 Boolean 类型。

② Nnumber(value)：把值转换成数字（整型或浮点数）。

③ String(value)：把值转换成字符串。

我们先来看 Boolean()：在要转换的值为“至少有一个字符的字符串”“非 0 的数字”或“对象”，那么 Boolean()将返回 true；如果要转换的值为“空字符串”“数字 0”“undefined”“null”的话，那么 Boolean()会返回 false。例如：

```
var t1 = Boolean("");                             //返回 false，空字符串
var t2 = Boolean("s");                            //返回 true，非空字符串
var t3 = Boolean(0);                              //返回 false，数字 0
var t3 = Boolean(1), t4 = Boolean(-1);            //返回 true，非 0 数字
var t5 = Boolean(null), t6 = Boolean(undefined);  //返回 false
var t7 = Boolean(new Object());                   //返回 true，对象
```

再来看看 Number()：Number()与 parseInt()和 parseFloat()类似，它们的区别在于 Number()转换整个值，而 parseInt()和 parseFloat()则可以只转换开头的数字部分，例如，Number("1.2.3")，Number("123abc")会返回 NaN，而 parseInt("1.2.3")返回 1，parseInt("123abc")返回 123，parseFloat("1.2.3")返回 1.2，parseFloat("123abc")返回 123。Number()会先判断要转换的值能否被完整地转换，然后再判断是调用 parseInt()还是 parseFloat()。表 2-4 列出了一些值调用 Number()之后的结果。

表 2-4 调用 Number()方法的结果

用法	结果
Number(false)	0
Number(true)	1
Number(undefined)	NaN
Number(null)	0
Number("1.2")	1.2
Number("12")	12
Number("1.2.3")	NaN
Number(new Object())	NaN
Number(123)	123

最后是 String()：这个也比较简单了，它可以把所有类型的数据转换成字符串，例如：

```
String(false);          //返回"false"
String(1);              //返回"1"
```

它和 toString()方法有些不同，区别在于对 null 或 undefined 值用 String()进行强制类型转换可以生成字符串而不引发错误，如下所示：

```
var t1 = null;
var t2 = String(t1);        //t2 的值 "null"
```

```
var t3 = t1.toString();          //这里会报错
var t4;
var t5 = String(t4);             //t5 的值 "undefined"
var t6 = t4.toString();          //这里会报错
```

2.2.3　引用类型

除了基本的数据类型之外，JavaScript 还支持引用类型，引用类型包括对象和数组两种。本节将简要介绍上述引用类型的基本概念及其用法，在本书后续章节将进行专门论述。

1. 对象

JavaScript 中的对象是一个属性的集合，其中的每一个都包含一个基本值。对象中的数据是已命名的数据，通常作为对象的属性来引用，这些属性可以访问值。保存在属性中的每个值都可以是一个值或另一个对象，甚至是一个函数。对象使用花括号创建，例如下面的代码创建了一个名为 myObject 的空对象：

```
var myObject = {};
```

这里有一个带有几个属性的对象：

```
var dvdCatalog = {
    "identifier" : "1",
    "name" : "Coho Vineyard",
    "info" : function showinfo(){ alert("OK"); }
};
```

这段示例代码创建了一个名为 dvdCatalog 的对象，它有三个属性，其中两个值属性，一个叫作 identifier，另一个叫作 name，这两个属性中包含的值分别是“1”和“Coho Vineyard”；还有一个方法属性 showinfo()。可以使用如下方法访问 dvdCatalog 对象的 name 属性和 showinfo() 方法：

```
dvdCatalog.name
dvdCatalog.showinfo()
```

2. 数组

数组和对象一样，也是一些数据的集合，这些数据可以是字符串类型、数字型、布尔型，或者是引用型。例如下面的定义：

```
var score = [56,34,23,76,45];
```

上述语句创建数组 score，中括号“[]”内的成员为数组元素。由于 JavaScript 是弱类型语言，因此不要求目标数组中各元素的数据类型均相同，例如：

```
var score = [56,34, "23",76, "45"];
```

在数组中为每个数据都编了一个号，这个号称为数组的下标。在 JavaScript 中数组的下标从 0 开始，通过使用数组名加下标的方法可以获取数组中的某个数据。例如下列语句声明变量 m 返回数组 score 中第四个元素：

```
var m = score [3];
```

2.3　JavaScript 运算符

编写 JavaScript 脚本代码过程中，对目标数据进行运算操作需用到运算符。运算符用于将一个或几个值变成结果值，使用运算符的值称为操作数，运算符及操作数的组合称为表达式。JavaScript 脚本语言支持很多种运算符，下面分别予以介绍。

2.3.1 算术运算符

算术运算符是最简单、最常用的运算符，可以使用它们进行通用的数学计算，如表 2-5 所示。

表 2-5 算术运算符

运算符	表达式	说明	示例
+	x+y	返回 x 加 y 的值	x=4+2，结果为 6
-	x-y	返回 x 减 y 的值	x=8-6，结果为 2
*	x*y	返回 x 乘以 y 的值	x=3*5，结果为 15
/	x/y	返回 x 除以 y 的值	x=6/3，结果为 2
%	x%y	返回 x 与 y 的模（x 除以 y 的余数）	x=8%3，结果为 2
++	x++、++x	返回数值递增、递增并返回数值	
--	x--、--x	返回数值递减、递减并返回数值	

这里需要注意的是：自加和自减运算符放置在操作数的前面和后面含义不同。运算符写在变量名前面，则返回值为自加或自减前的值；而写在后面，则返回值为自加或自减后的值。如下面代码所示：

```
var x = 5, y = 0;
y = x++;                    //先执行 y=x; 后执行 x=x+1;
```

上述代码执行后，x 的值为 6，y 的值为 5。如果将代码改成下面的前置形式：

```
var x = 5, y = 0;
y = ++ x;                   //先执行 x=x+1; 后执行 y=x;
```

修改后的代码执行后，x 的值为 6，y 的值也为 6。

由上面的代码示例可以看出：

①若自加（或自减）运算符放置在操作数之后，执行该自加（或自减）操作时，先将操作数的值赋值给运算符前面的变量，然后操作数自加（或自减）；

②若自加（或自减）运算符放置在操作数之前，执行该自加（或自减）操作时，操作数先进行自加（或自减），然后将操作数的值赋值给运算符前面的变量。

JavaScript 脚本语言的运算符在参与数值运算时，其右侧的变量将保持不变。从本质上讲，运算符右侧的变量作为运算的参数而存在，脚本解释器执行指定的操作后，将运算结果作为返回值赋予运算符左侧的变量。赋值运算符（=）是编写 JavaScript 脚本代码时最为常用的操作，其作用是给一个变量赋值，即将某个数值指定给某个变量。有些赋值运算符可以和其他运算符组合使用，对变量中包含的值进行计算，然后用新值更新变量，表 2-6 中列出了一些常用的赋值运算符。

表 2-6　赋值运算符

运算符	说明	示例
=	将运算符右边变量的值赋给左边变量	m=n
+=	将运算符两侧变量的值相加并将结果赋给左边变量	m+=n
-=	将运算符两侧变量的值相减并将结果赋给左边变量	m-=n
*=	将运算符两侧变量的值相乘并将结果赋给左边变量	m*=n
/=	将运算符两侧变量的值相除并将整除的结果赋给左边变量	m/=n
%=	将运算符两侧变量的值相除并将余数赋给左边变量	m%=n

2.3.2　逻辑运算符

逻辑运算符通常用于执行布尔运算，JavaScript 脚本语言的逻辑运算符包括“&&”“||”和“!”等，用于两个逻辑型数据之间的操作，返回值的数据类型为布尔型。表 2-7 列出了 JavaScript 支持的逻辑运算符。

表 2-7　逻辑运算符

运算符	表达式	说明	示例
&&	表达式 1&&表达式 2	若两边表达式的值都为 ture，则返回 ture；任意一个值为 false，则返回 false	5>3&&5<6 返回 true 5>3&&5>6 返回 false
||	表达式 1||表达式 2	只有表达式的值都为 false 时，才返回 false，否则返回 true	5>3||5>6 返回 true 5>7||5>6 返回 false
!	!表达式	求反。若表达式的值为 true，则返回 false，否则返回 true	!(5>3) 返回 false !(5>6) 返回 ture

2.3.3　关系运算符

JavaScript 脚本语言中用于比较两个数据的运算符称为关系运算符，包括“==”“!=”“>”“<”“<=”“>=”等。关系运算符用于比较两个操作数的大小，其比较的结果是一个布尔型的值。当两个操作数满足关系运算符指定的关系时，表达式的值为 true，否则为 false。其具体作用见表 2-8。

表 2-8　关系运算符

运算符	说明	示例
==	相等，若两数据相等，则返回布尔值 true，否则返回 false	num==8
!=	不相等，若两数据不相等，则返回布尔值 true，否则返回 false	num!=8
>	大于，若左边数据大于右边数据，则返回布尔值 true，否则返回 false	num>8
<	小于，若左边数据小于右边数据，则返回布尔值 true，否则返回 false	num<8
>=	大于或等于，若左边数据大于或等于右边数据，则返回布尔值 true，否则返回 false	num>=8
<=	小于或等于，若左边数据小于或等于右边数据，则返回布尔值 true，否则返回 false	num<=8

2.3.4 位运算符

位运算符是对操作数按其在计算机内表示的二进制数逐位地进行逻辑运算或移位运算。位运算符是对其操作数（要求是整型的操作数）按其二进制形式逐位进行运算，运算完毕后，将结果转换成十进制数值。位操作运算符如表 2-9 所示。

表 2-9 位运算符

运算符	说明	示例
&	按位与，若两数据对应位都是 1，则该位为 1，否则为 0	9&4
^	按位异或，若两数据对应位相反，则该位为 1，否则为 0	9^4
|	按位或，若两数据对应位都是 0，则该位为 0，否则为 1	9|4
~	按位非，若数据对应位为 0，则该位为 1，否则为 0	~4
>>	算术右移，将左侧数据的二进制值向左移动由右侧数值表示的位数，右边空位补 0	9>>2
<<	算术左移，将左侧数据的二进制值向右移动由右侧数值表示的位数，忽略被移出的位	9<<2
>>>	逻辑右移，将左侧数据表示的二进制值向右移动由右侧数值表示的位数，忽略被移出的位，左侧空位补 0	9>>>2

如下面的例子所示：

```
var a = 6;                          //二进制值 0000 0110b
var b = 36;                         //二进制值 0010 0100b
var result = 0;
result = a&b;                       //结果为二进制 0000 0100b，对应的十进制结果为 4
result = a^b;                       //结果为二进制 0010 0010b，对应的十进制结果为 34
result = a|b;                       //结果为二进制 0010 0110b，对应的十进制结果为 38
result = ~a;                        //结果为二进制 1000 0111b，对应的十进制结果为 -7
var targetValue = 189;              //目标数据二进制值 1011 1101b
var iPos = 2;                       //目标数据移动的位数
result = targetValue>>iPos;         //结果为二进制 0010 1111b，对应的十进制结果为 47
result = targetValue<<iPos;         //结果为二进制 10 1111 0100b，对应的十进制结果为 756
result = targetValue>>>iPos;        //结果为二进制 0010 1111b，对应的十进制结果为 47
```

2.3.5 变量的解构赋值

ES6 允许按照一定模式，从数组和对象中提取值，对变量进行赋值，这被称为解构（Destructuring）。例如：

```
var [a, b, c] = [1, 2, 3];
```

上述代码等价于：

```
var a = 1;
var b = 2;
var c = 3;
```

表示从数组中提取值 1、2、3 分别按照对应位置对变量 a、b、c 进行赋值。解构赋值不仅适用于 var 命令，也适用于 let 和 const 命令。

如果等号左边的模式只匹配等号右边的数组中的一部分，解构依然是可以成功的，但是属于不完全解构，如下面代码所示：

```
let [x, y] = [1, 2, 3];
```

其中 x 被赋值 1，y 被赋值 2。或者如下面的嵌套数组：

```
let [a, [b], c] = [1, [2, 3], 4];
```

其中 a 被赋值 1，b 被赋值 2，c 被赋值 4。

如果解构不成功，变量的值就等于 undefined。例如：

```
var [x] = [];
```

上述代码由于解构不成功，x 的值就会等于 undefined。

解构不仅可以用于数组，还可以用于对象。对象的解构与数组有一个重要的不同。数组的元素是按次序排列的，变量的取值由它的位置决定；而对象的属性没有次序，变量必须与属性同名，才能取到正确的值。例如：

```
var { objA, objB } = { objA: "123", objB: "abc" };   //①
//①等价于 var { objA: objA, objB: objB } = { objA: "123", objB: "abc" };
var { objA, objB } = { objB: "abc", objA: "123" };   //②
var { objC } = { objA: "123", objB: "abc" };          //③
```

第①句中对象的解构赋值的内部机制，是先找到同名属性，然后再赋给对应的变量。真正被赋值的是后者，而不是前者。第②句中的等号左边的两个变量的次序，与等号右边两个同名属性的次序不一致，但是对取值完全没有影响。第③句中的变量没有对应的同名属性，导致取不到值，最后等于 undefined。

2.4 JavaScript 语句

表达式的作用只是生成并返回一个值，在 JavaScript 中还有很多种语句，通过这些语句可以控制程序代码的执行次序，从而可以完成比较复杂的程序操作。

2.4.1 选择语句

选择语句是 JavaScript 中的基本控制语句之一，其作用是让 JavaScript 根据条件选择执行哪些语句或不执行哪些语句。在 JavaScript 中的选择语句可以分为 if 语句和 switch 语句两种。

1. if 语句

if 条件假设语句是比较简单的一种选择结构语句，若给定的逻辑条件表达式为真，则执行一组给定的语句。其基本结构如下：

```
if(conditions)
{
    statements;
}
```

逻辑条件表达式 conditions 必须放在小括号里，且仅当该表达式为真时，执行大括号内包含的语句，否则将跳过该条件语句而执行其下的语句。大括号内的语句可为一个或多个，当仅有一个语句时，大括号可以省略。但一般而言，为养成良好的编程习惯，同时增强程序代码的结构化和可读性，建议使用大括号将指定执行的语句括起来。

if 后面可增加 else 进行扩展，即组成 if...else 语句，其基本结构如下：

```
if(conditions)
```

```
{
    statement1;
}
else
{
    statement2;
}
```

当逻辑条件表达式 conditions 运算结果为真时，执行 statement1 语句（或语句块），否则执行 statement2 语句（或语句块）。

当需要提供多重选择时，可以使用 if...else if...else 语句。其语法格式如下：

```
if (条件 1)
{
    条件 1 成立时执行代码
}
else if (条件 2)
{
    条件 2 成立时执行代码
}
else
{
    条件 1 和条件 2 均不成立时执行代码
}
```

if（或 if...else）结构可以嵌套使用来表示所示条件的一种层次结构关系。值得注意的是，嵌套时应重点考虑各逻辑条件表达式所表示的范围。

【例 2-1】求一元二次方程 $ax^2+bx+c=0$ 的根。

```
<html>
    <head>
        <title>if...else...示例</title>
        <script type="text/javascript">
            var a,b,c,x1,x2;
            a=1;
            b=3;
            c=2;
            if(a==0)
            {
                x1=-c/b;
                x2=x1;
                var str="方程的解为：x="+x1;
                console.log(str);
            }
            else if(b*b-4*a*c>=0)
            {
                x1=(-b+Math.sqrt(b*b-4*a*c))/(2*a);
                x2=(-b-Math.sqrt(b*b-4*a*c))/(2*a);
                var str="方程的解为：x1= "+x1+", x2= "+x2;
```

```
                console.log(str);
            }
            else
            {
                console.log("该方程无解！");
            }
        </script>
    </head>
    <body>
    </body>
</html>
```

其中用到了 Math.sqrt()方法来求平方根，程序输出结果为：

```
方程的解为：x1= -1, x2= -2
```

在 if…else 语句中可以添加任意多个 else if 子句提供多种选择，但是使用多个 else if 子句经常会使代码变得非常繁琐。在多个条件中进行选择的更好方法是使用 switch…case 语句。

2. switch 语句

switch…case 语句提供了 if…else 语句的一个变通形式，可以从多个语句块中选择其中一个执行。switch…case 语句提供的功能与 if…else 语句类似，但是可以使代码更加简练易读。switch…case 语句在其开始处使用一个简单的测试表达式，表达式的结果将与结构中每个 case 子句的值进行比较。如果匹配，则执行与该 case 关联的语句块。其基本语法结构如下：

```
switch (a)
{
  case a1:
        statement 1;
        [break;]
  case a2:
        statement 2;
        [break];
  ……
  default:
        [statement n;]
}
```

其中 a 是数值型或字符型数据，将 a 的值与 a1、a2、……比较，若 a 与其中某个值相等时，执行相应数据后面的语句，且当遇到关键字 break 时，程序跳出 statement n 语句，并重新进行比较；若找不到与 a 相等的值，则执行关键字 default 下面的语句。

【例 2-2】使用 switch…case 语句对学生分数进行分级。

```
<html>
    <head>
        <title>switch...case...示例</title>
        <script type="text/javascript">
            var score,flag;
            score=85;
            flag=(score-score%10)/10;
```

```
            switch(flag)
            {
                case 10:
                case 9:
                    console.log("成绩为优（90~100）");
                    break;
                case 8:
                    console.log("成绩为良（80~89）");
                    break;
                case 7:
                    console.log("成绩为一般（70~79）");
                    break;
                case 6:
                    console.log("成绩为及格（60~69）");
                    break;
                default:
                    console.log("成绩不及格");
            }
        </script>
    </head>
    <body>
    </body>
</html>
```

程序输出结果为：

```
成绩为良（80~89）
```

需要注意 switch…case 语句只计算一次开始处的表达式，而 if…else 语句计算每个 else if 子句的表达式，这些表达式可以各不相同。仅当每个 else if 子句计算的表达式都相同时，才可以使用 switch…case 语句代替 if…else 语句。

3. ?...:运算符

在 JavaScript 脚本语言中，“?...:”运算符用于创建条件分支。在动作较为简单的情况下，较之 if…else 语句更加简便，其语法结构如下：

```
(condition)?statementA:statementB;
```

载入上述语句后，首先判断条件 condition，若结果为真则执行语句 statementA，否则执行语句 statementB。值得注意的是，由于 JavaScript 脚本解释器将分号“;”作为语句的结束符，statementA 和 statementB 语句均必须为单个脚本代码，若使用多个语句会报错，例如下列代码浏览器解释执行时得不到正确的结果：

```
(condition)?statementA:statementB;ststementC;
```

例如：var flag = (x>y) ? 1 : 0;

如果 x 的值大于 y 的值，则表达式的值为 1；否则，当 x 的值小于或者等于 y 值时，表达式的值为 0。

可以看出，使用“?...:”运算符能实现简单的条件分支，语法简单明了，但若要实现较为复杂的条件分支，推荐使用 if…else 语句或者 switch 语句。

2.4.2　循环语句

在编写程序的过程中，有时需要重复执行某个语句块，这时就用到了循环语句。JavaScript 中的循环语句包括 while 语句、do…while 语句、for 语句和 for…in 语句 4 种。

1. while 语句

while 语句属于基本循环语句，用于在指定条件为真时重复执行一组语句。while 语句的语法结构如下：

```
while(conditions)
{
        statements;
}
```

参数 condition 表示一个条件表达式，statements 表示当条件为 true 时所要反复执行的语句块。while 循环语句是在逻辑条件表达式为真的情况下，反复执行循环体内包含的语句（或语句块）。

【例 2-3】依次打印输出 10 以内的偶数。

```
<html>
    <head>
        <title>while 循环</title>
        <script type="text/javascript">
            var i=0;
            while(i<10)
            {
                console.log(i);
                i+=2;
            }
        </script>
    </head>
    <body>
    </body>
</html>
```

代码运行结果为：

```
0 2 4 6 8
```

该例中的 while 循环体执行了 5 次。需要注意的是：while 语句的循环变量 i 的赋值语句在循环体前，循环变量 i 的更新则放在循环体内。

在某些情况下，while 循环大括号内的 statements 语句（或语句块）可能一次也不被执行，因为对逻辑条件表达式的运算在执行 statements 语句（或语句块）之前。若逻辑条件表达式运算结果为假，则程序直接跳过循环而一次也不执行 statements 语句（或语句块）。

2. do…while 语句

do…while 语句类似于 while 语句，不同的是 while 语句是先判断逻辑条件表达式的值是否为 true 之后再决定是否执行循环体中的语句，而 do…while 循环语句是先执行循环体中的语句之后，再判断逻辑条件表达式是否为 true，如果为 true 则重复执行循环体中的语句。do…while 语句的语法结构如下：

```
do {
    statements;
}while(condition);
```

do…while 语句中各参数定义与 while 语句相同。若希望至少执行一次 statements 语句（或语句块），就可用 do…while 语句。

下面将通过一个例子区别 do…while 语句和 while 语句的用法。

【例 2-4】使用 do…while 语句。

```
<html>
    <head>
        <title>do...while 语句</title>
        <script type="text/javascript">
            var i=1,j=1,m=0,n=0;
            while(i<1)
            {
                m=m+1;
                i++;
            }
            console.log("while 语句循环执行了"+m+"次");
            do{
                n=n+1;
                j++;
            }while(j<1);
            console.log("do...while 语句循环执行了"+n+"次")
        </script>
    </head>
    <body>
    </body>
</html>
```

代码运行结果为：

```
while 语句循环执行了 0 次
do...while 语句循环执行了 1 次
```

在这个例子中变量 i、j 的初始值都为 1，do...while 语句与 while 语句的循环条件都是小于 1，但由于 do...while 语句是先执行循环体再进行条件判断，这样即使条件判断为 false，循环体还是执行了一次。

3. for 语句

for 循环语句类似于 while 语句，使用起来更为方便。for 语句按照指定的循环次数，循环执行循环体内语句（或语句块），它提供的是一种常用的循环模式，即初始化变量、判断逻辑条件表达式和改变变量值。for 语句的语法结构如下：

```
for(initialization; condition; loop-update)
{
    statements;
}
```

循环控制代码（即小括号内代码）内各参数的含义如下：

（1）initialization 表示循环变量初始化语句。

（2）condition 为控制循环结束与否的条件表达式，程序每执行完一次循环体内语句（或语句块），均要计算该表达式是否为真，若结果为真，则继续运行下一次循环体内语句（或语句块）；若结果为假，则跳出循环体。

（3）loop-update 指循环变量更新的语句，程序每执行完一次循环体内语句（或语句块），均需要更新循环变量。

上述循环控制参数之间使用分号“;”间隔开来。初始化语句、条件语句和更新语句都可以选，也可以省略，但是分号“;”不可以省略。

【例 2-5】使用 for 语句求一个数的阶乘。

```
<html>
    <head>
        <title>求一个数的阶乘</title>
        <script type="text/javascript">
            var i=1,n=5,sum=1;
            for(i=1;i<=n;i++)
            {
                sum*=i;
            }
            console.log(n+"的阶乘是"+sum);
        </script>
    </head>
    <body>
    </body>
</html>
```

代码运行结果为：

```
5 的阶乘是 120
```

这个例子中 for 循环的执行过程如下：

① 执行“i=1;”初始化变量。

② 判断表达式“i<=n”是否为 ture，如果返回 true 就执行步骤③；如果返回 false 则结束 for 循环语句。

③ 执行“i++”语句，更新循环变量。

④ 执行循环体中的语句。

⑤ 重复执行步骤②。

4. for…in 语句

使用 for…in 循环语句可以遍历数组或者对指定对象的属性和方法进行遍历，其语法结构如下：

```
for (变量名 in 对象名)
{
    statements;
}
```

下面给出一个使用 for…in 语句的具体示例，输出了数组中的所有元素。

【例 2-6】使用 for…in 语句遍历数组。

```
<html>
```

```
        <head>
            <title>for...in 语句</title>
            <script type="text/javascript">
                var mycars=["Audi","Volvo","BMW"];
                for(var k in mycars)
                {
                    console.log(mycars[k]);
                }
            </script>
        </head>
        <body>
        </body>
    </html>
```

代码运行结果为：

```
Audi
Volvo
BMW
```

5. for…of 语句

上面我们提到的 for...in 循环，只能获得对象的键名，不能直接获取键值。ES6 提供 for...of 循环，允许遍历获得键值。例如使用 for…in 来遍历数组取得的是键名：

```
var arr = ["a", "b", "c", "d"];
for (var a in arr)
{   console.log(a); }
```

上述代码输出的结果为：

0，1，2，3

如果改成 for…of 来遍历数组：

```
for (var a of arr)
{   console.log(a);   }
```

则遍历得到的是键值：

a，b，c，d

for…of 循环语句遍历对象也是如此，如下例所示。

【例 2-7】使用 for…of 语句遍历对象。

```
<html>
    <head>
        <meta http-equiv="Content-Type" content="text/html; charset=utf-8" />
        <title>for…of 语句</title>
        <script src="traceur.js" type="text/javascript"></script>
        <script src="bootstrap.js" type="text/javascript"></script>
        <script type="module">
            var arr=["one", "two", "three"];
            for(let s in arr){
                console.log(s);
            }
            for(let s of arr){
                console.log(s);
```

```
        }
    </script>
  </head>
  <body>
  </body>
</html>
```

代码运行结果为：

```
0
1
2
one
two
three
```

2.4.3　跳转语句

所谓跳转语句，就是在循环控制语句的循环体中的指定位置或是满足一定条件的情况下直接退出循环。JavaScript 跳转语句分为 break 语句和 continue 语句。

1．break 语句

使用 break 语句可以无条件地从当前执行的循环结构或者 switch 结构的语句块中中断并退出，其语法如下所示：

```
break;
```

由于它是用来退出循环或者 switch 语句，所以只有当它出现在这些语句中时，这种形式的 break 语句才是合法的。

【例 2-8】使用 break 语句。

```
<html>
  <head>
    <title>Untitled Document</title>
    <script type="text/javascript">
      for(var i=1;i<=5;i++)
      {
        if(i==3)  break;
        console.log(i);
      }
    </script>
  </head>
  <body>
  </body>
</html>
```

代码运行结果为：

```
1   2
```

上述代码中 for 语句在变量 i 为 1 和 2 时执行，当 i 为 3 时，if 语句条件为真，执行 break 语句，终止 for 循环。这时程序将跳出 for 循环不再执行下面的循环。如果未使用 break 语句，程序将执行 for 循环语句中的循环体，直到变量 i 的值不满足条件 i<=5。

注意：在嵌套的循环语句中使用 break 语句时，break 语句只能跳出最近的一层循环，而不是跳出所有的循环。

2. continue 语句

continue 语句的工作方式与 break 语句有点类似，但其作用不同。continue 语句是只跳出本次循环而立即进入到下一次循环；break 语句则是跳出循环后结束整个循环。

下面将例 2-8 中的 break 语句换成 continue 语句，看看输出结果有什么不同。

【例 2-9】使用 continue 语句。

```
<html>
    <head>
        <title>continue 语句</title>
        <script type="text/javascript">
            for(var i=1;i<=5;i++)
            {
                if(i==3)   continue;
                console.log(i);
            }
        </script>
    </head>
    <body>
    </body>
</html>
```

代码运行结果为：

```
1  2  4  5
```

在修改后的代码执行中，for 循环在 i 等于 1、2、3、4、5 时都执行了，但是输出结果中却没有 3。当 i 为 3 时，if 语句条件为真，执行 continue 语句，跳过循环体的后面语句，继续执行下一次循环，所以 3 没有被输出。

2.4.4 异常处理语句

在代码的运行过程中一般会发生两种错误：一是程序内部的逻辑或者语法错误；二是运行环境或者用户输入中不可预知的数据造成的错误。JavaScript 可以捕获异常并进行相应的处理，通常用到的异常处理语句包括 throw 和 try-catch-finally 两种。

1. throw 语句

throw（抛出）语句的作用是抛出一个异常。所谓的抛出异常，就是用信号通知发生了异常情况或错误。throw 语句的语法代码如下所示：

```
throw  表达式;
```

以上代码中的表达式，可以是任何类型的表达式。该表达式通常是一个 Error 对象或 Error 对象的某个实例。可以通过 new Error(message)来创建这个对象，异常的描述被作为 Error 对象的一个属性 message，可以由构造函数传入，也可以之后赋值。通过这个异常描述，可以让程序获取异常的详细信息，从而自动处理。

2. try-catch-finally 语句

try-catch-finally 语句是 JavaScript 中的用于处理异常的语句，该语句与 throw 语句不同。throw 语句只是抛出一个异常，但对该异常并不进行处理，而 try-catch-finally 语句可以处理所抛出的异常。其语法形式如下所示：

```
try{
    //语句块 1：要执行的代码
}catch(e){
    //语句块 2：处理异常的代码
}finally{
    //语句块 3：无论异常发生与否，都会执行的代码
}
```

说明如下：

①语句块 1 是有可能要抛出异常的语句块。

②catch(e)中的 e 是一个变量，该变量为从 try 语句块中抛出的 Error 对象或其他值。

③语句块 2 是处理异常的语句块；如果在语句块 1 中没有抛出异常，则不执行该语句块中的代码。

④无论在语句块 1 中是否抛出异常，JavaScript 都会执行语句块 3 中的代码；但是语句块 3 中的语句与 finally 关键字可以一起省略。

【例 2-10】计算两个数据相除的异常处理。

```
<html>
    <head>
        <title>异常处理</title>
        <script type="text/javascript">
            function myFun(x,y)
            {
                var z;
                try{
                    if(y==0)
                    {
                        throw new Error("除数不能为 0");
                    }
                    z=x/y;
                }
                catch(e)
                {
                    z=e.message;
                }
                return z;
            }
            console.log(myFun(1,0));
        </script>
    </head>
    <body>
    </body>
</html>
```

代码运行结果为：

```
除数不能为 0
```

在这个例子中，创建了一个名为 myFun 的函数，该函数的作用是将两个参数相除，并返

回结果，如果在相除时产生异常，则返回错误信息。当我们用 1 除以 0 的时候抛出异常，catch 语句接收到由 throw 语句抛出的异常，并进行处理。

2.5 JavaScript 函数

JavaScript 脚本语言允许开发者通过编写函数的方式组合一些可重复使用的脚本代码块，增加了脚本代码的结构化和模块化。函数是通过参数接口进行数据传递，以实现特定的功能。

2.5.1 函数的创建与调用

函数由函数定义和函数调用两部分组成，应首先定义函数，然后再进行调用，以养成良好的编程习惯。

函数的定义应使用关键字 function，其语法规则如下：

```
function funcName ([parameters])
{
        statements;
        [return 表达式;]
}
```

函数的各部分含义如下：

①funcName 为函数名，函数名可由开发者自行定义，与变量的命名规则基本相同。

②parameters 为函数的参数，在调用目标函数时，需将实际数据传递给参数列表以完成函数特定的功能。参数列表中可定义一个或多个参数，各参数之间以逗号“,”分隔开来，当然，参数列表也可为空。

③statements 是函数体，规定了函数的功能，本质上相当于一个脚本程序。

④return 指定函数的返回值，为可选参数。

自定义函数一般放置在 HTML 文档的 head 标记之间。除了自定义函数外，JavaScript 脚本语言提供大量的内建函数，无需开发者定义即可直接调用，例如 window 对象的 alert()方法即为 JavaScript 脚本语言支持的内建函数。

函数定义过程结束后，可在文档中任意位置调用该函数。引用目标函数时，只需在函数名后加上小括号即可。若目标函数需引入参数，则需在小括号内添加传递参数。如果函数有返回值，可将最终结果赋值给一个自定义的变量并用关键字 return 返回。

【例 2-11】函数调用实例。

```
<html>
    <head>
        <title>函数调用实例</title>
        <script type="text/javascript">
            function test()
            {
                console.log("无返回值的函数调用！");
                var str="123456";
            }
            function add(x,y)
```

```
            {
                console.log("有返回值的函数调用！");
                var z=x+y;
                return z;
            }
            test();
            var a=10,b=20;
            var c=add(a,b);
            console.log(a+"+"+b+"="+c);
        </script>
    </head>
    <body>
    </body>
</html>
```

代码运行结果为：

```
无返回值的函数调用！
有返回值的函数调用！
10+20=30
```

在本例中，定义了 2 个函数，一个是没有参数也没有返回值的函数 test，另一个是带 2 个参数并且有返回值的函数 add。调用时 test 函数直接用函数名加上括号成为调用语句；而 add 函数需要将函数的返回值赋给变量 c，再输出结果。

2.5.2　函数的参数

与其他程序设计语言不同，JavaScript 不会验证传递给函数的参数个数是否等于函数定义的参数个数。如果传递的参数个数与函数定义的参数个数不同，则函数执行起来往往会有可能产生一些意想不到的错误。开发者定义的函数都可以接受任意个参数（根据 Netscape 的文档，最多能接受 25 个），而不会引发错误，任何遗漏的参数都会以 undefined 传递给函数，多余的参数将忽略。为了避免产生错误，一个程序员应该会让传递的函数参数个数与函数定义的参数个数相同。

1. 使用 arguments 对象判断参数个数

在 JavaScript 中提供了一个 arguments 对象，该对象可以获取从 JavaScript 代码中传递过来的参数，并将这些参数存放在 arguments[]数组中，因此也可以通过 arguments 对象来判断传递过来的参数的个数，引用属性 arguments.length 即可。arguments 为数组，因此通过 arguments[i]可以获得实际传递的参数的值。

【例 2-12】判断函数的参数传递的个数。

```
<html>
    <head>
        <title>Untitled Document</title>
        <script   type="text/javascript">
            function add(x,y)
            {
                if(arguments.length!=2)
                {
```

```
                var str="传递的参数个数有误，一共传递了"+
                    arguments.length+"个参数，分别为：\n";
                for(var i=0;i<arguments.length;i++)
                {
                    str+="第"+(i+1)+"个参数的值为："+arguments[i]+"\n";
                }
                return str;
            }
            else
            {
                var z=x+y;
                return z;
            }
        }
        console.log("add(2,4,6): "+add(2,4,6)+"\n");            //①
        console.log("add(2): "+add(2)+"\n");                    //②
        console.log("add(2,4): "+add(2,4)+"\n");                //③
    </script>
  </head>
  <body>
  </body>
</html>
```

代码运行结果为：

```
add(2,4,6): 传递的参数个数有误，一共传递了 3 个参数，分别为：
第 1 个参数的值为：2
第 2 个参数的值为：4
第 3 个参数的值为：6

add(2): 传递的参数个数有误，一共传递了 1 个参数，分别为：
第 1 个参数的值为：2

add(2,4): 6
```

在本例中调用语句①传递了三个参数，此时 add 函数会将参数 x 的值赋为 2，将参数 y 的值赋为 4，并将传递过来的第 3 个参数值 6 忽略掉。但是在 add 函数中的 arguments 对象可以完全接收传递过来的 3 个参数，因此 arguments.length 为 3，arguments[0]的值为 2，arguments[1]的值为 4，arguments[2]的值为 6。程序进入错误处理代码，并输出错误信息。

然后调用语句②只传递了一个参数，此时 add 函数会将参数 x 的值赋为 2，而参数 y 的值保持为初始值，即 undefined。arguments.length 为 1，arguments[0]的值为 2。程序进入错误处理代码，并输出错误信息。

最后调用语句③传递了两个参数，此时 add 函数会将参数 x 的值赋为 2，将参数 y 的值赋为 4。而 arguments.length 为 2，arguments[0]的值为 2，arguments[1]的值为 4，程序不会进入错误处理代码，而会直接返回结果 6。

2. 使用 typeof 运算符检测参数类型

由于 JavaScript 是一种无类型的语言，因此在定义函数时，不需要为函数的参数指定数据类型。事实上，JavaScript 也不会去检测传递过来的参数的类型是否符合函数的需要。如果一个函数对参数的要求很严格，那么可以在函数体内使用 typeof 运算符来检测传递过来的参数是否符合要求。

【例 2-13】判断函数的参数传递的类型。

```
<html>
    <head>
        <title>判断函数的参数传递的类型</title>
        <script type="text/javascript">
            function myFun(a,b)
            {
                if(typeof(a)=="number"&&typeof(b)=="number")
                {
                    var c=a*b;
                    return c;
                }
                else
                {
                    return "传递的参数不正确，请使用数字型的参数！";
                }
            }
            console.log(myFun(2,4));
            console.log(myFun(2,"s"));
        </script>
    </head>
    <body>
    </body>
</html>
```

代码运行结果为：

```
8
传递的参数不正确，请使用数字型的参数！
```

本例中使用 typeof 运算符判断传递过来的参数类型，如果都是数字型，则返回 2 个参数之积，否则返回错误信息。

3. *参数的默认值*

ES6 允许为函数的参数设置默认值，即直接写在参数定义的后面。如下所示：

【例 2-14】函数参数的默认值设置。

```
<html>
    <head>
        <title>函数参数的默认值</title>
        <script type="text/javascript">
         function hi(x,y='World')
         {
             console.log(x,y);
         }
         hi('Hello');
```

```
            hi('Hello','JavaScript');
            hi('Hello','');
        </script>
    </head>
    <body>
    </body>
</html>
```

代码运行结果为：

```
Hello World
Hello JavaScript
Hello
```

参数默认值可以与解构赋值的默认值，结合起来使用。

【例 2-15】函数参数的默认值与解构赋值结合。

```
<html>
    <head>
        <title>函数参数的默认值与解构赋值结合</title>
        <script type="text/javascript">
            function test({x,y=2})
            {
                console.log(x,y);
            }
            test({});
            test({x:1});
            test({x:1,y:3});
            test();
        </script>
    </head>
    <body>
    </body>
</html>
```

代码运行结果为：

```
undefined   2
1 2
1 3
TypeError: 无法获取未定义或 null 引用的属性"x"
```

上面代码使用了对象的解构赋值默认值，而没有使用函数参数的默认值。只有当函数 test 的参数是一个对象时，变量 x 和 y 才会通过解构赋值而生成。如果参数对象没有 y 属性，y 的默认值 2 才会生效。如果函数 test 调用时参数不是对象，变量 x 和 y 就不会生成，从而报错。

4. rest 参数

ES6 引入 rest 参数（形式为“...变量名”），用于获取函数的多余参数，这样就不需要使用 arguments 对象了。rest 参数搭配的变量是一个数组，该变量将多余的参数放入数组中。

【例 2-16】使用 rest 参数。

```
<html>
    <head>
```

```
            <title>rest 参数 1</title>
            <script type="text/javascript">
              function getSum(...args)
              {
                  let s=0;
                  for(let k of args)
                  { s+=k; }
                  return s;
              }
              var sum = getSum(1,3,5);
              console.log(sum);
            </script>
        </head>
        <body>
        </body>
    </html>
```

代码运行结果为：

```
9
```

上面代码的 getSum 函数是一个求和函数，利用 rest 运算符，可以向该函数传入任意数目的参数。

rest 运算符不仅可以用于函数定义，还可以用于函数调用。

【例 2-17】使用 rest 参数进行函数调用。

```
<html>
    <head>
        <title>rest 参数 2</title>
        <script type="text/javascript">
          function str(s1,s2,s3,s4,s5)
          {
                console.log(s1+s2+s3+s4+s5);
          }
          var arr=["b","c","d","e"];
          str("a",...arr);
        </script>
    </head>
    <body>
    </body>
</html>
```

代码运行结果为：

```
abcde
```

2.5.3　函数的属性与方法

在 JavaScript 中，函数也是一个对象。既然函数是对象，那么函数也拥有自己的属性与方法。

1. length 属性

函数的 length 属性与 arguments 对象的 length 属性不一样，arguments 对象的 length 属性

可以获得传递给函数的实际参数的个数，而函数的 length 属性可以获得函数定义的参数个数。同时 arguments 对象的 length 属性只能在函数体内使用，而函数的 length 属性可以在函数体之外使用。

【例 2-18】函数的 length 属性与 arguments 对象的 length 属性的区别。

```
<html>
    <head>
        <title>函数的 length 属性</title>
        <script type="text/javascript">
            function add(x,y)
            {
                if(add.length!=arguments.length)
                {
                    return "传递过来的参数个数与函数定义的参数个数不一致！";
                }
                else
                {
                    var z=x+y;
                    return z;
                }
            }
            console.log("函数 add 的 length 值为："+add.length);
            console.log("add(3,4):"+add(3,4));
            console.log("add(3,4,5):"+add(3,4,5));
        </script>
    </head>
    <body>
    </body>
</html>
```

代码运行结果为：

```
函数 add 的 length 值为：2
add(3,4):7
add(3,4,5):传递过来的参数个数与函数定义的参数个数不一致！
```

本例中定义了一个名为 add 的函数，该函数的作用是返回两个参数的和。代码中有两处用到了函数 add 的 length 属性，一次是在 add 函数体内，在返回两个参数之和之前，先判断传递过来的参数个数与函数定义的参数个数是否相同，如果不同则返回错误信息；另一次是在函数体之外使用，直接输出函数 add 的 length 属性值。

2. call()和 apply()方法

在 JavaScript 中，每个函数都有 call()方法和 apply()方法，使用这两个方法可以像调用其他对象的方法一样来调用某个函数，它们的作用都是将函数绑定到另一个对象上去运行，两者仅在定义参数的方式上有所区别。

call()方法的使用语法如下：

```
函数名.call(对象名, 参数 1, 参数 2, …)
```

apply()方法的使用语法如下：

```
函数名.apply(对象名, 数组)
```

由上可以看出，两个方法的区别是，call()方法直接将参数列表放在对象名之后，而 apply()方法却是将列表放在数组里，并将数组放在对象名之后。

请看以下代码，在该代码的第一行定义了一个对象，第二行中定义了一个数组，第三行中使用 call()方法来调用 myFun 函数，第四行中使用 apply()方法来调用 myFun 函数。

```
var myObj = new Object();
var arr = [1,3,5];
myFun.call(myObj,1,2,3);
myFun.apply(myObj, arr);
```

其中 apply()方法要求第 2 个参数为数组，JavaScript 会自动将数组中的元素值作为参数列表传递给 myFun 函数，也可以将数组作为参数直接放在 apply()方法内，如以下代码所示：

```
myFun.apply(myObj, [2,4,6]);
```

【例 2-19】函数的 call()方法和 apply()方法的使用。

```
<html>
    <head>
        <title>函数的 call()方法和 apply()方法的使用</title>
        <script type="text/javascript">
            function getSum()
            {
                var sum=0;
                for(var i=0;i<arguments.length;i++)
                {
                    sum+=arguments[i];
                }
                return sum;
            }
            var myObj=new Object();
            var arr=[1,3,5];
            console.log("sum1="+getSum.call(myObj,2,4,6));
            console.log("sum2="+getSum.apply(myObj,arr));
        </script>
    </head>
    <body>
    </body>
</html>
```

代码运行结果为：

```
sum1=12
sum2=9
```

2.5.4　遍历器（Iterator）

遍历器（Iterator）是一种接口，为各种不同的数据结构提供统一的访问机制。任何数据结构只要部署 Iterator 接口，就可以完成遍历操作（即依次处理该数据结构的所有成员）。

Iterator 的遍历过程是这样的：

① 创建一个遍历器对象，指向当前数据结构的起始位置。

② 调用遍历器对象的 next()方法，可以将遍历器指向数据结构的下一个成员。每次调用 next()方法，都会返回数据结构的当前成员的信息，也就是返回一个包含 value 和 done 两个属性的对象。其中，value 属性是当前成员的值，done 属性是一个布尔值，表示遍历是否结束。

③ 不断调用遍历器对象的 next()方法，直到它指向数据结构的结束位置。

【例 2-20】下面是一个模拟 next 方法返回值的例子。

```
<html>
    <head>
        <title>遍历器（Iterator）</title>
        <script type="text/javascript">
            function makeIterator(array)
            {
              var nextIndex = 0;
               return
               {
        next: function()
        {
                    return nextIndex < array.length ?
                           {value: array[nextIndex++], done: false} :
                           {value: undefined, done: true};
        }
               }
            }
            var it = makeIterator(['a', 'b']);
            console.log(it.next().value);
            console.log(it.next().value);
            console.log(it.next().done);
        </script>
    </head>
    <body>
    </body>
</html>
```

代码运行结果为：

```
'a'
'b'
true
```

2.5.5 Generator 函数

Generator 函数是 ES6 提供的一种异步编程解决方案，可以把它理解成是一个状态机，封装了多个内部状态。Generator 函数的作用就是返回一个内部状态的遍历器，即一个遍历器对象生成函数。

形式上，Generator 函数是一个普通函数，但是需要在 function 关键字与函数名之间加一个星号，并且在函数体内部使用 yield 语句，定义遍历器的每个成员（不同的内部状态）。Generator 函数的调用方法与普通函数一样，也是在函数名后面加上一对圆括号。不同的是，Generator 函数是分段执行的，yield 语句是暂停执行的标记。

调用 Generator 函数后，该函数并不执行，返回的也不是函数运行结果，而是一个指向内部状态的指针对象，即遍历器对象。其实是使用 yield 语句暂停执行它后面的操作，当每次调用这个遍历器对象的 next()方法时再继续执行，使得内部指针移向下一个状态，也就是从函数头部或上一次停下来的地方开始执行，直到遇到下一个 yield 语句（或 return 语句）为止，并返回该 yield 语句的值，直到运行结束。

yield 语句有点类似于 return 语句，都能返回一个值。一般函数里使用 return 语句执行一次返回一个值，而 Generator 函数可以执行多次 yield 语句返回一系列的值。

【例 2-21】下面是一个 Generator 函数的例子。

```
<html>
    <head>
        <title>Generator 函数</title>
        <script type="text/javascript">
            function* tryGenerator()
            {
                yield 'abc';
                yield '123';
                return 'over';
            }
            var tg=tryGenerator();
            console.log(tg.next());
            console.log(tg.next());
            console.log(tg.next());
            console.log(tg.next());
        </script>
    </head>
    <body>
    </body>
</html>
```

代码运行结果为：

```
Object { value="abc",   done=false}
Object { value="123",   done=false}
Object { value="over",   done=true}
Object { done=true,   value=undefined}
```

上面代码定义了一个 Generator 函数 tryGenerator，它内部有两个 yield 语句“abc”和“123”，还有一个 return 语句表示结束执行。每次调用遍历器对象的 next 方法，就会返回一个有着 value 和 done 两个属性的对象。value 属性表示当前的内部状态的值，是 yield 语句后面那个表达式的值；done 属性是一个布尔值，表示是否遍历结束。

for...of 循环可以自动遍历 Generator 函数，且此时不再需要调用 next 方法。

【例 2-22】for...of 循环自动遍历 Generator 函数的例子。

```
<html>
    <head>
        <title>for...of 循环遍历 Generator 函数</title>
        <script type="text/javascript">
```

```
            function* number()
            {
                yield 1;
                yield 2;
                yield 3;
                return 4;
            }
            for(var n of number())
            {
                console.log(n);
            }
        </script>
    </head>
    <body>
    </body>
</html>
```

代码运行结果为：

```
1
2
3
```

上面代码使用 for...of 循环，依次显示 3 个 yield 语句的值。这里需要注意，一旦 next 方法的返回对象的 done 属性为 true，for...of 循环就会中止，且不包含该返回对象，所以上面代码的 return 语句返回的 4，不包括在 for...of 循环之中。

【例 2-23】利用 Generator 函数和 for...of 循环实现斐波那契数列的例子。

```
<html>
    <head>
        <title>斐波那契数列</title>
        <script type="text/javascript">
            function* fib()
            {
                var [prev, curr] = [0, 1];
                for (;;)
                {
                    [prev, curr] = [curr, prev + curr];
                    yield curr;
                }
            }
            for (var n of fib())
            {
                if (n > 10) break;
                console.log(n);
            }
        </script>
    </head>
    <body>
```

```
</body>
</html>
```

代码运行结果为：

```
1
2
3
5
8
```

上面代码因为使用了 for...of 语句，所以就不需要使用 next 方法。

2.5.6　闭包

JavaScript 的作用域以函数为界，不同的函数拥有相对独立的作用域。函数内部可以声明和访问全局变量，也可以声明局部变量（使用 var 关键字，函数的参数也是局部变量），但函数外部无法访问内部的局部变量，如下代码所示：

```
function test()
{
    var a = 0;    //局部变量
    b = 1;        //全局变量
}
a = ?, b = ? // a 为 undefined，b 为 1
```

全局（global）变量的作用域是全局的，在 JavaScript 中处处有定义；而函数内部声明的变量是局部（local）变量，其作用域是局部性的，只在函数体内部有定义。如下面代码的输出结果所示：

```
var scope = "global";
function checkScope()
{
    var scope = "local";
    console.log(scope);
}
checkScope();            //输出"local"
console.log (scope);     //输出"global"
```

ES5.1 只有全局作用域和函数作用域，没有块级作用域，ES6 中新增的 let 实际上为 JavaScript 新增了块级作用域。例如：

```
function f1()
{
    let n = 5;
    if (true)
    {
        let n = 10;
    }
    console.log(n); // 输出 5
}
```

上面的函数有两个代码块，都声明了变量 n，运行后输出 5。这表示外层代码块不受内层代码块的影响。如果使用 var 定义变量 n，最后输出的值就是 10。

一般而言，函数结束后，对函数内部变量的引用全部结束，函数内的局部变量将被回收，函数的执行环境将被清空，但是，如果以内部函数作为函数的返回结果，情况就会发生变化：

```
function test(i)
{
    var b = i * i;
   return function()
   {
        return b--;
   };
}
var a = test(8);
a(); // 返回值为 64，内部变量 b 为 63
a(); // 返回值为 63，内部变量 b 为 62
```

当以内部函数作为返回值时，因为函数结束后内部变量的引用并未结束，所以函数的局部变量无法回收，函数的执行环境被保留下来，因而形成了闭包效果，可以通过该引用访问本该被回收的内部变量。

JavaScript 支持闭包（closure）。所谓闭包，是指词法表示包括不必计算的变量的函数，也就是说，该函数能使用函数外定义的变量。在 JavaScript 中使用全局变量是一个简单的闭包实例。如下面的代码所示：

```
var sMessage = "Hello World!";
function sayHelloWorld()   {
    alert(sMessage);
}
sayHelloWorld();
```

在这段代码中，脚本被载入内存后，并未为函数 sayHelloWorld()计算变量 sMessage 的值，该函数捕获 sMessage 的值只是为以后使用，也就是说，解释程序知道在调用该函数时要检查 sMessage 的值。sMessage 将在函数调用 sayHelloWorld()时（最后一行）被赋值，显示消息“Hello World!”。

在一个函数中定义另一个函数会使闭包变得复杂，如下所示：

```
var iBaseNum = 10;
function addNumbers(iNum1, iNum2)    {
    function doAddition()    {
        return iNum1 + iNum2 + iBaseNum;
    }
    return doAddition();
}
```

这里，函数 addNumbers()包括函数 doAddition()（闭包）。内部函数是个闭包，因为它将获取外部函数的参数 iNum1 和 iNum2 以及全局变量 iBaseNum 的值。addNumbers()的最后一步调用了内部函数，把两个参数和全局变量相加，并返回它们的和。这里要掌握的重要概念是 doAddition()函数根本不接受参数，它使用的值是从执行环境中获取的。

下面是两个测试闭包使用的例子。

【例 2-24】测试闭包使用 1。

```
<html>
```

```
    <head>
        <title>测试闭包使用 1</title>
        <script type="text/javascript">
        //比较函数
        function createComparison(propertyName)
        {
            var t = propertyName;
            return function(obj1, obj2)
            {
                //引用了 t，而 t 是外部函数 createComparison 的成员
                var item1 = obj1[t];
                var item2 = obj2[t];
                if (item1 < item2)
                    return -1;
                if (item1 > item2)
            return 1;
                if (item1 == item2)
            return 0;
            }
        }
        //比较 name
        var compare = createComparison("name");
        var result = compare(
            {name: "d",    age: 20    },
            {name: "c",    age: 27    });
        console.log(result);
        </script>
    </head>
    <body>
    </body>
</html>
```

代码运行结果为：

```
1
```

【例 2-25】测试闭包使用 2。

```
<html>
    <head>
        <title>测试闭包使用 2</title>
        <script type="text/javascript">
            var arr = new Array();
            function Person()
            {
                for (var i = 0; i < 5; i++)
                {
                    //要记住，这个属性函数声明，只有立即执行才会取 scope 属性
                function temp (num)
                {
```

```
                    function returnNum()
                    {
                            return num;
                    }
                     return returnNum;
                }
                var item = temp(i);
                arr.push(item);
            }
        }
        Person();
        for (var i = 0; i < arr.length; i++)
        {
            var item = arr[i];
            console.log(item());
        }
    </script>
</head>
<body>
</body>
</html>
```

代码运行结果为：

```
0
1
2
3
4
```

可以看到，闭包是 JavaScript 中非常强大多用的一部分，可以用于执行复杂的计算。就像使用任何高级函数一样，在使用闭包时要当心，因为它们可能会变得非常复杂。

本章小结

JavaScript 与其他语言一样，也支持常量与变量，不过 JavaScript 中的变量是无类型的，即可以存储任何一种类型的数据。JavaScript 中的基本数据类型有数字型、字符串型和布尔型，此外，JavaScript 还支持对象、数组、null 和 undefined 数据类型。各种不同的数据类型直接可以通过显式或隐式方式进行转换。

本章主要介绍了 JavaScript 中的表达式、操作数与运算符。JavaScript 的所有功能都是通过语句来实现的，本章对 JavaScript 中的表达式语句、语句块、选择语句、循环语句、跳转语句、异常处理语句和其他语句进行了详细介绍，熟练掌握这些语句是学习 JavaScript 必不可少的基础。

本章还介绍了函数的定义与使用方法。函数在 JavaScript 中是一个很重要的部分，JavaScript 有很多内置函数，程序员可以直接使用这些内置函数，也可以自定义函数以供程序使用。同时还介绍了 ECMAScript 6 的一些新增的技术，包括 Set 和 Map 数据结构、遍历器、Generator 函数和闭包的相关知识。

习　　题

2-1　JavaScript 中声明变量是使用什么关键字来进行声明的？

2-2　声明 3 个变量，一个数字变量和两个字符串变量。数字变量的值是 120，字符串变量的值分别为"2150"和"Two Hundred"。将创建的 2 个字符串类型变量转换成数字变量，它们能否转换成功？如果不行，为什么？

2-3　创建一个带有 3 个数字的数组。

2-4　简述 for 循环、while 循环和 do...while 循环的区别。

2-5　throw 语句的作用是什么？

2-6　通过什么方法获取函数中传递的参数个数？

综合实训

目标

定义一个函数，该函数的作用是使用冒泡法将传递过来的数字从小到大进行排序，并输出排序的结果。

准备工作

在进行本实训前，必须掌握 JavaScript 的基本语法、条件和循环控制语句，函数的定义和使用函数的参数。

由于排序的数字的个数不定，因此，在定义该函数时并没有定义参数，只有在调用该函数时，才使用 arguments 对象来获取实际传递的参数值。获取实际传递的参数后，再通过冒泡法对参数值进行排序，最后通过循环输出排序后的结果。

实训预估时间：45 分钟

按升序排序的冒泡法算法的基本思路是将要排序的数字放在一个数组中，并将数组中相邻的两个元素值进行比较，将数值小的数字放在数组的前面，具体操作方法如下：

（1）假设数组 a 中有 n 个数字，在初始状态下，a[0]～a[n-1]的值为无序数字。

（2）第一次扫描，从数组最后一个元素开始比较相邻两个元素的值，大的放在数组后面，小的放在数组前面。即依次比较 a[n-1]与 a[n-2]、a[n-2]与 a[n-3]…a[2]与 a[1]、a[1]与 a[0]的值，小的放前面，大的放后面。例如，a[1]的值小于 a[2]的值，就将这两个元素的值交换。一次扫描完毕后，最小的数字就会存放在 a[0]元素上。

（3）第二次扫描，第二小的数字就会存放在 a[1]元素上。

（4）以此类推，直到循环结束时。

第 3 章　JavaScript 面向对象编程

JavaScript 语言是一种基于对象的语言，本章将会介绍对象的基本概念及用法，重点介绍 JavaScript 对象模型以及常用内置对象的属性和方法，同时介绍如何自定义类并创建对象实例。

- 掌握 Console 对象的使用
- 理解 JavaScript 中的对象，包括对象属性、对象方法和类
- 掌握常用系统对象以及这些对象的属性和方法
- 掌握 JSON 格式和 JSON 对象
- 掌握自定义对象的实现方法

3.1　Console 对象

本书第 1 章中已经提到，在 JavaScript 代码中可以使用 console.log()方法向控制台中输出信息。实际上 console.log()方法是包含在 console 对象中的，而 console 对象则是由浏览器提供的（版本较老的 IE 浏览器不支持 console 对象）。

除了本书第 1 章例 1-3 所示的最基本的 console.log()方法外，console 对象还提供了多种方法以便向控制台输出不同类型的信息和调试 JavaScript 代码。

1. 不同类型的输出方法

根据信息的不同性质，console 对象除了 console.log()方法外还有四种输出信息的方法，分别是一般信息 console.info()、调试信息 console.debug()、警告提示 console.warn()和错误提示 console.error()。

【例 3-1】console 对象不同类型的输出方法。

```
<html>
<head>
    <title>console 对象不同类型的输出方法</title>
</head>
<body>
    <script type="text/javascript">
        console.info("info 方法输出");
        console.debug("debug 方法输出");
        console.warn("warn 方法输出");
```

```
            console.error("error 方法输出");
        </script>
    </body>
    </html>
```

在 Firefox 中浏览例 3-1 可以看到如图 3-1 所示的控制台输出。

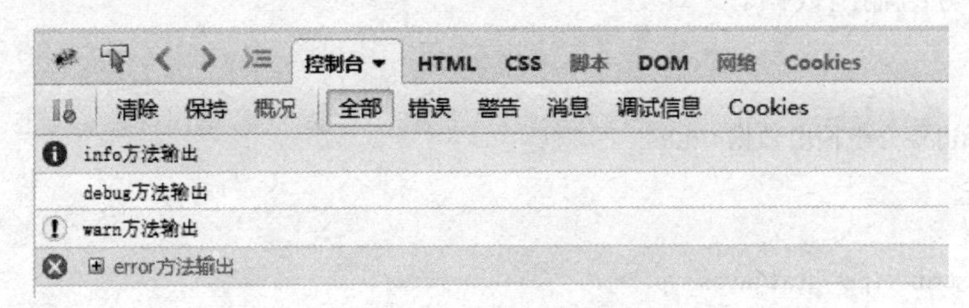

图 3-1　使用 Firebug 控制台进行信息输出

从图中可以看到不同的方法对应的输出样式并不一样。

2. 自定义输出格式

console 对象所有的输出方法，都可以使用 printf 风格的占位符对输出内容进行格式化。支持的占位符有字符（%s）、整数（%d 或%i）、浮点数（%f）和对象（%o）。

【例 3-2】自定义输出格式。

```
<html>
<head>
    <title>自定义输出格式</title>
</head>
<body>
    <script type="text/javascript">
        console.log("%d 年%d 月%d 日",2015,11,3);
        console.log("圆周率是%f",3.1415926);
        var car = {
            name:"野马",
            color:"白色"
        };
        console.log("%o",car);
    </script>
</body>
</html>
```

在 Firefox 中浏览例 3-2 可以看到如图 3-2 所示的控制台输出。

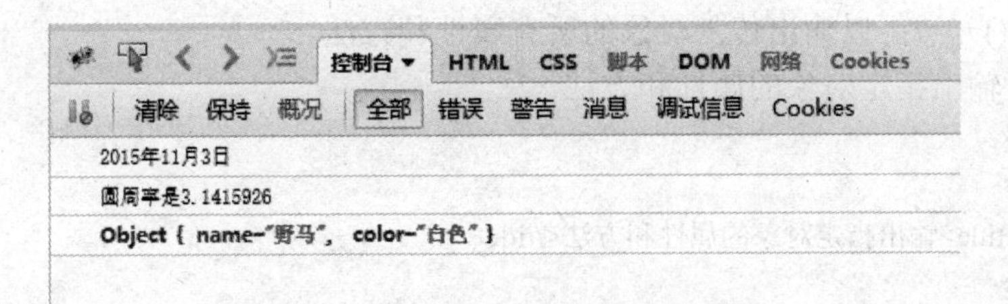

图 3-2　使用 Firebug 控制台进行信息输出

3. 分组输出

如果在 JavaScript 代码运行的过程中有太多数据需要输出，则可以使用分组的方式输出到控制台中以便数据查看和分析。console 对象中的 console.group()和 console.groupEnd()方法提供了数据分组输出的功能。

【例 3-3】分组输出数据。

```
<html>
<head>
    <title>分组输出数据</title>
</head>
<body>
    <script type="text/javascript">
        console.group("第一组信息");
            console.log("第一组第一条");
            console.log("第一组第二条");
        console.groupEnd();
        console.group("第二组信息");
            console.log("第二组第一条");
            console.log("第二组第二条");
        console.groupEnd();
    </script>
</body>
</html>
```

在 Firefox 中浏览例 3-3 可以看到如图 3-3 所示的控制台输出。

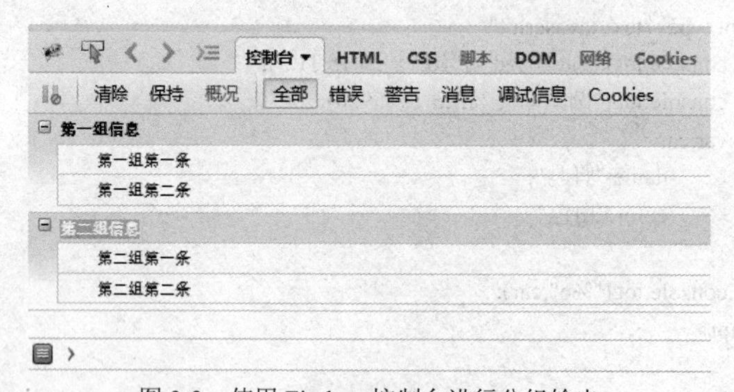

图 3-3 使用 Firebug 控制台进行分组输出

4. 输出指定对象所有属性和方法

console.dir()方法可以输出传入对象的所有属性和方法。

【例 3-4】输出指定对象的属性和方法。

```
<html>
<head>
    <title>输出指定对象的属性和方法</title>
</head>
<body>
    <script type="text/javascript">
```

```
            var car = {
                name:"野马",
                color:"白色"
            };
            car.show=function(){
                alert("hello");
            };
            console.dir(car);
        </script>
    </body>
    </html>
```

在 Firefox 中浏览例 3-4 可以看到如图 3-4 所示的控制台输出。

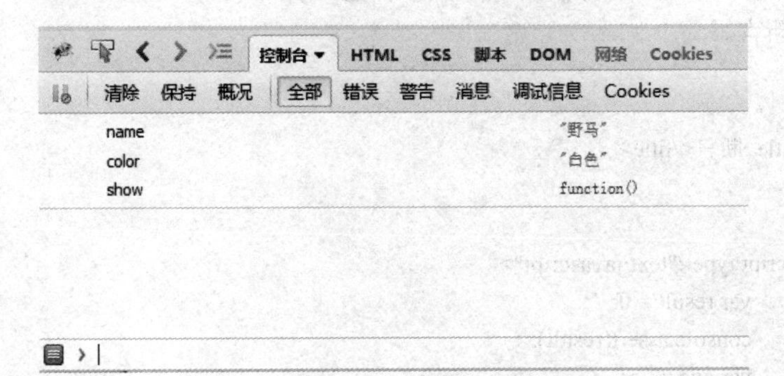

图 3-4　输出指定对象的属性和方法

5. 显示页面对象的 HTML 代码

console.dirxml()方法可以显示输入的页面对象的 HTML 代码以便查看和调试。页面对象的获取将在本书第 4 章中详细说明。

【例 3-5】输出页面对象的 HTML 代码。

```
<html>
<head>
    <title>输出页面对象的 HTML 代码</title>
</head>
<body>
    <div id="d1">
        <p>hello world</p>
    </div>
    <script type="text/javascript">
        var div1 = document.getElementById("d1");
        console.dirxml(div1);
    </script>
</body>
</html>
```

在 Firefox 中浏览例 3-5 可以看到如图 3-5 所示的控制台输出。

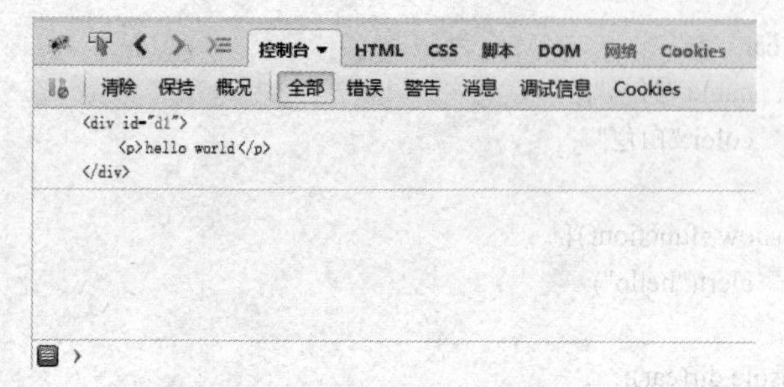

图 3-5　输出页面对象的 HTML 带码

6. 断言

console.assert()方法提供了基本的代码测试功能，该方法用来判断一个表达式或变量是否为真，如果不为真，则在控制台输出一条相应信息，并且抛出一个异常。

【例 3-6】断言。

```
<html>
<head>
    <title>断言</title>
</head>
<body>
    <script type="text/javascript">
        var result = 0;
        console.assert(result);
        var age = 25;
        console.assert(age==26);
    </script>
</body>
</html>
```

在 Firefox 中浏览例 3-6 可以看到如图 3-6 所示的控制台输出。

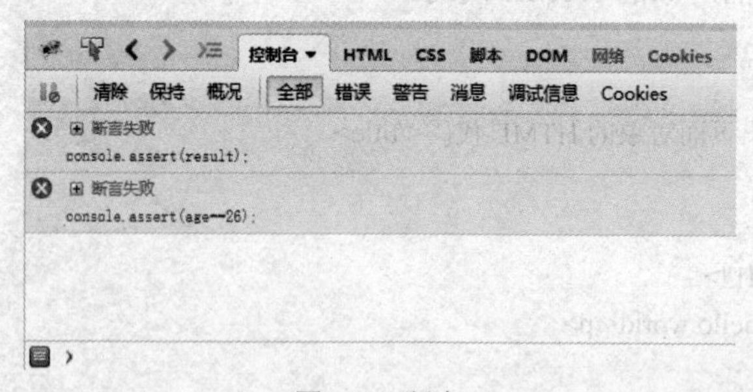

图 3-6　断言

7. 跟踪方法调用轨迹

console.trace()方法可以用来追踪方法的调用轨迹，该方法可以用来对递归方法或调用过程较复杂的方法进行分析。

【例 3-7】跟踪调用轨迹。

```
<html>
<head>
    <title>跟踪方法调用</title>
```

```
</head>
<body>
    <script type="text/javascript">
        function fbi(n){
            console.trace();
            if(n==1||n==2)
                return 1;
            else
                return fbi(n-1)+fbi(n-2);
        }
        console.log(fbi(5));
    </script>
</body>
</html>
```

在 Firefox 中浏览例 3-7 可以看到如图 3-7 所示的控制台输出。

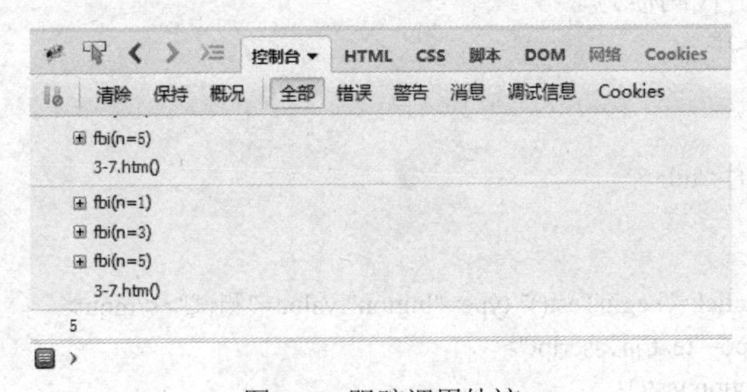

图 3-7 跟踪调用轨迹

在上述代码中 console.trace()方法跟踪输出了 fbi()这个自定义回调方法的调用过程。

8. 计时方法

console.time()和 console.timeEnd()方法可以用来记录并输出代码的运行时间。

【例 3-8】计时。

```
<html>
<head>
    <title>计时</title>
</head>
<body>
    <script type="text/javascript">
        console.time("time1");
        var n;
        for(var i=0;i<1000;i++){
            for(var j=0;j<1000;j++){
                n++;
            }
        }
        console.timeEnd("time1");
    </script>
</body>
</html>
```

在 Firefox 中浏览例 3-8 可以看到如图 3-8 所示的控制台输出。

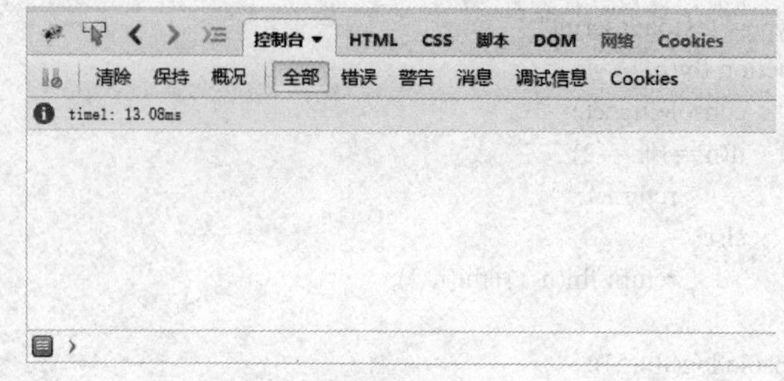

图 3-8　计时

9. 性能分析方法

性能分析指的是分析程序各个部分的运行时间，console.profile()可以用来对 JavaScript 代码进行性能分析，找出代码瓶颈。

【例 3-9】性能分析。

```
<html>
<head>
      <title>计时</title>
</head>
<body>
      <input onclick="beginTest()" type="button" value="测试"></input>
      <script type="text/javascript">
            function test(){
                  for(var i=0;i<10;i++){
                        a(1000);
                  }
                  b(10000);
            }
            function a(n){
                  for(var i=0;i<n;i++){
                        //console.log("i");
                  }
            }
            function b(n){
                  for(var i=0;i<n;i++){

                  }
            }
            function beginTest(){
                  console.profile("profile1");
                  test();
                  console.profileEnd("profile1");
            }
      </script>
</body>
</html>
```

在 Firefox 中浏览例 3-9 并单击页面中的“测试”按钮，可以看到如图 3-9 所示的控制台输出。

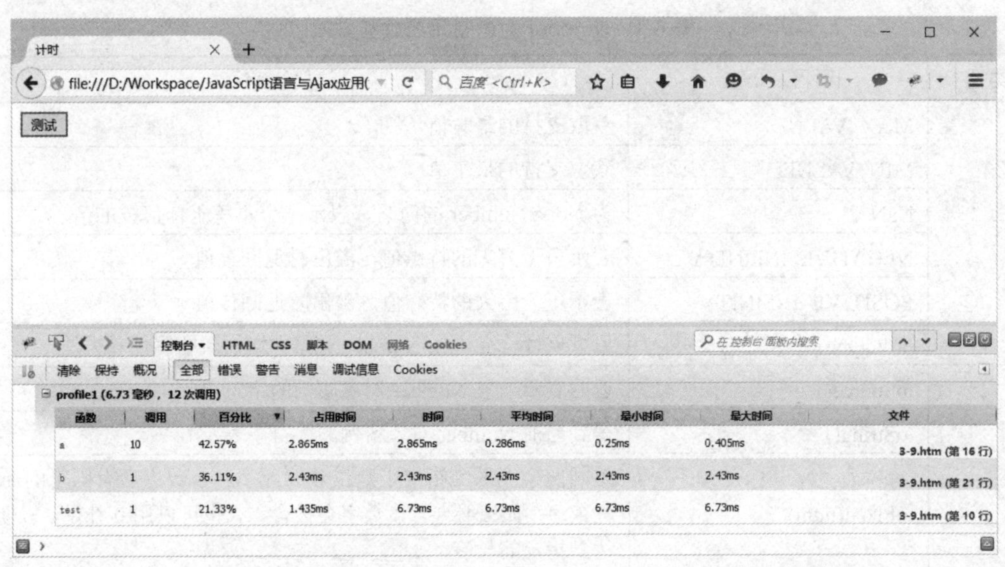

图 3-9　性能分析

上述代码定义了一个方法 test()，里面调用了另外两个方法 a()和 b()，其中 a()调用 10 次，b()调用 1 次。通过使用 console.profile()方法可以输出每个方法的调用次数和运行时间等信息。代码中用到的页面对象事件处理方法将在第 5 章详细说明。

3.2　JavaScript 内置对象

JavaScript 作为一门基于对象的编程语言，以其简单、快捷的对象操作获得了 Web 应用程序开发者的首肯，而其内置的几个核心对象，则构成了 JavaScript 语言的基础。其内置对象包括同基本数据类型相关的对象（如 Number、Boolean、String）、允许创建用户自定义和组合类型的对象（如 Object、Array）和其他能增强 JavaScript 语言功能的对象（如 Date、RegExp、Function）。下面将就主要核心对象进行一一介绍。

3.2.1　Number 与 Boolean 对象

1. Number 对象

Number 是对应于原始数值类型和提供数值常数的对象，在使用中可通过为 Number 对象的构造函数指定参数值的方式来创建一个 Number 对象的实例。

创建 Number 对象实例的方法如下：

```
var numObj=new Number();
var numObj =new Number(value);
```

第一行代码构造了一个空的 Number 对象实例 numObj；第二行代码构造了一个 Number 对象的实例 numObj，同时通过传入的参数 value 进行初始化。参数 value 是要创建的 Number 对象的数值，或是要转换成数字的值。

Number 对象是 JavaScript 语言核心对象中表示数值类型的对象，表 3-1 列出了其常用的属性和方法。

表 3-1 Number 对象常用属性和方法

类型	项目及语法	简要说明
属性	MAX_VALUE	获取支持的最大值
	MIN_VALUE	获取支持的最小值
	NaN	为 Not a Number 的简写，表示一个不等于任何数的值
	NEGATIVE_INFINITY	表示负无穷大的特殊值，溢出时返回该值
	POSITIVE_INFINITY	表示正无穷大的特殊值，溢出时返回该值
	prototype	原型属性，允许在 Number 对象中增加新的属性和方法
方法	toSource()	返回表示当前 Number 对象实例的字符串
	toString()	得到当前 Number 对象实例的字符串表示
	toFixed(num)	返回四舍五入为指定小数位数的数字。小数点后有固定的 num 位数字。如果必要，该数字会被舍入，也可以用 0 补足，以便它达到指定的长度
	valueOf()	得到一个 Number 对象实例的原始值

【例 3-10】使用 Number 对象的属性和方法。

```
<html>
    <head>
        <title>使用 Number 对象的属性和方法</title>
        <script type="text/javascript">
            console.log("构造 Number 对象的实例 ：");
            var num1=new Number();
            var num2=new Number(6);
            console.log("before: num1="+num1+", num2="+num2);
            num1=10;
            num2=20;
            console.log("after: num1="+num1+", num2="+num2);

            console.log("可使用的最大的数： "+Number.MAX_VALUE);
            console.log("可使用的最小的数： "+Number.MIN_VALUE);

            if (isNaN("abc"))
            {
                console.log("abc: "+Number.NaN);
            }

            var x=(-Number.MAX_VALUE)*2;
            if(x==Number.NEGATIVE_INFINITY)
            {
                console.log("Value of x: "+x);
```

```
        }

            var str=num1.toString();
            console.log("num1 转换为字符串："+str);

            var num=new Number(15.67);
            console.log("将数字 15.67 舍入为仅有一位小数的数字："+num.toFixed(1));
        </script>
    </head>
    <body>
    </body>
</html>
```

程序输出结果为：

```
构造 Number 对象的实例 ：
before: num1=0, num2=6
after: num1=10, num2=20
可使用的最大的数：1.7976931348623157e+308
可使用的最小的数：5e-324
abc: NaN
Value of x: -Infinity
num1 转换为字符串：10
将数字 15.67 舍入为仅有一位小数的数字：15.7
```

2. Boolean 对象

Boolean 是对应于原始逻辑数据类型的内置对象，它表示原始的 Boolean 值，只有 true 和 false 两个状态，在 JavaScript 语言中，数值 0 代表 false 状态，任何非 0 数值表示 true 状态。

Boolean 对象的实例可通过使用其构造函数和 Boolean()函数来创建：

```
var boolObj=new Boolean();
var boolObj =new Boolean(value);
var boolObj =Boolean(value);
```

第一行通过 Boolean 对象的构造函数创建对象的实例 boolObj，并用 Boolean 对象的默认值 false 将其初始化；第二行通过 Boolean 对象的构造函数创建对象的实例 boolObj，并用以参数传入的 value 值将其初始化；第三行使用 Boolean()函数创建 Boolean 对象的实例，并用以参数传入的 value 值将其初始化。

Boolean 对象为 JavaScript 语言的内置对象，表示原始逻辑状态 true 和 false，表 3-2 列出了其常用的属性和方法。

表 3-2　Boolean 对象常用属性和方法

类型	项目及语法	简要说明
属性	prototype	允许在 Boolean 对象中增加新的属性和方法
方法	toSource()	返回表示当前 Boolean 对象实例创建代码的字符串
	toString()	返回当前 Boolean 对象实例的字符串（"true"或"false"）
	valueOf()	得到一个 Boolean 对象实例的原始 Boolean 值

【例 3-11】用不同的方式创建 Boolean 对象的实例，并使用 typeof 操作符返回其类型。

```
<html>
    <head>
        <title>创建 Boolean 对象的实例，并使用 typeof 操作符返回其类型</title>
        <script type="text/javascript">
            var boolA=new Boolean();
            var boolB=new Boolean(false);
            var boolC=new Boolean("false");
            var boolD=Boolean(false);
            console.log("boolA="+boolA+"          类型："+typeof(boolA));
            console.log("boolB="+boolB+"          类型："+typeof(boolB));
            console.log("boolC="+boolC+"          类型："+typeof(boolC));
            console.log("boolD="+boolD+"          类型："+typeof(boolD));
        </script>
    </head>
    <body>
    </body>
</html>
```

程序输出结果为：

```
boolA=false        类型：object
boolB=false        类型：object
boolC=true         类型：object
boolD=false        类型：boolean
```

在本例中我们需要注意以下两点：

①在第三种构造方式中，首先判断字符串"false"是否为 null，结果返回 true，并将其作为参数通过 Boolean 构造函数创建对象，故其返回 boolC=true；在创建 Boolean 对象实例过程中，如果传入的参数为 null、NaN、""或者 0 将自动变成 false，其余的将变成 true。

②在第四种构造方式中，生成的 boolD 仅仅为一个包含 Boolean 值的变量，其类型与前面三种不同，为 boolean 而不是 object。

Boolean 对象构造完成后，可通过直接对实例赋值的方式修改其内容。在实际构造过程中，要灵活运用这几种构造的方法，并理解其间的不同点和相似之处。

3.2.2 String 对象与字符串操作

String 是和原始字符串数据类型相对应的 JavaScript 语言内置对象，属于 JavaScript 核心对象之一，提供了诸多方法实现字符串检查、抽取子串、字符串连接、字符串分割等字符串相关操作。

语法如下：

```
var MyString=new String();
var MyString=new String(string);
```

String 的构造方法可以返回一个使用可选参数“string”字符串初始化的 String 对象的实例用于后续的字符串操作。

JavaScript 语言的核心对象 String 提供了大量的属性和方法来操作字符串，表 3-3 列出了其常用的属性和方法。

表 3-3　String 对象常用属性和方法

类型	项目及语法	简要说明
属性	length	返回目标字符串的长度
	prototype	用于给 String 对象增加属性和方法
方法	anchor(name)	创建<a>标签，并用参数 name 设置其 NAME 属性
	big()	用大号字体显示字符串（包含于 HTML 显示大号字体代码的字符串）
	blink()	显示闪动字符串（包含于 HTML 闪动字代码的字符串）
	bold()	使用粗体显示字符串（包含于 HTML 粗体字代码的字符串）
	charAt(num)	用于返回参数 num 指定索引位置的字符。如果参数 num 不是字符串中的有效索引位置，则返回-1
	charCodeAt(num)	与 charAt()方法相同，返回在指定位置的字符的 Unicode 编码
	concat(str)	连接字符串，把参数 str 传入的字符串连接到当前字符串的末尾并返回新的字符串
	fixed()	以打字机字体显示字符串
	fontcolor(color)	使用指定的颜色来显示字符串(包含于 HTML 显示颜色代码的字符串)
	fontsize(num)	使用指定的尺寸来显示字符串(包含于 HTML 显示尺寸代码的字符串)
	fromCharCode()	从字符编码创建一个字符串
	indexOf(str)	检索字符串，返回通过字符串传入的字符串 string 出现的位置
	italics()	使用斜体显示字符串（包含于 HTML 斜体字代码的字符串）
	lastIndexOf()	参数与 indexOf 相同，功能相似，索引方向相反，从后向前搜索字符串
	link(URL)	将字符串显示为链接
	localeCompare()	用本地特定的顺序来比较两个字符串
	match(regexpression)	查找目标字符串中通过参数传入的规则表达式 regexpression 所指定的字符串
	replace(regexpression,str)	替换与正则表达式匹配的子串，查找目标字符串中通过参数传入的规则表达式指定的字符串，若找到匹配字符串，返回由参数字符串 str 替换匹配字符串后的新字符串
	search(regexpression)	查找目标字符串中通过参数传入的规则表达式指定的字符串，找到配对时返回字符串的索引位置，否则返回-1
	slice(num)	返回目标字符串指定位置的字符串，并在新的字符串中返回被提取的部分
	small()	使用小字号来显示字符串（包含于 HTML 小字号代码的字符串）
	split()	把字符串分割为字符串数组
	strike()	使用删除线来显示字符串（包含于 HTML 显示删除线代码的字符串）
	sub()	把字符串显示为下标（包含于 HTML 下标代码的字符串）
	substr(num)	从起始索引号提取字符串中指定数目的字符
	substring(num1,num2)	提取字符串中两个指定的索引号之间的字符
	sup()	把字符串显示为上标（包含于 HTML 上标代码的字符串）

续表

类型	项目及语法	简要说明
方法	toLocaleLowerCase()	把字符串转换为小写，与 toLowerCase()不同的是，toLocaleLowerCase()方法按照本地方式把字符串转换为小写。只有几种语言（如土耳其语）具有地方特有的大小写映射，所以该方法的返回值通常与 toLowerCase()一样
	toLocaleUpperCase()	把字符串转换为大写，与 toUpperCase()不同的是，toLocaleUpperCase()方法按照本地方式把字符串转换为大写。只有几种语言（如土耳其语）具有地方特有的大小写映射，所以该方法的返回值通常与 toUpperCase()一样
	toLowerCase()	把字符串转换为小写
	toUpperCase()	把字符串转换为大写
	toString()	返回字符串
	valueOf()	返回某个字符串对象的原始值

在 JavaScript 代码编写过程中，String 对象是最为常见的处理目标，用于存储较短的数据。String 对象提供了丰富的属性和方法支持，方便开发者灵活地操纵 String 对象的实例。

1. 获取目标字符串长度

字符串的长度 length 作为 String 对象的唯一属性，且为只读属性，它返回目标字符串（包含字符串里面的空格）所包含的字符数。

【例 3-12】获取目标字符串长度。

```
<html>
    <head>
        <title>获取目标字符串长度</title>
        <script type="text/javascript">
            var myString=new String("Welcome to JavaScript world!");
            var strLength=myString.length;
            console.log("原始字符串："+myString+" 长度："+strLength);
            myString="This is the New String!";
            strLength=myString.length;
            console.log("改变内容的字符串："+myString+" 长度："+strLength);
        </script>
    </head>
    <body>
    </body>
</html>
```

程序输出结果为：

```
原始字符串：Welcome to JavaScript world! 长度：28
改变内容的字符串：This is the New String! 长度：23
```

2. 使用 String 对象方法操作字符串

使用 String 对象的方法来操作目标对象并不会改变对象本身，而只是返回包含操作结果的字符串。例如要设置改变某个字符串的值，必须要定义该字符串等于将对象实施某种操作的结果。例如下面调用方法将字符串转换为大写：

```
MyString.toUpperCase();
```

调用 String 对象的方法语句 MyString.toUpperCase()运行后，并没有改变字符串 MyString 的内容。如果要使用 String 对象的 toUpperCase()方法改变字符串 MyString 的内容，必须将使用 toUpperCase()方法操作字符串的结果返回给原字符串：

```
MyString=MyString.toUpperCase();
```

通过以上语句操作字符串后，字符串的内容才真正被改变。String 对象的其他方法也具有此种特性。

3. 连接两个字符串

String 对象的 concat()方法能将作为参数传入的字符串加入到调用该方法的字符串的末尾并将结果返回给新的字符串，语法如下：

```
newString=targetString.concat(anotherString);
```

【例 3-13】连接两个字符串。

```
<html>
    <head>
        <title>连接两个字符串</title>
        <script type="text/javascript">
            var strA=new String("Welcome to ");
            var strB=new String("the world!");
            var strResult=strA.concat(strB);
            console.log("当前目标字符串 :   "+strA);
            console.log("被连接的字符串 :   "+strB);
            console.log("连接后的字符串 :   "+strResult);
        </script>
    </head>
    <body>
    </body>
</html>
```

程序输出结果为：

```
当前目标字符串 : Welcome to
被连接的字符串 : the world!
连接后的字符串 : Welcome to the world!
```

本例中连接字符串的核心语句：

```
var strResult=strA.concat(strB);
```

该代码运行后，字符串 strB 将添加到字符串 strA 的后面，并将生成的新字符串赋值给 strResult，连接过程并不改变字符串 strA 和 strB 的值。

JavaScript 脚本中，也可通过如下的方法实现同样的功能：

```
var strResult ="Welcome to "+"the world!";
var strResult ="Welcome to ".concat("the world!");
var strResult ="Welcome to ".concat("the ","world!");
```

String 对象的 concat()方法可接受任意数目的参数字符串，按顺序将它们连接起来添加到调用该方法的字符串后面，并将结果返回给新字符串。

4. 返回指定位置的字符串

String 对象提供几种方法用于获取指定位置的字符串，第一种方法 slice()有如下两种参数形式：

```
slice(num1,num2);
slice(num) ;
```

其中以参数 num1 和 num2 作为开始和结束索引位置，返回目标字符串中 num1 和 num2 之间的子串。当 num2 为负时，从字符串结束位置向前 num2 个字符即为结束索引位置；当参数 num2 大于字符串的长度时，字符串结束索引位置为字符串末尾。若只有参数 num，返回从 num 索引位置至字符串结束位置的子串。

第二种方法 substr()的两种参数形式如下：

```
substr(num1,num2);
substr(num) ;
```

该方法返回字符串在指定初始位置 num1、长度为 num2 个字符的子串。参数 num1 为负时，返回从字符串起始位置开始、长度为 num2 个字符的子串；当参数 num2 大于字符串的长度时，字符串结束位置为字符串的末尾。使用单一参数 num 时，返回从该参数指定的位置到字符串结尾的字符串。

第三种方法 substring()的两种参数形式如下：

```
substring(num1,num2);
substring(num);
```

该方法返回字符串在指定的索引位置 num1 和 num2 之间的字符。如果 num2 为负，返回从字符串起始位置开始的 num1 个字符；如果参数 num1 为负，将被视为 0；如果参数 num2 大于字符串长度，将被视为 string.length。使用单一参数 num 时返回从该参数指定的位置到字符串结尾的子串。

利用 String 对象的这三个方法，可方便地生成指定的子串。

【例 3-14】返回指定位置的字符串。

```
<html>
    <head>
        <title>返回指定位置的字符串</title>
        <script type="text/javascript">
            var MyString=new String("Congratulations!");
            console.log("原始字符串内容："+MyString+"    长度："+MyString.length);
            console.log("slice()方法:");
            console.log("        MyString.slice(2,9) : "+MyString.slice(2,9));
            console.log("        MyString.slice(2,-2) : "+MyString.slice(2,-2));
            console.log("        MyString.slice(2,19) : "+MyString.slice(2,19));
            console.log("        MyString.slice(2) : "+MyString.slice(2));
            console.log("substr()方法:");
            console.log("        MyString.substr(2,9) : "+MyString.substr(2,9));
            console.log("        MyString.substr(-2,9) : "+MyString.substr(-2,9));
            console.log("        MyString.substr(2,19) : "+MyString.substr(2,19));
            console.log("        MyString.substr(2) : "+MyString.substr(2));
            console.log("substring()方法:");
            console.log("        MyString.substring(2,9) : "+MyString.substring(2,9));
```

```
                console.log("      MyString.substring(2,-2) : "+MyString.substring(2,-3));
                console.log("      MyString.substring(-2,9) : "+MyString.substring(-2,9));
                console.log("      MyString.substring(2,19) : "+MyString.substring(2,19));
                console.log("      MyString.substring(2) : "+MyString.substring(2));
            </script>
        </head>
        <body>
        </body>
    </html>
```

程序输出结果为：

```
原始字符串内容：Congratulations! 长度：16
slice()方法:
    MyString.slice(2,9) : ngratul
    MyString.slice(2,-2) : ngratulation
    MyString.slice(2,19) : ngratulations!
    MyString.slice(2) : ngratulations!
substr()方法:
    MyString.substr(2,9) : ngratulat
    MyString.substr(-2,9) : s!
    MyString.substr(2,19) : ngratulations!
    MyString.substr(2) : ngratulations!
substring()方法:
    MyString.substring(2,9) : ngratul
    MyString.substring(2,-2) : Co
    MyString.substring(-2,9) : Congratul
    MyString.substring(2,19) : ngratulations!
    MyString.substring(2) : ngratulations!
```

String 对象还提供了 charAt(num)方法返回字符串中由参数 num 指定位置处的字符，如果 num 不是字符串中的有效索引位置则返回-1；提供 charCodeAt(num)方法返回字符串中由 num 指定位置处字符的 ISO_Latin_1 值，如果 num 不是字符串中的有效索引位置则返回-1。

3.2.3 Array 对象

数组是包含基本和组合数据类型的有序序列，在 JavaScript 语言中实际指 Array 对象。数组可用构造函数 Array()产生，主要有三种构造方法：

```
var myArray=new Array();
var myArray =new Array(5);
var myArray =new Array(arg1,arg2,...,argN);
```

第一行声明一个空数组并将其存放在以 myArray 命名的空间里，可用数组对象的方法动态添加数组元素；第二行声明长度为 5 的空数组，JavaScript 语言中支持最大的数组长度为 4294967295；第三行声明一个长度为 N 的数组，并用参数 arg1、arg2、...、argN 直接初始化数组元素，该方法在实际应用中最为广泛。

JavaScript 语言的核心对象 Array 提供较多的属性和方法来访问和操作目标 Array 对象实例，如增加、修改数组元素等。表 3-4 列出了其常用的属性、方法。

表 3-4 Array 对象常用属性和方法

类型	项目及语法	简要说明
属性	length	返回数组的长度，为可读可写属性
	prototype	用来给 Array 对象添加属性和方法
方法	concat(arg1,arg2,…argN)	将参数中的元素添加到目标数组后面并将结果返回到新数组
	join() join(string)	将数组中所有元素转化为字符串，并把这些字符串连接成一个字符串；若有参数 string，则表示使用 string 作为分开各个数组元素的分隔符
	pop()	删除数组末尾的元素并将数组 length 属性值减 1
	push(arg1,arg2,…,argN)	把参数中的元素按顺序添加到数组的末尾
	reverse()	按照数组的索引号将数组元素的顺序完全颠倒
	shift()	删除数组的第一个元素并将该元素作为操作的结果返回。删除后所有剩下的元素将前移 1 位
	slice(start) slice(start,stop)	返回包含参数 start 和 stop 之间的数组元素的新数组，若无 stop 参数，则默认 stop 为数组的末尾
	sort() sort(function)	基于一种顺序重新排列数组的元素。若有参数，则它表示一定的排序算法
	splice(start,delete,arg3, …,argN)	按参数 start 和 delete 的具体值添加、删除数组元素
	toSource()	返回一个表示 Array 对象源定义的字符串
	toString()	返回一个包含数组中所有元素的字符串，并用逗号隔开各个数组元素

JavaScript 核心对象 Array 为我们提供了访问和操作数组的途径，使 JavaScript 脚本程序开发人员能方便、快捷地操作数组这种存储数据序列的复合类型。

1. 创建数组并访问其特定位置元素

JavaScript 语言中，使用 new 操作符来创建新数组，并可通过数组元素的下标实现对任意元素的访问。

数组元素下标从 0 开始顺序递增，可通过数组元素的下标实现对它的访问，例如：

```
var data=myArray[i];
```

【例 3-15】创建数组并通过下标访问元素。

```
<html>
    <head>
        <title>创建数组并通过下标访问元素</title>
        <script type="text/javascript">
            var arrPerson=new Array("TOM","Allen","Lily","Jack");
            console.log("数组信息: ");
            console.log("arrPerson.length="+arrPerson.length);
            for(var i=0;i<arrPerson.length;i++)
            {
                console.log("arrPerson["+i+"]="+arrPerson[i]);
```

```
            }
            console.log("arrPerson[5]="+arrPerson[5]);
    </head>
    <body>
        </script>
    </body>
</html>
```

程序输出结果为：

```
数组信息:
arrPerson.length=4
arrPerson[0]=TOM
arrPerson[1]=Allen
arrPerson[2]=Lily
arrPerson[3]=Jack
arrPerson[5]=undefined
```

本例中，访问数组中未被定义的元素时将返回未定义的值，如下列代码：

```
var data= arrPerson[5];
```

运行后，data 返回未定义的值 undefined。

2. 数组中元素的顺序问题

Array 对象提供相关方法实现数组中元素的顺序操作，如颠倒元素顺序、按 Web 应用程序开发者制定的规则进行排列等，主要有 Array 对象的 reverse()和 sort()方法。

reverse()方法将按照数组的索引号的顺序将数组中元素完全颠倒，语法如下：

```
arrayName.reverse();
```

sort()方法较之 reverse()方法复杂，它基于某种顺序重新排列数组的元素，语法如下：

```
arrayName.sort();
```

sort()方法可以接受一个方法为参数，这个方法有两个参数，分别代表每次排序比较时的两个数组项。sort()排序时每次比较两个数组项都会执行这个参数，并把两个比较的数组项作为参数传递给这个函数。当函数返回值为 1 的时候就交换两个数组项的顺序，否则就不交换。如果调用该方式不指定排列顺序，JavaScript 语言会将数组元素转化为字符串，然后按照字母顺序进行排序。

【例 3-16】数组元素的顺序操作。

```
<html>
    <head>
        <title>数组元素的顺序操作</title>
        <script type="text/javascript">
            function printArray(arrayName)
            {
                var strArray="";
                for(var i=0;i<arrayName.length;i++)
                {
                    strArray+="myArray["+i+"]="+arrayName[i]+"    ";
                }
                console.log(strArray);
            }
            var myArray=new Array("First","Second","Third","Forth");
```

```
                console.log("原始数组：");
                printArray(myArray);
                console.log("逆序排列：");
                printArray(myArray.reverse());
                console.log("字母排列：");
                printArray(myArray.sort());

                var arrA = [2,4,3,6,5,1];
                //自定义 sort()函数排序逻辑
                //降序
                function desc(x,y){
                    if (x > y)
                        return -1;
                    if (x < y)
                        return 1;
                }
                //升序
                function asc(x,y){
                    if (x > y)
                        return 1;
                    if (x < y)
                        return -1;
                }
                console.log("升序排列：");
                console.log(arrA.sort(asc));
                console.log("降序排列：");
                console.log(arrA.sort(desc));
            </script>
        </head>
        <body>
        </body>
    </html>
```

程序输出结果为：

```
原始数组：
myArray[0]=First    myArray[1]=Second    myArray[2]=Third    myArray[3]=Forth
逆序排列：
myArray[0]=Forth    myArray[1]=Third    myArray[2]=Second    myArray[3]=First
字母排列：
myArray[0]=First    myArray[1]=Forth    myArray[2]=Second    myArray[3]=Third
升序排列：
1, 2, 3, 4, 5, 6
降序排列：
6, 5, 4, 3, 2, 1
```

3. 修改 length 属性更改数组

Array 对象的 length 属性保存目标数组的长度：

```
var arrayLength=arrayName.length;
```

Array 对象的 length 属性检索的是数组末尾的下一个可及（未被填充）的位置的索引值，

即使前面有些索引没被使用，length 属性也返回最后一个元素后面第一个可及位置的索引值。例如下面的代码中最后 arrayLength 的值为 11：

```
var myArray=new Array();
myArray[10]="Welcome!";
var arrayLength=myArray.length;
```

同时，当脚本动态添加、删除数组元素时，数组的 length 属性会自动更新。在循环访问数组元素的过程中，应十分注意控制循环变量的变化情况。

length 属性可读可写，在 JavaScript 语言中可通过修改数组的 length 属性来更改数组的内容，如通过减小数组的 length 属性，改变数组所含的元素，即凡是下标在新 length-1 后的数组元素将被删除。

【例 3-17】修改 length 属性更改数组。

```
<html>
    <head>
        <title>修改 length 属性更改数组</title>
        <script type="text/javascript">
            function printArray(arrayName)
            {
                var strArray="";
                for(var i=0;i<arrayName.length;i++)
                {
                    strArray+="myArray["+i+"]="+arrayName[i]+"        ";
                }
                console.log(strArray);
            }
            var myArray=new Array("First","Second","Third","Forth");
            console.log("原始数组：");
            printArray(myArray);
            console.log("设置：myArray.length=3");
            myArray.length=3;
            printArray(myArray);
            console.log("设置：myArray.length=4");
            myArray.length=4;
            myArray[3]="Fifth";
            printArray(myArray);
        </script>
    </head>
    <body>
    </body>
</html>
```

程序输出结果为：

```
原始数组：
myArray[0]=First    myArray[1]=Second    myArray[2]=Third    myArray[3]=Forth
设置：myArray.length=3
myArray[0]=First    myArray[1]=Second    myArray[2]=Third
设置：myArray.length=4
myArray[0]=First    myArray[1]=Second    myArray[2]=Third    myArray[3]=Fifth
```

4. 连接数组

Array 对象的 concat()方法可以将以参数传入的数组连接到目标数组的后面，并将结果返回新数组，从而实现数组的连接。concat()方法的语法如下：

```
var myNewArray=myArray.concat(arg1,arg2,…,argN);
```

该方法将按照参数的顺序将它们添加到目标数组 myArray 的后面，并将最终的结果返回新数组 myNewArray。

【例 3-18】使用 concat()方法连接数组。

```
<html>
    <head>
        <title>使用 concat()方法连接数组</title>
        <script type="text/javascript">
            function printArray(arrayName)
            {
                var strArray="";
                for(var i=0;i<arrayName.length;i++)
                {
                    strArray+="myArray["+i+"]="+arrayName[i]+"      ";
                }
                console.log(strArray);
            }
            var myArray=new Array("First","Second","Third");
            var arrayAdd1=new Array("Forth","Fifth");
            var arrayAdd2=new Array("Sixth");
            console.log("原始数组：");
            printArray(myArray);
            console.log("连接数组 1：");
            printArray(arrayAdd1);
            console.log("连接数组 2：");
            printArray(arrayAdd2);
            console.log("连接后产生的新数组：");
            var myNewArray=myArray.concat(arrayAdd1,arrayAdd2);
            printArray(myNewArray);
        </script>
    </head>
    <body>
    </body>
</html>
```

程序输出结果为：

```
原始数组：
myArray[0]=First      myArray[1]=Second      myArray[2]=Third
连接数组 1：
myArray[0]=Forth      myArray[1]=Fifth
连接数组 2：
myArray[0]=Sixth
连接后产生的新数组：
myArray[0]=First      myArray[1]=Second      myArray[2]=Third      myArray[3]=Forth
myArray[4]=Fifth      myArray[5]=Sixth
```

使用 concat()方法后目标数组和参数数组的内容不变，concat()方法并不修改数组本身，而是将操作结果返回给新数组。

3.2.4　Set 和 Map 对象

1. Set

ECMAScript 6 提供了新的对象 Set，用来生成 Set 数据结构对象。它类似于数组，但是成员的值都是唯一的，没有重复的值。

Set 对象有以下属性和方法：

① size：返回成员总数。

② add(value)：添加某个值。

③ delete(value)：删除某个值，返回一个布尔值，表示删除是否成功。

④ has(value)：返回一个布尔值，表示该值是否为 Set 的成员。

⑤ clear()：清除所有成员。

【例 3-19】Set 的基本用法。

```
<html>
    <head>
        <title> Set 的基本用法</title>
        <script type="text/javascript">
            var num=new Set();
            num.add("1").add("2").add("2");
            console.log(num.size);
            console.log(num.has("1"));
            console.log(num.has("2"));
            console.log(num.has("3"));
            num.delete("1");
            console.log(num.has("1"));
        </script>
    </head>
    <body>
    </body>
</html>
```

代码运行结果为：

```
2
true
true
false
false
```

2. Map

ECMAScript 6 还提供了 Map 对象，就是一个键值对的集合，但是"键"的范围不限于字符串，各种类型的值（包括对象）都可以当作键。

Map 对象有以下属性和方法。

① size：返回成员总数。

② set(key, value)：设置一个键值对。

③ get(key)：读取一个键。

④ has(key)：返回一个布尔值，表示某个键是否在 Map 数据结构中。

⑤ delete(key)：删除某个键。

⑥ clear()：清除所有成员。

【例 3-20】Map 的基本用法。

```
<html>
    <head>
        <title> Map 的基本用法</title>
        <script type="text/javascript">
            var m=new Map();
            m.set("str",5);                //键是字符串
            m.set(101,"javascript");   //键是数值
            m.set(undefined,"nah");   //键是 undefined
            console.log(m.has("str"));
            console.log(m.has(101));
            console.log(m.has(undefined));
            m.delete(undefined);
            console.log(m.has(undefined));
            console.log(m.get(101));
            var hi=function(){console.log("hi!")}
            m.set(hi,"hello world");   //键是函数
            console.log(m.get(hi));
            var obj={name:"David"};
            m.set(obj,"title");            //键是对象
            console.log(m.get(obj));
        </script>
    </head>
    <body>
    </body>
</html>
```

代码运行结果为：

```
true
true
true
false
javascript
hello world
title
```

3.2.5 Date 对象

在 Web 页面应用中，经常碰到需要处理时间和日期的情况。JavaScript 脚本内置了核心对象 Date，该对象可以表示从毫秒到年的所有时间和日期，并提供了一系列操作时间和日期的方法。

Date 对象的构造函数通过可选的参数，可生成表示过去、现在和将来的 Date 对象。其构造方式有四种，分别如下：

```
var myDate=new Date();
var myDate=new Date(milliseconds);
var myDate=new Date(string);
var myDate=new Date(year,month,day,hours,minutes,seconds,milliseconds);
```

第一句生成一个空的 Date 对象实例 myDate，可在后续操作中通过 Date 对象提供的诸多方法来设定其时间，如果不设定则代表客户端当前日期；在第二句的构造函数中传入唯一参数 milliseconds，表示构造与 GMT 标准零点（GMT 时间 1970 年 1 月 1 日 0 点定义为 GMT 标准零点）相距 milliseconds 毫秒的 Date 对象实例 myDate；第三句构造一个用参数 string 指定的 Date 对象实例 myDate，其中 string 为表示期望日期的字符串，符合特定的格式；第四句通过具体的日期属性，如 year、month 等构造指定的 Date 对象实例 myDate。

当使用 Date 对象时，需要注意下列要点：

（1）给予的年份应该是 4 位数字，除非你想指定一个 1900 年到 2000 年之间的年份，这种情况下我们可以直接发送两位数字的年份（0～99），并且把它和 1900 相加。所以，2009 表示 2009 年，但是 98 将转换为 1998 年。

（2）用整数 0～11 表示月份，0 表示 1 月，11 表示 12 月。

（3）日期是从 1～31 的一个整数。

（4）小时表示为 0～23 之间的数字，其中 23 表示晚上 11 点。

（5）分钟和秒钟都是从 0～59 的整数。

（6）毫秒是从 0～999 的一个整数。

Date 对象提供成熟的操作日期和时间的诸多方法，方便脚本开发过程中程序员简单、快捷地操纵日期和时间。表 3-5 列出了其常用的属性、方法。

表 3-5　Date 对象常用属性和方法

类型	项目及语法	简要说明
属性	prototype	允许在 Date 对象中增加新的属性和方法
方法	getDate()	返回月中的某一天（几号）
	getDay()	返回星期中的某一天（星期几）
	getFullyear()	返回用 4 位数表示的当地时间的年
	getHours()	返回小时
	getMillseconds()	返回毫秒
	getMinutes()	返回分钟
	getMonth()	返回月份
	getSeconds()	返回秒
	getTime()	返回以毫秒表示的日期和时间
	getTimezoneoffset()	返回以 GMT 为基准的时区偏差，以分计算
	getUTCDate()	返回转换成世界时间的月中的某一天
	getUTCDay()	返回转换成世界时间的星期中的某一天（星期几）
	getUTCFullyear()	返回转换成世界时间的 4 位数表示的当地时间的年
	getUTCHours()	返回转换成世界时间的小时

续表

类型	项目及语法	简要说明
方法	getUTCMillseconds()	返回转换成世界时间的毫秒
	getUTCSeconds()	返回转换成世界时间的分钟
	getYear()	返回 2 位或 4 位数字标识的年份，从 ECMAScript v3 开始，JavaScript 的实现就不再使用该方法，而使用 getFullYear()方法取而代之
	parse()	返回转换成世界时间的秒
	setDate()	设置月中的某一天
	setFullyear()	以参数传入的 4 位数设置年
	setHours()	设置小时
	setMillseconds()	设置毫秒
	setMinutes()	设置分钟
	setMonth()	设置月份
	setSeconds()	设置秒
	setTime()	从一个表示日期和时间的毫秒数来设置日期和时间
	setUTCDate()	按世界时间设置月中的某一天
	setUTCFullyear()	按世界时间以参数传入的 4 位数设置年
	setUTCHours()	按世界时间设置小时
	setUTCMillseconds()	按世界时间设置毫秒
	setUTCMinute()	按世界时间设置分钟
	setUTCMonth()	按世界时间设置月份
	setUTCSeconds()	按世界时间设置秒
	setYear()	以 2 位数或 4 位数来设置年
	toGMTString()	返回表示 GMT 世界时间的日期和时间的字符串
	toLocalString()	返回表示当地时间的日期和时间的字符串
	toSource()	返回 Date 对象的源代码
	toString()	返回表示当地时间的日期和时间的字符串
	toUTCString()	返回表示 UTC 世界时间的日期和时间的字符串
	toUTC()	将世界时间的日期和时间转换为毫秒

其中的许多方法都有世界时间 UTC（Coordinated Universal Time，协调世界时）版本，这意味着它们将获取或设置 UTC 中的日期和时间，而不是本地时间。

【例 3-21】创建日期对象并转化为字符串。

```
<html>
    <head>
        <title>创建日期对象并转化为字符串</title>
        <script type="text/javascript">
            var myDate1=new Date();
            var myDate2=new Date(myDate1.getTime());
```

```
            var myDate3=new Date(myDate1.toString());
            var myDate4=new Date(2011,2,1,18,30,20,100);
            console.log("本地日期 toString():    "+myDate1.toString());
            console.log("本地日期 toLocalString():    "+myDate2.toLocaleString());
            console.log("GMT  世界时间 toGMTString():    "+myDate3.toGMTString());
            console.log("UTC 世界时间 toUTCString():    "+myDate4.toUTCString());
        </script>
    </head>
    <body>
    </body>
</html>
```

程序输出结果为：

```
本地日期 toString(): Wed Mar 09 2011 18:03:10 GMT+0800
本地日期 toLocalString(): 2011 年 3 月 9 日  18:03:10
GMT  世界时间 toGMTString(): Wed, 09 Mar 2011 10:03:10 GMT
UTC 世界时间 toUTCString(): Fri, 01 Mar 2011 10:30:20 GMT
```

该例子中分别使用了四种构造方法创建日期对象，分析如下：

①通过第一种构造方式 new Date()构造 Date 对象实例 myDate1。

②通过 Date 对象的 getTime()方法返回 myDate1 表示的时间与 GMT 标准零点之间相差的毫秒数，然后将此毫秒数作为参数通过第二种构造方式 new Date(milliseconds)构造 Date 对象实例 myDate2。

③通过 Date 对象的 toString()方法返回表示 Date 对象实例 myDate1 代表的时间的字符串，然后将此字符串作为参数通过第三种构造方式 new Date(string)构造 Date 对象实例 myDate3。

④通过第四种构造方式 new Date(year,month,day,hours,minutes,seconds,milliseconds)构造代表 2011 年 3 月 1 日 10 点 30 分 20 秒 100 毫秒的 Date 对象实例 myDate4。

从程序结果可以看出，toString()和 toLocalString()方法返回表示客户端日期和时间的字符串，但格式大不相同。实际上，toLocalString()方法返回字符串的格式由客户设置的日期和时间格式决定，而 toString()方法返回的字符串遵循以下格式：

```
Wed Mar 09 2011 18:03:10 GMT+0800
```

后面两种将日期转化为字符串的方法 toGMTString()和 toUTCString()返回的字符串格式相同。但是从 myDate4 的输出时间可以看出本地时间和世界标准时间两者之间的差异，本地时间（东 8 区：北京时间）与 UTC 世界标准时间之间相差 8 小时。

【例 3-22】设置日期各字段。

```
<html>
    <head>
        <title>设置日期各字段</title>
        <script type="text/javascript">
            var myDate=new Date();
            myDate.setFullYear(2011,2,15);
            myDate.setHours(8);
            myDate.setMinutes(45);
            myDate.setSeconds(59);
            console.log("设置日期："+myDate.toString());
            myDate.setDate(myDate.getDate()+5);
```

```
            console.log("5 天后的日期："+myDate.toString());
            myDate.setTime(623510234);
            console.log("setTime()方法："+myDate.toString());
        </script>
    </head>
    <body>
    </body>
</html>
```

程序输出结果为：

```
设置日期：Tue Mar 15 2011 08:45:59 GMT+0800
5 天后的日期：Sun Mar 20 2011 08:45:59 GMT+0800
setTime()方法：Thu Jan 08 1970 13:11:50 GMT+0800
```

上述使用的都是本地时间，在 JavaScript 语言中也可以使用 UTC 标准世界时间作为操作的标准，同样存在诸如 setUTCDate()、setUTCMonth()等诸多的方法。

3.2.6 RegExp 对象

RegExp 是正则表达式的缩写，当检索某个文本时，可以使用一种模式来描述要检索的内容，RegExp 就是这种模式。简单的模式可以是一个单独的字符，更复杂的模式包括了更多的字符，并可用于解析、格式检查、替换，还可以规定字符串中的检索位置，以及要检索的字符类型等。RegExp 对象用于存储检索模式，它的作用是对字符串执行模式匹配。

创建 RegExp 对象的语法如下：

```
var myPattern = new RegExp(pattern, attributes);
```

其中：

①参数 pattern 是一个字符串，指定了正则表达式的模式或其他正则表达式。

②参数 attributes 是一个可选的字符串，包含属性“g”“i”和“m”，分别用于指定全局匹配、区分大小写的匹配和多行匹配。如果 pattern 是正则表达式，而不是字符串，则必须省略该参数。

③返回值返回一个新的 RegExp 对象，具有指定的模式和标志。如果参数 pattern 是正则表达式而不是字符串，那么 RegExp()构造函数将用与指定的 RegExp 相同的模式和标志创建一个新的 RegExp 对象。如果不用 new 运算符，而将 RegExp()作为函数调用，那么它的行为与用 new 运算符调用时一样，只是当 pattern 是正则表达式时，它只返回 pattern，而不再创建一个新的 RegExp 对象。

表 3-6 列出了 RegExp 对象常用的属性、方法。

表 3-6 RegExp 对象常用属性和方法

类型	项目及语法	简要说明
修饰符	i	执行对大小写不敏感的匹配
	g	执行全局匹配（查找所有匹配而非在找到第一个匹配后停止）
	m	执行多行匹配
属性	global	RegExp 对象是否具有标志 g
	ignoreCase	RegExp 对象是否具有标志 i

续表

类型	项目及语法	简要说明
属性	lastIndex	一个整数，标示开始下一次匹配的字符位置
	multiline	RegExp 对象是否具有标志 m
	source	正则表达式的源文本
方法	compile	编译正则表达式
	exec	检索字符串中指定的值。返回找到的值，并确定其位置
	test	检索字符串中指定的值。返回 true 或 false

【例 3-23】RegExp 对象的方法使用。

```
<html>
    <head>
        <title>RegExp 对象的方法使用</title>
    </head>
        <script type="text/javascript">
            var str="The best things in life are free.";
            var ptnSearch1=new RegExp("f");
            console.log("字符串："+str);
            console.log("检索该字符串中是否存在字母 'f'："+ptnSearch1.test(str));
            ptnSearch1.compile("d");      //改变检索模式
            console.log("检索该字符串中是否存在字母 'd'："+ptnSearch1.test(str));
            var ptnSearch2=new RegExp("e","g");
            var result="";
            for(;;)
            {
                var temp=ptnSearch2.exec(str);
                if(temp==null)    break;
                result+=temp+" ";
            }
            console.log("检索该字符串中所有字母'e'并输出："+result);
        </script>
    <body>
    </body>
</html>
```

程序输出结果为：

```
字符串：The best things in life are free.
检索该字符串中是否存在字母 'f'：true
检索该字符串中是否存在字母 'd'：false
检索该字符串中所有字母'e'并输出：e e e e e e
```

该例题的代码中首先使用 test()方法检索字符串中的指定值，然后使用 compile()改变检索模式，由于字符串中存在“f”，而没有“d”，所以两次检索的输出结果分别为 true 和 false。最后使用 exec()方法检索字符串中的指定值，返回值是被找到的值，如果没有发现匹配，则返回 null。如果需要找到某个字符（如“e”）的所有存在，则可以向 RegExp 对象添加第二个参数“g”（“global”）。在使用“g”参数时，exec()的工作原理如下：找到第一个"e"，并存储其位置；如果再次运行 exec()，则从存储的位置开始检索，找到下一个"e"，并存储其位置。代码的输出将是这个字符串中 6 个“e”字母。

3.2.7 Function 对象

JavaScript 核心对象 Funtion 为函数对象，由于开发者一般直接定义函数而不是通过使用 Function 对象创建实例的方式来生成函数，对于实际编程而言，Function 对象很少涉及到，但正确地理解它有助于加深对 JavaScript 语言中函数概念的理解。

简而言之，Function 是对象而 function 是函数声明的关键字。实际上，在 JavaScript 中声明一个函数本质上就是创建 Function 对象的一个实例，而函数名则为实例名。先看如下的函数：

```
function sayHello(username)
{
    console.log("Hello "+name);
}
```

调用该函数，输入参数“Kitty”，输出结果为“Hello Kitty”。

如果通过创建 Function 对象的实例的方式来实现该功能，代码如下：

```
var sayHello = new Function("name"," console.log ('Hello '+name)");
```

在该方式中，第一个参数是函数 sayHello()的参数，第二个参数是函数 sayHello()的函数体。定义之后，可通过调用 sayHello("Kitty")的方式获得上述的结果。

通过两种构造方式的对比，可以看出所谓的函数只不过是 Function 对象的一个实例，而函数名为实例的名称。

既然函数名为实例的名称，那么就可以将函数名作为变量来使用。考察如下的代码：

```
function sayHello()
{
    console.log ("Hello");
}
function sayBye()
{
    console.log ("Bye");
}
sayHello = sayBye;
```

上述代码运行后，再次调用 sayHello()函数，返回的是“Bye”而不是“Hello”。

在 JavaScript 中，创建函数常用如下两种方法：

①函数的原始构造方法：

```
function functionName([argname1 [, ...[, argnameN]]])
{
    body
}
```

②创建 Function 对象实例的方法：

```
functionName = new Function( [arg1, [... argN,]],body );
```

其中 functionName 是创建的目标函数名称，为必选项；arg1，...，argN 是函数接收的参数列表，为可选项；body 是函数体，包含调用此函数时执行的代码，为可选项。

举个执行两个数加法的程序，使用第一种构造方法：

```
function add(x, y)
{
    return(x + y);
}
```

如果采用创建 Function 对象实例的方式实现同样的功能，代码如下：

```
var add = new Function("x", "y", "return(x+y)");
```

在这两种情况下，都通过 add(4, 5)的方式调用目标函数。第二种构造方式适用于参数较少、函数代码比较简单的情形；而第一种方式代码层次感较强，且对代码的复杂程度和参数多少并无特别的规定。

Function 对象在脚本编程中使用不是很广泛，表 3-7 列出了其常用的属性和方法。

表 3-7　Function 对象常用属性和方法

类型	项目及语法	简要说明
属性	arguments	包含传给函数的参数，只能在函数内部使用
	arity	表示一个函数期望接收的参数数目
	caller	用来访问调用当前正在执行的函数的函数
	prototype	允许在 Function 对象中增加新的属性和方法
方法	apply()	将一个 Function 对象的方法使用在其他 Function 对象上
	call()	该方法允许当前对象调用另一个 Function 对象的方法
	toSource()	允许创建一个 Function 对象的拷贝
	toString()	将定义函数的 JavaScript 源代码转换为字符串并将其作为调用此方法的结果返回

3.2.8　Object 对象

所有的 JavaScript 对象都继承自 Object 对象，后者为前者提供基本的属性（如 prototype 属性等）和方法（如 toString()方法等）。而前者也在这些属性和方法的基础上进行扩展，以支持某些特定的操作。

Object 对象的实例构造方法如下：

```
var myObject=new Object(value);
```

上述语句构造 Object 对象的实例 myObject，同时用参数传入的值初始化对象实例，该实例能继承 Object 对象提供的几个方法进行相关处理。参数 value 为要转为对象的数字、布尔值或字符串，此参数可选，若无此参数，则构建一个未定义属性的新对象。

JavaScript 语言支持另外一种构造 Object 对象实例的方法：

```
var myObject={name1:value1,name2:value2,...,nameN:valueN};
```

该方法构造一个新对象，并使用 name1，name2，…，nameN 指定其属性列表，使用 value1，value2，…，valueN 初始化该属性列表。

通过从 Object 对象继承产生后，String、Math、Array 等对象获得了 Object 对象所有的属性和方法，同时扩充了只属于自身的属性和方法，以对特定的目标进行处理。表 3-8 列出了其常用的属性和方法。

表 3-8 Object 对象常用属性和方法

类型	项目及语法	简要说明
属性	constructor	指定对象的构造函数
	prototype	允许在 Object 对象中增加新的属性和方法
方法	eval()	通过当前对象执行一个表示 JavaScript 脚本代码的字符串
	toSource()	返回创建当前对象的源代码
	toString()	返回表示对象的字符串
	valueOf()	返回目标对象的值

【例 3-24】创建 Object 对象的实例。

```
<html>
    <head>
        <title>创建 Object  对象的实例</title>
        <script type="text/javascript">
            var person1=new Object();
            person1.name="David";
            person1.sex="male";
            person1.age=18;
            console.log("type of person1: "+typeof(person1));
            console.log("person1: "+person1.name+","+person1.sex+","+person1.age);
            var person2 = {
                name: "Marry",
                sex: "female",
                age: "16"
            };
            console.log("type of person2: "+typeof(person2));
            console.log("person2: "+person2.name+","+person2.sex+","+person2.age);
        </script>
    </head>
    <body>
    </body>
</html>
```

程序输出结果为：

```
type of person1: object
person1: David,male,18
type of person2: object
person2: Marry,female,16
```

由程序结果可见，这两种构造 Object 对象实例的方法得到的结果相同，相比较而言，第一种方法结构清晰、层次感强，而第二种方法代码简单、编程效率高。

3.2.9 Error 对象

Error 对象用来保存有关错误的信息。Error 对象的实例构造方法如下：

```
var newErrorObj = new Error();
var newErrorObj = new Error(number);
var newErrorObj = new Error(number, description);
```

其中的参数 number 是与错误相联的数字值，如果省略则为零；参数 description 用于描述错误的简短字符串，如果省略则为空字符串。

每当产生运行时错误，就产生 Error 对象的一个实例以描述错误。该实例有两个固有属性，保存错误的描述（description 属性）和错误号（number 属性）。错误号是 32 位的值，高 16 位字是设备代码，而低 16 位字是实际的错误代码。

Error 对象也可以用如上所示的语法显式创建，或用 throw 语句抛出。在两种情况下，都可以添加选择的任何属性，以拓展 Error 对象的能力。下例在 try...catch 语句中引发了异常，隐式创建的 Error 对象实例被传递到变量 e 中，因此，可以通过变量 e 的属性查看错误号和描述。

Error 对象没有方法。

【例 3-25】隐式创建 Error 对象的使用。

```
<html>
    <head>
        <title>隐式创建 Error 对象的使用</title>
        <script type="text/javascript">
            try{
                x=y;
            }
            catch(e){
                console.log(e.toString());
                console.log(e.number&0xffff);
                console.log(e.description);
            }
        </script>
    </head>
    <body>
    </body>
</html>
```

程序输出结果为：

```
ReferenceError: y is not defined
0
undefined
```

3.2.10　Math 对象

Math 对象在 JavaScript 语言中属于抽象对象，也就是说 Math 对象并不像 Date 和 String 那样可以实例化为具体的对象实例，因此 Math 没有构造函数。在使用 Math 对象时，无需创建它的实例，通过把 Math 作为对象使用就可以调用其所有属性和方法。例如：

```
var a=Math.E;
var b=Math.abs(value);
```

第一行代码将自然对数的底数值赋值给变量 a；第二行代码将 value 值取绝对值并赋值给变量 b。表 3-9 列出了 Math 对象的常用属性和方法。

表 3-9 Math 对象常用属性和方法

类型	项目及语法	简要说明
属性	E	返回算术常量 e，即自然对数的底数（约等于 2.718）
	LN2	返回 2 的自然对数（约等于 0.693）
	LN10	返回 10 的自然对数（约等于 2.302）
	LOG2E	返回以 2 为底的 e 的对数（约等于 1.414）
	LOG10E	返回以 10 为底的 e 的对数（约等于 0.434）
	PI	返回圆周率（约等于 3.14159）
	SQRT1_2	返回 2 的平方根的倒数（约等于 0.707）
	SQRT2	返回 2 的平方根（约等于 1.414）
方法	abs(x)	返回数的绝对值
	acos(x)	返回数的反余弦值
	asin(x)	返回数的反正弦值
	atan(x)	以介于-PI/2 与 PI/2 弧度之间的数值来返回 x 的反正切值
	atan2(y,x)	返回从 x 轴到点(x,y)的角度（介于-PI/2 与 PI/2 弧度之间）
	ceil(x)	对数进行上舍入
	cos(x)	返回数的余弦
	exp(x)	返回 e 的指数
	floor(x)	对数进行下舍入
	log(x)	返回数的自然对数（底为 e）
	max(x,y)	返回 x 和 y 中的最大值
	min(x,y)	返回 x 和 y 中的最小值
	pow(x,y)	返回 x 的 y 次幂
	random()	返回 0～1 之间的随机数
	round(x)	把数四舍五入为最接近的整数
	sin(x)	返回数的正弦
	sqrt(x)	返回数的平方根
	tan(x)	返回角的正切
	toSource()	返回该对象的源代码
	valueOf()	返回 Math 对象的原始值

3.3 字面量对象与 JSON

1. 字面量对象

在编程语言中，字面量是一种表示值的记法。例如，"Hello,World!"在许多编程语言中都表示一个字符串字面量（string literal），JavaScript 语言也不例外。以下就是 JavaScript 语言中字面量的例子，如 5、true、false 和 null，它们分别表示一个整数、两个布尔值和一个空对象。

JavaScript 语言还支持对象和数组字面量，允许使用一种简洁且可读的记法来创建数组和对象。在 JavaScript 语言中可以使用如下语法创建字面量对象，并给对象添加属性和方法：

```
var customerObject = {
    customerProperty : value,
    customerMethod : function
};
```

一个字面量对象就是包含在一对花括号中的 0 个或多个“键:值”对，属性或方法声明之间用逗号隔开，键的名字在内部会被转换成字符串。字面量对象不能当作一个类来实例化新的对象，定义一个字面量对象仅仅是定义了一个对象实例。

【例 3-26】字面量对象的创建和使用。

```
<html>
    <head>
        <title>字面量对象的创建和使用</title>
        <script type="text/javascript">
            var pen={
                type:"铅笔",
                color:"黑色",
                price:1.5,
                using:penUse
            };

            function penUse(){
                console.log("It can be used for drawing.");
            }

            console.log("笔的类型："+pen.type);
            console.log("笔的颜色："+pen.color);
            console.log("笔的价格："+pen.price);
            console.log("笔的用途：");
            pen.using();
        </script>
    </head>
    <body>
    </body>
</html>
```

程序输出结果为：

```
笔的类型：铅笔
笔的颜色：黑色
笔的价格：1.5
笔的用途：
It can be used for drawing.
```

2. JSON

JSON（JavaScript Object Notation）是一种轻量级的数据交换格式。JSON 采用完全独立于特定编程语言的文本格式，这使得 JSON 成为理想的数据交换语言，易于人们阅读和编写，同时也易于计算机解析和生成。

JSON 是基于 ECMAScript 的一个子集，也就是说 JSON 是遵循 JavaScript 语法的，这意味着在 JavaScript 中处理 JSON 数据不需要任何特殊的 API 或工具包。

简单来说，JSON 可以将 JavaScript 对象表示的一组数据转换为字符串，然后可以在函数之间轻松地传递这个字符串，或者在异步应用程序中将字符串从客户端传递给服务器端程序。JSON 字符串看起来可能会有点儿奇怪，但是它符合 JavaScript 语法标准，浏览器很容易解释它，而且 JSON 可以表示比“键/值”对更复杂的结构。例如，可以表示数组和复杂的对象，而不仅仅是键和值的简单列表。

按照最简单的形式，可以用下面这样的 JSON 表示“键/值”对：

```
{"firstName":"Ning"}
```

当将多个“键/值”对串在一起时，JSON 就会体现出它的价值了，可以创建包含多个“键/值”对的记录，比如：

```
{"firstName":"Ning","lastName":"Dong","email":"dong.ning@qq.com"}
```

JSON 格式可以用来表示一系列的值，这些值可以以成员的形式包含在数组或对象中。具体可以有如下格式的值：

（1）数组或对象成员中的值，可以是简单值也可以是复合值。

（2）简单值为 JavaScript 中的四种基本类型；字符串、数值、布尔和 null。

（3）复合值为符合 JSON 格式要求的对象和数组。

（4）逗号不能加在数组和数值最后一个成员后面。

（5）字符串类型的值只能用双引号，不能用单引号。

（6）对象的属性（成员名）必须用双引号。

包含复杂值的 JSON 可以按如下方式定义：

```
{
    "arr1":["one","two","three"],
    "obj1":{
        "one":1,
        "two":2,
        "three":3
    },
    "obj2":{
        "names":["Jack","John"]
    },
    "arr2":[{"name":"Jack"},{"name":"John"}]
}
```

为了更方便地操作 JSON，JavaScript 语言从 ECMAScript5 标准开始新增了 JSON 对象用于处理 JSON 格式数据。JSON 对象有两个方法用于 JSON 格式数据的处理，分别是 JSON.stringify 和 JSON.parse。

（1）JSON.parse

JSON.parse 方法可以将 JSON 格式的数据转化成 JavaScript 对象，该方法可以接受一个 JSON 格式的数据作为输入参数，返回值为 JavaScript 对象，如果传入的参数不是一个有效的 JSON 格式则该方法会弹出异常。

【例 3-27】JSON.parse 方法的使用。

```
<html>
    <head>
        <title> JSON.parse 方法的使用</title>
        <script type="text/javascript">
            //字符串形式的 JSON
            var jsonValue =
                    '{"firstName":"Ning","lastName":"Dong","email":"dong.ning@qq.com"}';
            //转换为 JavaScript 对象
            try{
                var jsonObj = JSON.parse(jsonValue);
                console.log(jsonObj);
            }catch(e){
                console.log(e);
            }
            //字符串形式的 JSON（错误格式）
            var jsonValue =
                    '{firstName:"Ning",lastName:"Dong",email:"dong.ning@qq.com"}';
            try{
                jsonObj = JSON.parse(jsonValue);
                console.log(jsonObj);
            }catch(e){
                console.log(e);
            }
        </script>
    </head>
    <body>
    </body>
</html>
```

程序输出结果为：

```
Object { firstName="Ning",   lastName="Dong",   email="dong.ning@qq.com"}
SyntaxError: JSON.parse: expected property name or '}' at line 1 column 2 of the JSON data
jsonObj = JSON.parse(jsonValue);
```

上述代码运行后第一个输出为通过 JSON.parse 方法解析后生成的 JavaScript 对象。第二个输出为一个异常，因为第二次传入 JSON.parse 方法的参数并非正确的 JSON 格式字符串。

（2）JSON.stringify

JSON.stringify 方法可以将以参数传入的值转换成满足 JSON 格式的字符串。该方法返回的 JSON 格式字符串可以被 JSON.parse 方法重新转换成 JavaScript 中的值。

【例 3-28】JSON. stringify 方法的使用。

```
<html>
    <head>
        <title>JSON.stringify 方法的使用</title>
        <script type="text/javascript">
            //值转换成 JSON 格式
            console.log(JSON.stringify("xyz"));
```

```
                    console.log(JSON.stringify(1));
                    console.log(JSON.stringify(true));
                    console.log(JSON.stringify([]));
                    console.log(JSON.stringify({}));
                    console.log(JSON.stringify([1, "false", false]));
                    console.log(JSON.stringify({ name: "dn" }));
                    //函数等特殊对象的转换
                    var s = JSON.stringify({
                        func: function(){},
                        arr: [ function(){}, undefined ]
                    });
                    console.log(s);
                    //对象转换成 JSON 格式
                    s = JSON.stringify({
                        a:1,
                        b:2
                    });
                    console.log(s);
                </script>
            </head>
            <body>
            </body>
        </html>
```

程序输出结果为：

```
"xyz"
1
true
[]
{}
[1,"false",false]
{"name":"dn"}
{"arr":[null,null]}
{"a":1,"b":2}
```

上述代码中值得注意的是对象中 undefined、函数和 XML 类型的属性在转换成 JSON 对象时会被忽略，如果上述类型的值出现在数组中则会被转换成 null。

3.4 自定义对象

3.4.1 自定义对象实现方式

在 JavaScript 语言中，主要有 JavaScript 核心对象、浏览器对象、用户自定义对象和文本对象等，其中用户自定义对象占据着举足轻重的地位。JavaScript 作为基于对象的编程语言，其对象实例需要通过构造函数来创建。每一个构造函数都包括一个对象原型，定义了每个对象实例的属性和方法。在 JavaScript 语言中对象是动态的，也就意味着对象实例的属性和方法是可以动态添加、删除或修改的。

JavaScript 语言中创建自定义对象的方法主要有两种：通过定义对象构造函数的方式和原型方式。

1. 构造函数方式

在构造函数方式中，用户必须先定义对象的构造函数，然后再通过 new 关键字来创建该对象的实例。

定义对象的构造函数的方式如下面的示例：

```
function Car(sColor, iDoors){
    this.color=sColor;
    this.doors=iDoors;
    this.showColor= function(){
        console.log("Car's color is "+this.color);
    }
}
```

当调用该构造函数时，浏览器给新的对象实例分配内存，并隐性地将对象传递给函数。this 操作符是指向新对象引用的关键词，用于操作这个新对象。下面的句子：

```
this.color=sColor;
```

该句使用作为函数参数传递过来的 sColor 值在构造函数中给创建的对象实例的 color 属性赋值。

创建对象实例并给属性赋值后，可以通过如下方法访问该实例的属性：

```
var oCar=new Car("red",4);
var str=oCar.color;
```

在构建对象的方法时，如果代码比较简单可以直接写在构造函数里，否则可以使用外部函数的写法，在外部函数中也可以使用 this 关键字指向当前的对象，并通过 this.color 的方式访问它的属性。下面的示例为改写过的 Car 对象的构造函数。

【例 3-29】通过构造函数方式定义对象并使用 new 操作符创建对象实例。

```
<html>
    <head>
        <title>通过构造函数方式定义对象并使用 new 操作符创建对象实例</title>
        <script type="text/javascript">
            //对象的构造函数
            function Car(sColor, iDoors){
                this.color=sColor;
                this.doors=iDoors;
                this.showColor=funcColor;
            }
            //定义对象的方法
            function funcColor(){
                console.log("color: "+this.color);
            }
            //生成对象的实例
            var oCar=new Car("red",4);
            console.log("Car's infomation:");
```

```
                oCar.showColor();
                console.log("Doors: "+oCar.doors);
            </script>
        </head>
        <body>
        </body>
    </html>
```

程序输出结果为：

```
Car's infomation:
color: red
Doors: 4
```

2. *原型方式*

JavaScript 语言中所有对象都由 Object 对象派生，每个对象都有指定了其结构的原型（prototype）属性，该属性描述了该类型对象共有的代码和数据，可以通过对象的 prototype 属性为对象动态添加属性和方法。

原型方式利用对象的 prototype 属性定义属性和方法。使用原型方式重写前面的例子，代码如下所示：

```
function Car(){
}
Car.prototype.color="red";
Car.prototype.doors=4;
Car.prototype.showColor=function(){
    console.log("color: "+this.color);
}
```

在这段代码中，首先定义构造函数 Car，其中无任何代码。接下来的几行代码，通过给 Car 的 prototype 属性添加属性去定义 Car 对象的属性。调用 new Car()时，原型的所有属性都被立即赋予新创建的对象实例。

【例 3-30】通过原型方式定义对象。

```
<html>
    <head>
        <title>通过原型方式定义对象</title>
        <script type="text/javascript">
            function Car(){
            }
            Car.prototype.color="red";
            Car.prototype.doors=4;
            Car.prototype.showColor=function(){
                console.log("color: "+this.color);
            }

            var oCar1=new Car();
            var oCar2=new Car();
            console.log("Car1's color is "+oCar1.color);
            console.log("Car2's color is "+oCar2.color);
```

```
                oCar1.color="blue";
                oCar2.color="white";
                console.log("After car's color is modified:")
                console.log("Car1's color is "+oCar1.color);
                console.log("Car2's color is "+oCar2.color);
            </script>
        </head>
        <body>
        </body>
    </html>
```

程序输出结果为：

```
Car1's color is red
Car2's color is red
After car's color is modified:
Car1's color is blue
Car2's color is white
```

从输出结果可以看出，使用原型方式时，不能通过构造函数传递参数初始化属性的值，因为 oCar1 和 oCar2 的 color 属性都等于“red”，doors 属性都等于 4，这意味着必须在对象创建后才能改变属性的默认值。

3.4.2 自定义对象实现方式选择与实例

从前面两种自定义对象的实现方式上看，使用构造函数的方式会重复生成函数，为每个对象都创建独立的函数版本；而原型方式不能通过构造函数传递参数初始化属性的值来创建不同的对象，是否有更合理的创建对象的方法呢？答案是有，需要联合使用构造函数和原型方式。

联合使用构造函数和原型方式，就可以像用其他面向对象程序设计语言一样创建对象。这种方式用构造函数定义对象的所有属性，用原型方式定义对象的方法，这样，所有的函数都只创建一次，而每个对象都具有自己的对象属性实例。

【例 3-31】使用混合构造函数/原型方式定义对象。

```
<html>
    <head>
        <title>使用混合构造函数/原型方式定义对象</title>
        <script type="text/javascript">
            //对象的构造函数
            function Car(sColor, iDoors){
                this.color=sColor;
                this.doors=iDoors;
            }
            //使用原型方式定义对象的方法
            Car.prototype.drive=function(driver){
                console.log(driver+" is driving the car!");
            }
            Car.prototype.showInfo=function(){
                console.log("The car with "+this.doors+" doors is "+this.color+".");
            }
```

```
            var oCar=new Car("red",4);
            oCar.drive("Mike");
            oCar.showInfo();
        </script>
    </head>
    <body>
    </body>
</html>
```

程序输出结果为：

```
Mike is driving the car!
The car with 4 doors is red.
```

3.4.3 使用 ECMAScript 6 新语法定义类

ECMAScript 6 标准通过 class 关键字，使类的定义在 JavaScript 语言中更加方便。在 ECMAScript 6 标准中为了保证向后兼容性，class 关键字仅仅是建立在利用原型系统定义类方式上的语法，所以并没有带来任何的新特性。不过，它使代码的可读性变得更高，并且为今后版本里更多面向对象的新特性打下了基础。

1. 定义类并使用对象实例

使用 class 关键字，可以按照如下方式定义一个类并创建对象实例：

```
class Car {
    //定义构造方法
    constructor(make, year) {
            //定义类成员
            this._make = make;
            this._year = year;
        }
        //定义成员方法
        make() {
            return this._make;
        }
        //定义成员方法
        year() {
            return this._year;
        }
        //定义成员方法
        toString() {
            return this.make() + ' ' + this.year();
        }
}
//创建对象实例
var car = new Car('Toyota Corolla', 2015);
//使用对象实例
console.log(car.make()); // Toyota Corolla
console.log(car.year()); // 2015
console.log(car.toString()) // Toyota Corolla 2015
```

在 ECMAScript 6 标准的 JavaScript 代码中可以用 class 关键字定义一个类，在类定义中名为 constructor 的方法默认为类的构造方法。在构造方法里面可以定义类成员，做法和原型方式定义类是一致的。在类定义的代码块内还可以根据需要定义一系列的成员方法，成员方法在定义的时候注意不要加 function 关键字。创建和使用类实例对象与前面讲的原型方式是一致的。

2. 类的继承

ECMAScript 6 标准颁布以前，在 JavaScript 语言中可以使用原型方式定义类，但是要继承某个类的话会非常繁琐，ECMAScript 6 标准中新的 extends 关键字解决了这个问题。

定义一个继承自上述 Car 类的 Motorcycle 类并使用其对象实例的方法如下：

```
class Motorcycle extends Car {
        constructor(make, year) {
                //调用基类的构造方法
                super(make, year);
        }
        toString() {
                //调用基类的 toString 方法
                return 'Motorcycle ' + super.toString();
        }
}
//创建对象实例
var motorcycle = new Motorcycle('Yamaha V-REX', 2015);
//使用对象实例
console.log(motorcycle.toString()) // Motorcycle Yamaha V-REX 2015
```

使用 extends 关键字可以让当前定义的类继承自一个现有的类，上面的代码中 Motorcycle 类继承自 Car 类。Motorcycle 类有一个构造方法，在构造方法中通过 super 关键字调用了基类的构造方法。Motorcycle 类还有一个名为 toString 的成员构造方法，在该方法中也通过 super 关键字调用了基类的 toString 方法。

【例 3-32】使用 ECMAScript 6 新语法定义类并使用对象实例。

```
<html>
        <head>
                <title>使用 ECMAScript 6 新语法定义类并使用对象实例</title>
                <script src="traceur.js" type="text/javascript"></script>
                <script src="bootstrap.js" type="text/javascript"></script>
        </head>
        <body>
                <script type="module">
                        //定义类
                        class Car {
                                        //定义构造函数
                                        constructor(make, year) {
                                                //定义类成员
                                                this._make = make;
                                                this._year = year;
                                        }
                                        //定义成员函数
```

```
                make() {
                    return this._make;
                }
                //定义成员函数
                year() {
                    return this._year;
                }
                //定义成员函数
                toString() {
                    return this.make() + ' ' + this.year();
                }
            }
            //继承类
            class Motorcycle extends Car {
                constructor(make, year) {
                    //调用基类的构造方法
                    super(make, year);
                }
                toString() {
                    //调用基类的 toString 方法
                    return 'Motorcycle ' + super.toString();
                }
            }
            //创建对象实例
            var car = new Car('Toyota Corolla', 2015);
            //使用对象实例
            console.log(car.make()); // Toyota Corolla
            console.log(car.year()); // 2015
            console.log(car.toString()) // Toyota Corolla 2015
            //创建对象实例
            var motorcycle = new Motorcycle('Yamaha V-REX', 2015);
            //使用对象实例
            console.log(motorcycle.toString()) // Motorcycle Yamaha V-REX 2015
        </script>
    </body>
</html>
```

程序输出结果为：

```
Toyota Corolla
2015
Toyota Corolla 2015
Motorcycle Yamaha V-REX 2015
```

值得注意的是，截至本书结稿时 ECMAScript 6 标准刚刚颁布不久，所有的浏览器都不能完整地实现新加的 JavaScript 语法，所以要测试上述代码的话需要用到 Traceur 转码器才行，Traceur 转码器是预先写好的 JavaScript 文件，引入 Traceur 转码器后可以让 ECMAScript 6 标准的 JavaScript 代码在大多数浏览器中正常运行。

要引入 Traceur 转码器，首先，必须在网页头部加载 Traceur 代码文件。接下来，就可以把使用了 ECMAScript 6 标准的代码放入页面，代码放入页面时要注意，script 标签的 type 属性的值是 module，而不是 text/javascript，这是 Traceur 转码器识别 ECMAScript 6 代码的标识，转码器会自动将所有 type 属性值为 module 的代码转换为符合 ECMAScript 5.1 标准的 JavaScript 代码，然后再交给浏览器执行。

Traceur 转码器是 Google 公司的一个开源项目，有兴趣的读者可以在 Github 上查看（https://github.com/google/traceur-compiler）。

本章小结

本章主要介绍了 JavaScript 语言中的一些常用对象以及这些对象的属性和方法，以及如何自定义对象及其对象方法和属性并创建对象实例。

习　题

3-1　使用 String 对象的 indexOf()方法来定位字符串中某一个指定的字符首次出现的位置。

3-2　使用 Array 对象的 join()方法将数组的所有元素组成一个字符串。

3-3　使用 Date 对象的 getDay()方法来显示星期几，而不仅仅是数字。

3-4　使用 JSON 对象将当前的时间日期转换成 JSON 格式字符串并在控制台输出。

3-5　练习使用多种不同的办法来创建自定义对象。

综合实训

目标

创建一个对象，让该对象具有计算几天后将是什么时间日期的功能。

准备工作

在进行本实训前，必须学习完本章的全部内容，并掌握 JavaScript 对象的创建和使用，以及自定义对象的实现方式。

实训预估时间：30 分钟

使用混合的构造函数/原型方式定义日期对象，并设计计算和获取天数增加后的日期的方法。

第 4 章　文档对象模型（DOM）

本章介绍了文档对象模型（DOM）的基本概念以及 DOM 树的结构，并在此基础上讲解了 DOM 中元素的移动以及其他操作。

- DOM 的概念
- DOM 树的结构
- DOM 中元素的操作

4.1 DOM 基础

通过在 Web 页面中使用 JavaScript 语言，我们可以控制整个 HTML 文档，可以添加、移除、改变或重排页面上的项目。要实现上述功能，JavaScript 语言需要调用对 HTML 文档中所有元素进行访问的接口，通过这个接口，可以对 HTML 页面元素进行添加、移动、改变或删除，文档对象模型（DOM）就是浏览器提供的这样一类接口。

4.1.1 DOM 简介

DOM 的全称是 Document Object Model，即文档对象模型。在浏览器中，基于 DOM 的 HTML 分析器将一个页面转换成一个对象模型的集合（通常称 DOM 树），浏览器正是通过对这个对象模型的操作，来实现对 HTML 页面的显示。通过 DOM 接口，JavaScript 可以在任何时候访问 HTML 文档中的任何一部分数据，因此，利用 DOM 接口可以无限制地操作 HTML 页面。

DOM 接口提供了一种通过分层对象模型来访问 HTML 页面的方式，这些分层对象模型是依据 HTML 文档的结构生成的一棵节点树，也就是说，DOM 强制使用树模型来访问 HTML 页面中的元素。由于 HTML 本质上就是一种分层结构，所以这种描述方法是相当有效的。

对于 HTML 页面开发来说，DOM 就是一个对象化的 HTML 数据接口，一个与语言无关、与平台无关的标准接口规范。它定义了 HTML 文档的逻辑结构，给出了一种访问和处理 HTML 文档的方法。利用 DOM，开发人员可以动态地创建文档，遍历文档结构，添加、修改、删除文档内容，改变文档的显示方式等。可以这样说，HTML 文档代表的是页面，而 DOM 则代表了如何去操作页面。无论是在浏览器里还是在浏览器外，无论是在服务器上还是在客户端，只要有用到 HTML 的地方，就会碰到对 DOM 的使用。

DOM 规范与 Web 世界的其他标准一样受到 W3C 组织的管理，在其控制下为不同平台和语言使用 DOM 提供一致的 API，W3C 把 DOM 定义为一套抽象的类而非正式实现。目前，DOM 由三部分组成，包括：核心（core）、HTML 和 XML（可扩展标记语言）。核心部分是结构化文档比较底层对象的集合，这一部分所定义的对象已经完全可以表达出任何 HTML 和 XML 文档中的数据了。HTML 接口和 XML 接口两部分则是专为操作具体的 HTML 文档和 XML 文档所提供的高级接口，以便操作这两类文件。

4.1.2　DOM 树的结构

前面我们讲过，DOM 为我们提供的访问文档信息的媒介是一种分层对象模型，而这个层次的结构，则是一棵根据文档生成的节点树。在对文档进行分析之后，不管这个文档有多简单或者多复杂，其中的信息都会被转化成一棵对象节点树。在这棵节点树中，有一个根节点即 Document 节点，所有其他的节点都是根节点的后代节点。节点树生成之后，就可以通过 DOM 接口访问、修改、添加、删除、创建树中的节点和内容。

DOM 把文档表示为节点（Node）对象树。“树”这种结构在数据结构中被定义为一套互相联系的对象的集合，或者称为节点的集合，其中一个节点作为树结构的根（root）。节点被冠以相应的名称以对应它们在树里相对其他节点的位置。例如，某一节点的父节点就是树层次内比它高一级别的节点（更靠近根节点），而其子节点则比它低一级别；兄弟节点显然就是树结构中与它同级的节点了，不在它的左边就在它的右边。

DOM 的逻辑结构可以用节点树的形式进行表述。浏览器通过对 HTML 页面的解析处理，HTML 文档中的元素便转化为 DOM 中的节点对象。

DOM 中的节点有 Document、Element、Comment、Type 等不同类型，其中每一个 DOM 树必须有一个 Document 节点，并且为节点树的根节点。它可以有子节点如 Text 节点、Comment 节点等。

具体来讲，DOM 节点树中的节点有元素节点、文本节点和属性节点等三种不同的类型，下面具体介绍。

1. 元素节点（element node）

在 HTML 文档中，各 HTML 元素如<body>、<p>、<ul>等构成文档结构模型的一个元素对象。在节点树中，每个元素对象又构成了一个节点。元素可以包含其他的元素，例如在下面的“购物清单”代码中：

```
<ul id="purchases">
  <li>Beans</li>
  <li>Cheese</li>
  <li>Milk</li>
</ul>
```

所有的列表项元素<li>都包含在无序清单元素<ul>内部。

2. 文本节点（text node）

在节点树中，元素节点构成树的枝条，而文本则构成树的叶子。如果一份文档完全由空白元素构成，它将只有一个框架，本身并不包含什么内容，没有内容的文档是没有价值的。页面中绝大多数内容由文本提供，在下面语句中：

```
<p>Welcome to<em>DOM</em>World!</p>
```

包含“Welcome to”“DOM”“World!”三个文本节点。在 HTML 中，文本节点总是包含在元素节点的内部，但并非所有的元素节点都包含或直接包含文本节点，如“购物清单”中，<ul>元素节点并不包含任何文本节点，而是包含着另外的元素节点，后者包含着文本节点，所以说，有的元素节点可以间接包含文本节点。

3. 属性节点（attribute node）

HTML 文档中的元素或多或少都有一些属性，便于准确、具体地描述相应的元素和进行进一步的操作，例如：

```
<h1 class="Sample">Welcome to DOM World！</h1>
<ul id="purchases">…</ul>
```

这里 class="Sample"、id="purchases"都属于属性节点。因为所有的属性都是放在元素标签里，所以属性节点总是包含在元素节点中。

注意：并非所有的元素都包含属性，但所有的属性都被包含在元素里。

任何的格式良好的 HTML 页面中的每一个元素均有 DOM 中的一个节点类型与之对应。利用 DOM 接口获取 HTML 页面对应的 DOM 后，就可以自由地操作 HTML 页面了。

下面以例 4-1 来说明一下 DOM 树的结构。

【例 4-1】文档结构树。

```
<html>
    <head>
        <title>文档标题</title>
    </head>
    <body>
        <a href=" ">我的链接</a>
        <h1>我的标题</h1>
    </body>
</html>
```

用 DOM 树结构来表示上面这段代码，如图 4-1 所示。

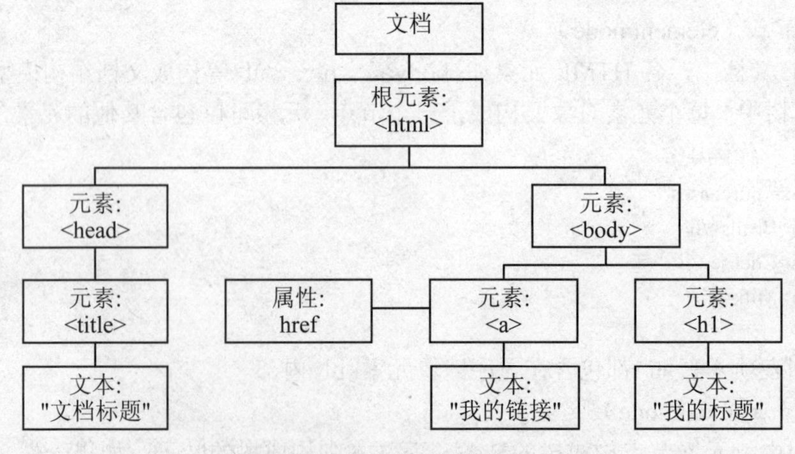

图 4-1 DOM 树结构

上面所有的节点彼此间都存在关系。

除文档节点之外的每个节点都有父节点。比方说，head 和 body 的父节点是 html 节点，文本节点“我的标题”的父节点是 h1 节点。

大部分元素节点都有子节点。比方说，head 节点有一个子节点：title 节点；title 节点也有一个子节点：文本节点“文档标题”。

当节点分享同一个父节点时，它们就是同辈（同级节点）。比方说，h1 和 a 是同辈，因为它们的父节点均是 body 节点。

节点也可以拥有后代，后代指某个节点的所有子节点，或者这些子节点的子节点，以此类推。比方说，所有的文本节点都是 html 节点的后代，而第一个文本节点是 head 节点的后代。

节点也可以拥有先辈。先辈是某个节点的父节点，或者父节点的父节点，以此类推。比方说，所有的文本节点都可以把 html 节点作为先辈节点。

4.1.3　document 对象

每个被浏览器载入的 HTML 页面都会成为 document 对象（即该 HTML 页面对应的 DOM）。document 对象使得我们可以通过 JavaScript 对 HTML 页面中的所有元素进行访问。document 对象是 window 对象的一部分，可通过 window.document 属性对其进行访问。

document 对象代表一个浏览器窗口或框架中显示的 HTML 文件。浏览器在加载 HTML 文档时，为每一个 HTML 文档创建相应的 document 对象。document 对象是 window 对象的一个属性，引用它时，可以省略 window 前缀。document 拥有大量的属性和方法，结合了大量子对象，如图像对象、超链接对象、表单对象等。这些子对象可以控制 HTML 文档中的对应元素，使我们可以通过 JavaScript 对 HTML 页面中的所有元素进行访问。

通过 document 对象可以访问页面中的全部元素，也可以添加新元素、删除存在的元素。

下面来看看 document 的属性，见表 4-1。

表 4-1　document 对象的属性

属性名	作用
document.title	设置文档标题等价于 HTML 的<title>标签
document.bgColor	设置页面背景色
document.fgColor	设置前景色（文本颜色）
document.linkColor	未单击过的链接颜色
document.alinkColor	激活链接（焦点在此链接上）的颜色
document.vlinkColor	已单击过的链接颜色
document.URL	设置 URL 属性从而在同一窗口打开另一网页
document.fileCreatedDate	文件建立日期，只读属性
document.fileModifiedDate	文件修改日期，只读属性
document.fileSize	文件大小，只读属性
document.cookie	设置和读出 cookie
document.charset	设置字符集

在处理文档的时候，有几个函数和属性可以用来获取元素信息，最常用的函数如下：

- document.write()：动态向页面写入内容；

- document.createElement(Tag)：创建一个 html 标签对象；
- document.getElementById(ID)：获得指定 ID 值的对象；
- document.getElementsByName(Name)：获得指定 Name 值的对象集合。

childNodes 是元素节点对象的一个属性，可以获取元素节点的所有直接子节点。下面我们看一个例子。

【例 4-2】childNodes 属性的使用。

```
<html>
    <head>
        <title>4-2</title>
        <script type="text/javascript">
            function getElements() {
                var mainContent = document.getElementById("main");
                mainContent.style.backgroundColor = '#FF0000';
                var paragraphs = document.getElementsByTagName("p");
                for (i = 0; i < paragraphs.length; i++) {
                    paragraphs[i].style.fontSize = '2em';
                }
                var elements = document.getElementsByTagName("body")[0].childNodes;
                for (i = 0; i < elements.length; i++) {
                    if (elements[i].nodeType == 1 && elements[i].id)
                    alert(elements[i].id);
                }
            }
        </script>
    </head>
    <body>
        <div id="main">
            <p class="intro">Welcome to my web site</p>
            <p>We sell all the widgets you need.</p>
        </div>
        <div id="footer">
            Copyright 2006 Example Corp, Inc.
        </div>
        <input type="button" onclick="getElements()" value="执行" />
    </body>
</html>
```

在这个例子中，首先获取了 ID 为 main 的 div 元素节点，然后将背景色改成红色；接着获取所有的 p 元素节点，通过遍历，把所有的字体都改成 2em 的；最后遍历 body 的所有节点，通过对话框把每个元素节点的 ID 值依次显示出来。

document 对象还有下面几个常用方法和属性：

- open()：打开一个流，以收集来自任何 document.write()或 document.writeln()方法的输出；
- close()：关闭用 document.open()方法打开的输出流，并显示选定的数据；
- write()：向文档写 HTML 代码或 JavaScript 代码；

- writeln()：等同于 write()方法，不同的是在每个表达式之后写一个换行符；
- title：该属性可以引用或设置页面中 title 标记内的内容。

其用法如下：

```
document.title="new title";  //修改文档标题
document.open();  //开启文档
document.write("some words");  //写入数据
document.writeln("some words");  //写入数据
document.close();  //关闭文档
```

【例 4-3】document 方法的使用。

```
<html>
    <head>
        <title>4-3</title>
        <script type="text/javascript">
            function Greeting() {
                var newWin = window.open();
                //获得 id 为“name”的 DOM 元素
                var name = document.getElementById("name");
                with (newWin.document) {
                    //通常这里的 open()可以省略，在执行 write 前浏览器自动执行
                    //document.open()的动作
                    open();
                    write("hello," + name.value + "<br/>Nice to see you!<br/>some notes for you:" +
                            "<br/><textarea>here is some message...</textarea>" +
                            "<br/><button onclick='self.close()'>Good bye!</button>");
                    close();
                }
            }
        </script>
    </head>
    <body>
        输入你的姓名:<input type="text" id="name" />
        <button onclick="Greeting()">Greeting</button>
    </body>
</html>
```

上述页面中的按钮单击后将打开一个新的页面，并用 document.write()方法向新的页面中写入 HTML 代码。

4.1.4　获取 DOM 中的元素

DOM 中定义了多种获取元素节点的方法，如 getElementById()、getElementsByName()和 getElementsByTagName()。如果需要获取文档中的一个特定元素节点，最有效的方法是用 getElementById()。

1．document.getElementById()

该方法通过元素节点的 ID，可以准确获得需要的元素节点，是比较简单快捷的方法。如果页面上含有多个相同 id 的元素节点，那么只返回第一个元素节点。

如今，已经出现了如 jQuery 等多种 JavaScript 库，它们提供了更简便的方法：$(id)，参数仍然是元素节点的 id。这个方法可以看作是 document.getElementById()的另外一种写法。在后面的章节中将详细介绍这些 JavaScript 库。

需要操作 HTML 文档中的某个特定元素时，最好给该元素添加一个 id 属性，为它指定一个（在文档中）唯一的名称，然后就可以用该 id 属性的值查找想要的元素节点。

【例 4-4】getElementById()方法的使用。

```
<html>
    <head>
        <title>4-4</title>
        <script type="text/javascript">
            function getValue() {
                var x = document.getElementById("myHeader")
                alert(x.innerHTML)
            }
        </script>
    </head>
    <body>
        <h1 id="myHeader" onclick="getValue()">这是标题</h1>
        <p>单击标题，会提示出它的值。</p>
    </body>
</html>
```

在这个例子中，我们取得 id 属性的值为 myHeader 的元素，单击该元素可显示出它的值。

2. getElementsByName()

getElementsByName(name)方法与 getElementById()方法相似，但是它查询元素的 name 属性，而不是 id 属性。因为一个文档中的 name 属性可能不唯一（如 HTML 表单中的单选按钮通常具有相同的 name 属性），所以 getElementsByName()方法返回的是元素节点的数组，而不是一个元素节点。然后，我们可以通过要获取节点的某个属性来循环判断是否为需要的节点。

【例 4-5】getElementByName()方法的使用。

```
<html>
    <head>
        <title>4-5</title>
        <script type="text/javascript">
            function getElements() {
                var x = document.getElementsByName("myInput");
                alert(x.length);
            }
        </script>
    </head>
    <body>
        <input name="myInput" type="text" size="20" /><br />
        <input name="myInput" type="text" size="20" /><br />
        <input name="myInput" type="text" size="20" /><br />
        <br />
        <input type="button" onclick="getElements()"
```

```
        value="名为 'myInput' 的元素有多少个?" />
    </body>
</html>
```

在这个例子中，我们获取了 name 为 myInput 的 input 元素节点数组，并将该数组的长度输出，输出的结果为 3。

3. document.getElementsByTagName()

该方法是通过元素的标记名获取节点，同样该方法也返回一个数组。在获取元素节点之前，一般都是知道元素的类型的，所以使用该方法比较简单。但是缺点也显而易见，那就是返回的数组可能十分庞大，这样就会浪费很多时间。它不是 document 对象的专有方法，还可以应用到其他的节点对象。其语法为：

```
document.getElementsByTagName("标签名称");
```

或

```
document.getElementById('ID').getElementsByTagName("标签名称");
```

获取节点数组时，通常要把此数组保存在一个变量中，就像这样：

```
var x=document.getElementsByTagName("p");
```

变量 x 就是包含着页面中所有 p 元素节点的数组，可通过索引号来访问这些 p 元素节点，索引号从 0 开始，可以使用数组的 length 属性来循环遍历节点列表。

```
var x=document.getElementsByTagName("p");
for (var i=0;i<x.length;i++){
// 这里可以操作相应的元素
}
```

要访问第三个 p 元素节点，可以这么写：var y=x[2];

getElementById()和 getElementsByTagName()这两种方法，可查找整个 HTML 文档中的任何 HTML 元素。但这两种方法会忽略文档的结构，假如需要查找文档中所有的 p 元素，getElementsByTagName()会把它们全部找到，不管 p 元素处于文档中的哪个层次。同时，getElementById()方法也会返回正确的元素节点，不论它被隐藏在文档结构中的什么位置。例如：document.getElementsByTagName("p");会返回文档中所有 p 元素的一个节点数组。而 document.getElementById('maindiv').getElementsByTagName("p");会返回所有 p 元素的一个节点列表，且这些 p 元素必须是 id 为 maindiv 的元素的后代。

4.2　在 DOM 元素间移动

获取一个元素节点以后，常常需要以该元素节点为基点上下左右地移动获取其他的元素节点，childNodes 前面已经介绍过了，下面我们介绍其他的几种方式。

1. 通过父节点获取

parentObj.firstChild：如果节点为已知节点（parentObj）的第一个子节点，就可以使用这个方法。这个属性是可以递归使用的，也就是支持 parentObj.firstChild.firstChild.firstChild...的形式。

parentObj.lastChild：这个属性是获取已知节点（parentObj）的最后一个子节点。与 firstChild 一样，它也可以递归使用。

parentObj.childNodes：获取已知节点的子节点数组，然后可以通过循环或者索引找到需要的节点。

注意：在 IE 上获取的是直接子节点的数组，而在 Firefox 上获取的是所有子节点即包括子节点的子节点。

parentObj.children：获取已知节点的直接子节点数组。

注意：在 IE 上，和 childNodes 效果一样，而 Firefox 不支持。

parentObj.getElementsByTagName()：它返回已知节点的所有子节点中类型为指定值的子节点数组。

不同的浏览器在处理 DOM 节点上是有差异的。

```
<div id="node">
    <p>Some text.</p>
    <p>Some more text.</p>
</div>
```

在 IE 浏览器中搜索上面代码 div 的子节点应该为 2 个，但是在其他浏览器中，一共是 5 个节点（空格和回车换行也被看作节点）。因此必须把所有的情况都考虑在内，来检查节点的情况。例如下面的代码：

```
var el = document.getElementById('node');
var firstElement = el.childNodes[0];
if(firstElement.nodeType != 1)
    firstElement = el.childNodes[1];
```

如果第一个子节点不是元素类型，就转到下一个节点，下面的这个函数就是用来处理这类情况的：

```
function getElement(node){
    while(node && node.nodeType !=1){
        node = node.nextSibling;
    }
    return node;
}
```

如果处理的是元素节点，则跳过 while 循环，否则就执行循环体直到找到一个元素节点为止，如果最后也找不到就退出并返回 null。

上面的代码可以改写成如下：

```
var el = document.getElementById('node');
var actualFirstElement = getElement(el.childNodes[0]);
```

2. 通过兄弟节点获取

neighbourNode.previousSibling：获取已知节点（neighbourNode）同一级别的前一个节点，这个属性和前面的 firstChild、lastChild 一样都是可以递归使用的。

neighbourNode.nextSibling：获取已知节点（neighbourNode）同一级别的下一个节点，同样支持递归。

3. 通过子节点获取

childNode.parentNode：获取已知节点的父节点。

例如下面的这个例子：

```
<table>
    <tr>
        <td>John</td>
```

```
        <td>Doe</td>
        <td>Alaska</td>
    </tr>
</table>
```

在上面的 HTML 代码中，第一个 td 是 tr 元素的首个子元素（firstChild），而最后一个 td 是 tr 元素的最后一个子元素（lastChild）。此外，tr 是每个 td 元素的父节点（parentNode）。对 firstChild 最普遍的用法是访问某个元素的文本：

```
var text=x.firstChild.nodeValue;    //x 为某个包含子元素的节点
```

parentNode 属性常被用来改变文档的结构。如从文档中删除带有 id 为 maindiv 的节点：

```
var x=document.getElementById("maindiv");    //x 为某个需要删除的节点
x.parentNode.removeChild(x);
```

详细的节点操作方法在后面几节中将会讲到。

4.3　处理元素属性

除了获取元素内容，获取和设置元素的属性值也是经常进行的操作。一般来说，浏览器在解析 HTML 页面时元素具有的属性列表是与收集自元素本身表示的信息一起预载入的，并存储在一个关联数组中供稍后访问。比如下面的 HTML 片段：

```
<form name="myForm" action="/test.cgi" method="POST">
    ...
</form>
```

一旦它被解析为 DOM，HTML 表单元素（变量 formElem）将拥有一个关联数组，可以从中获取“名称/值”对。这一结果类似于以下形式：

```
formElem.attributes = {
    name: "myForm",
    action: "/test.cgi",
    method: "POST"
};
```

处理属性有很多方法，其中元素有两个访问和设置属性的方法：getAttribute()和 setAttribute()。

如果需要获取某一 id 属性值为 everywhere 的元素的 value 属性的值，则可以用如下代码实现：

```
//txt 变量保存了获取到的属性值
var txt = getElementById("everywhere").getAttribute("id")
```

如果需要获取某一文本框元素的 value 属性的值，则可以用如下代码实现：

```
//设置页面中第一个 input 元素的 value 属性值
getElementsByTagName("input")[0].setAttribute("value","Your Name");
```

4.3.1　style 属性

DOM 中每个元素都有一个 style 属性，用来实时改变元素的样式。所有的 css 样式都可以使用 style 属性来调整，包括用来设置背景边框和边距、布局、列表、定位、打印、滚动条、表格、文本。下面的代码可以设置元素的属性：

```
element.style.height = '100px'; // 高度为 100 像素
element.style.display = 'none'; // 将元素隐藏起来
```

JavaScript 不允许在方法和属性名中使用“-”，所以去掉了 css 中的连字号，并将首字母大写。代码如下：

```
element.style.backgroundColor = '#FF0000'; //背景为红色
element.style.borderWidth = '2px'; //边框为 2px
```

也可以使用下面的形式简写 css 属性：

```
element.style.border = '1px solid blue'; //设置边框
element.style.background = 'red url(image.gif) no-repeat 0 0'; //设置背景
```

下面的例子演示了 style 属性的使用。

【例 4-6】style 属性改变背景颜色。

```
<html>
    <head>
        <title>4-6</title>
        <script type="text/javascript">
            function setStyle() {
                document.body.style.background = "#FFCC80";
            }
        </script>
    </head>
    <body>
        <input type="button" onclick="setStyle()"
        value="设置背景样式" />
    </body>
</html>
```

在这个例子中通过按钮响应设置背景颜色的 setStyle 方法，通过 style 属性的修改，改变当前的背景。

4.3.2 class 属性

在属性中还有一些例外的情况，最常碰到的是访问类名属性的问题。在所有的浏览器中，为了一致地操作类名，必须使用 className 属性访问类名属性，以代替本应更合适的 getAttribute("class")。这一问题同样也出现在 HTML 标记中的属性 for 上，它被重命名为 htmlFor。另外，这种情况还见于两个 CSS 属性：cssFloat 和 cssText。这种特殊的命名方式的出现是因为 class、for、float 和 text 这些单词是 JavaScript 中的保留字。

当样式比较多的时候，通过 style 来修改会很麻烦，为了解决这个问题可以在样式表定义选择符，然后添加新元素时，只需设置 className 就能得到相应的结果。

【例 4-7】返回 body 元素的 class 属性。

```
<html>
    <head>
        <title>4-7</title>
    </head>
    <body id="myid" class="mystyle">
        <script type="text/javascript">
```

```
            alert(document.getElementById('myid').className);
        </script>
    </body>
</html>
```

上述页面运行结束后，会用对话框输出 body 标记对应的 class 属性的值。

【例 4-8】追加 CSS 类别。

```
<html>
    <head>
        <title>4-8</title>
        <style type="text/css">
            .myUL1{
                color:#0000FF;
                font-family:Arial;
                font-weight:bold;
            }
            .myUL2{
                text-decoration:underline;
            }
        </style>
        <script type="text/javascript">
            function check() {
                var oMy = document.getElementsByTagName("ul")[0];
                oMy.className += " myUL2"; //追加 CSS 类，注意" myUL2"前面的空格
            }
        </script>
    </head>
    <body>
        <ul onclick="check()" class="myUL1">
            <li>HTML</li>
            <li>JavaScript</li>
            <li>CSS</li>
        </ul>
    </body>
</html>
```

运行时，单击列表后，实际上 ul 的 class 属性会被修改为：

```
<ul onclick="check()" class="myUL1 myUL2">
```

注意：如果是直接修改 className 属性值，则是对 CSS 进行替换，但以上代码不是将原有的 CSS 样式覆盖，而是对现有 CSS 样式进行追加。追加的前提是：保证追加的 CSS 与原先的 CSS 不重复。

4.4　通过 CSS 类名获取 DOM 元素

在一个 HTML 文档中查找元素的方式与其他的文档有很大的不同，对 JavaScript/HTML 开发者来说，最重要的两个优势是 CSS 类的使用和 CSS 选择符的知识。记住这些，我们就可

以创建一些强大的函数来使得 DOM 中元素的选择更加简单和可理解。

用类名定位元素是一种广泛流传的技术，由 Simon Willison 于 2003 年推广，最初由 Andrew Hayward 编写。这一技术是非常易行的：遍历所有元素（或所有元素的一个子集），选出其中具有特定类名的。

HTML 元素可以指定 id 属性值和 class 属性值，通过 id 可以使用 getElementById()函数很方便地获取元素，但没有任何预定义好的函数可以通过类名获取元素。不过我们可以自定义函数来实现通过类名获取元素。我们首先通过下面这个例子来看一下如何通过类名来获取元素。

【例 4-9】从所有元素中找出具有特定类名的元素的一个函数。

```
<html>
    <head>
        <title>4-9</title>
        <script type="text/javascript">
            function hasClass(name, type) {
                var r = [];
                //限定类名（允许多个类名）
                var re = new RegExp("(^|\\s)" + name + "(\\s|$)");
                //用类型限制搜索范围，或搜索所有的元素
                var e = document.getElementsByTagName(type || "*");
                for (var j = 0; j < e.length; j++)
                    //如果元素类名匹配，则加入到返回值列表中
                    if (re.test(e[j])) r.push(e[j]);
                    //返回匹配的元素
                    return r;
            }
        </script>
    </head>
    <body>
    </body>
</html>
```

在这个函数中有两个参数：需要查找的类名和查找的元素的类型，函数返回一个元素数组，遍历就可以访问每个元素。

该函数中首先创建了一个正则表达式：

```
var re = new RegExp("(^|\\s)" + name + "(\\s|$)");
```

用来限定类名，可以允许出现多个类名。它首先查找类名的开头，接着查找是否存在函数参数中指定的类名，最后查找类名的结尾。

然后获取符合类型的元素，或者所有元素：

```
var e = document.getElementsByTagName(type || "*");
```

紧接着就遍历元素集合，检查类名是否匹配：

```
for ( var j = 0; j < e.length; j++ )
    if ( re.test(e[j]) ) r.push( e[j] );
```

如果匹配就返回 true，然后将当前元素存进数组中。当全部检查完毕后，返回元素数组。

现在可以通过一个指定的类名使用函数来快速地查找任何元素，或特定类别的任何元素

（比如，li 或 p）。指定要查找的标签名总会比查找全部（*）要快，因为查找元素的范围被缩小了。比如，在我们的 HTML 文档里，如果想要查找所有类名包含 test 的元素，可以这么写：

```
hasClass("test")
```

如果只想查找类名包含 test 的所有 li 元素，则如下面代码所示：

```
hasClass("test","li")
```

最后，如果想找到第一个类名包含 test 的 li 元素，可将代码改为：

```
hasClass("test","li")[0]
```

这个函数单独使用已经很强大了，再与 getElementById 和 getElementByTagName 联合使用，就拥有了非常强大的可完成最复杂的 DOM 工作的一套工具。

4.5　修改 DOM 中的元素

我们之前已经了解到一些获取 DOM 节点的函数，例如 getElementById 和 getElementsByTagName。但是我们不仅可以访问 DOM 节点，更可以改变它们，甚至改变整个节点树的结构。访问文档中的节点仅仅是使用 DOM 所能实现的功能中的很小部分，添加、删除、替换 DOM 中的节点才能对 DOM 进行操作最终实现对 HTML 页面的修改。下面我们就来看看改变 DOM 的方法。

4.5.1　标准 DOM 元素修改方法

修改 DOM 有 3 个步骤：首先要知道怎么创建一个新元素，然后要知道如何把它插入 DOM 中，最后要学习如何删除它。

1. 创建新节点

DOM 中有一些方法用于创建不同类型的节点。下面列出了包含在 DOM Level 1 中的方法。

createAttribute(name)：用给定名称 name 创建属性节点；

createCDATASection(text)：用包含文本 text 的文本子节点创建一个 CDATASection；

createComment(text)：创建包含文本 text 的注释节点；

createDocumentFragment()：创建文档碎片节点；

createElement(tagname)：创建标签名为 tagname 的元素；

createEntityReference(name)：创建给定名称的实体引用节点；

createProcessingInstruction(target,data)：创建包含给定 target 和 data 的 PI 节点；

createTextNode(text)：创建包含文本 text 的文本节点。

最常用到的几个方法是：createDocumentFragment()、createElement()和 createTextNode()。

2. 添加节点 appendChild()

假设有如下 HTML 页面：

```
<html>
    <head>
        <title>createElement </title>
    </head>
    <body>
```

```
    </body>
</html>
```

现在想使用 DOM 来添加下列代码到上面那个页面的 body 标记中：

```
<p>Hello World! </p>
```

首先，创建 p 元素：var oP = document.createElement("p");

然后，创建文本节点：var oText = document.createTextNode('Hello World!');

接下来，把文本节点加入到元素中：每种节点类型都有 appendChild()方法，它的用途是将给定的节点添加到某个节点的 childNodes 列表的尾部。这里应将文本节点追加到 p 元素中：

```
oP.appendChild(oText);
```

最后，把 p 元素添加到 body 元素中：document.body.appendChild(oP);

要把这些代码放到可运行的范例中，只要创建一个包含每一步的函数，并使用 onload 事件在页面加载时调用即可。

```
<html>
    <head>
    <title>createElement()实例</title>
        <script type="text/javascript">
            function createMsg() {
                //创建元素<p></p>
                var oP = document.createElement("p");
                //创建文本节点
                var oText = document.createTextNode("我的第一个创建节点实例");
                //将文本节点追加到元素<p></p>中
                oP.appendChild(oText);
                //将元素<p />附加到文档的 body 中以显示出来
                document.body.appendChild(oP);
            }
        </script>
    </head>
    <body onload="createMsg()">
    </body>
</html>
```

这段代码运行后，文本“我的第一个创建节点实例”就会自动在页面上显示，就好像它本来就是这个 HTML 文档的一部分一样。

3．删除节点：removeChild()

利用 DOM 除了可以添加元素，也可以删除元素，removeChild()就是完成对元素的删除。这个函数的参数为要删除的元素，然后将这个元素作为函数的返回值返回。我们来看下面这个例子。

【例 4-10】删除页面中的“Hello World”。

```
<html>
    <head>
    <title>4-10</title>
    <script type="text/javascript">
        function removeMsg() {
```

```
                var p = document.getElementById("pTextd");
                document.body.removeChild(p);
            }
        </script>
        </head>
        <body onload="removeMsg()">
            <p id="pText">此实例演示删除一个节点，你不会看到此段文字</p>
        </body>
    </html>
```

上述页面在完全载入后，会显示空白页面，因为在你能见到文本节点之前，它已经被删除了。

这段代码虽然能够运行，但最好还是使用节点的 parentNode 属性来确保每次访问的都是它真正的父节点，可使用下面的代码完成：

```
function removeMsg() {
    var p = document.getElementById("pText");
    p.parentNode.removeChild(p);
}
```

4. 替换节点：replaceChild()

如果在例 4-10 中我们并不想删除节点，而只是想替换成新的节点，那我们就需要使用 replaceChild()。这个函数有两个参数：被添加的节点和被替换的节点。

【例 4-11】替换页面中的节点。

```
<html>
    <head>
        <title>4-11</title>
        <script type="text/javascript">
            function replaceMsg() {
                var newP = document.createElement("p");
                var newText = document.createTextNode("你能看见我，因为我是新的文本节点");
                newP.appendChild(newText);
                var oldP = document.getElementById("pText");
                oldP.parentNode.replaceChild(newP, oldP);
            }
        </script>
    </head>
    <body onload="replaceMsg()">
        <p id="pText">原始文本</p>
    </body>
</html>
```

这个页面载入完毕后，将会显示“你能看见我，因为我是新的文本节点”，而不会显示“原始文本”，因为元素 p 里面的内容被替换掉了。如果想让两个消息同时出现，并且新文本出现在老文本之后，可以使用 appendChild()方法代替 replaceChild()方法。

【例 4-12】使用 appendChild()显示新文本节点和原始文本节点。

```
<html>
    <head>
```

```
            <title>4-12</title>
            <script type="text/javascript">
                function appendMessage() {
                    var oNewP = document.createElement("p");
                    var oText = document.createTextNode("新文本节点");
                    oNewP.appendChild(oText);
                    document.body.appendChild(oNewP);
                }
            </script>
        </head>
        <body   onload="appendMessage()">
            <p>原始文本节点</p>
        </body>
    </html>
```

5. 在特定节点之前插入：insertBefore()

例 4-12 中的新文本节点只能出现在原始文本节点之后，如果想让新文本节点出现在原始文本节点之前，就必须使用 insertBefore()方法，将新节点插入到原始节点之前。这个方法接受两个参数：要添加的节点和插在哪个节点之前。

【例 4-13】使用 insertBefore()显示新文本节点和原始文本节点。

```
    <html>
        <head>
            <title>4-13</title>
            <script type="text/javascript">
                function insertBeforeMsg() {
                    var newP = document.createElement("p");
                    var newText = document.createTextNode("新文本节点");
                    newP.appendChild(newText);
                    var oldP = document.getElementById("pText");
                    oldP.parentNode.insertBefore(newP, oldP);
                }
            </script>
        </head>
        <body onload="insertBeforeMsg()">
            <p id="pText">原始文本节点</p>
        </body>
    </html>
```

6. 创建一个文档碎片 createDocumentFragment()

一旦把节点添加到 document.body（或者它的后代节点）后，页面就会更新并反映这个变化。对于少量的更新，这是很好的，就像在前面的例子中那样。然而，当要向 document 添加大量数据时，如果逐个添加这些变动，整个过程有可能会十分缓慢。

为解决这个问题，可以创建一个文档碎片，把所有的新节点附加其上，然后把文档碎片的内容一次性添加到 document 中。

我们来看看下面这段代码，假设你想创建十个新段落。

```
    var arrText=["first","second","third","fourth","fifth","sixth","seventh","eighth","ninth","ten"];
```

```
for (var i = 0; i < arrText.length; i++) {
    var oP = document.createElement("p");
    var oText = document.createTextNode(arrText[i]);
    oP.appendChild(oText);
    document.body.appendChild(oP);
}
```

这段代码运行没有问题，但是它调用了十次 document.body.appendChild()，每次都要产生一次页面刷新。这时，就需要用到文档碎片了。

```
var oFragment=document.createDocumentFragment()
var arrText=["first","second","third","fourth","fifth","sixth","seventh","eighth","ninth","ten"];
for (var i = 0; i < arrText.length; i++) {
    var oP = document.createElement("p");
    var oText = document.createTextNode(arrText[i]);
    oP.appendChild(oText);
    oFragment.appendChild(oP);
}
document.body.appendChild(oFragment);
```

在这段代码中，每个新 p 元素都添加到文档碎片中。然后，这个碎片被作为参数传递给 appendChild()。appendChild()调用实际上并不是把文档碎片节点本身追加到 body 元素中，而是仅仅追加碎片中的子节点。调用 document.body.appendChild()一次可替代十次，只需要进行一次屏幕刷新。

4.5.2 innerHTML 属性

对于节点的插入除了有 appendChild()、insertBefore()和 replaceChild()函数之外，还可以利用 innerHTML 属性向文档添加内容。

每一个元素节点都可以使用 innerHTML 属性，写入到 innerHTML 属性的字符串会被解析并以 HTML 代码的形式插入到对应元素节点中并替换原有的内容。

下面通过使用 DOM 和 innerHTML 属性做比较，来看看哪种方法更高效一些。

首先看看 DOM 的效果：

```
var el = document.createElement("div");
var txt = document.createTextNode("What are you looking at?");
var img = document.createElement("img");
img.src = 'imagename.gif';
img.alt = 'I\'m wearing glasses.';
img.height = 200;
img.width = 600;
el.appendChild(txt);
el.appendChild(img);
```

接下来是 innerHTML 属性：

```
var el = document.createElement("div");
el.innerHTML = 'What are you looking at? <img src="imagename.gif" alt="I\'m wearingå
glasses." height="200" width="200">';
```

比较这两段代码，使用 innerHTML 属性，代码明显简短很多，在执行过程中执行性能也比较高。但是也不能千篇一律地说 innerHTML 属性就一定合适，如果需要插入一大段的 HTML 代码，就应该选择使用 innerHTML，而更细微的元素节点的控制就应该使用 DOM 的方法来完成。

4.5.3 创建与修改 table 元素

在 HTML 页面中，表格的使用频率非常高，而且经常要对表格进行创建和修改，所以本节将重点讨论如何利用 DOM 在 HTML 页面中创建与控制表格。

在 HTML 页面中，假设想使用 DOM 来创建如下的 HTML 表格：

```
<table border="1" width="100%">
    <tbody>
        <tr>
            <td>单元格 1,1</td>
            <td>单元格 2,1</td>
        </tr>
        <tr>
            <td>单元格 1,2</td>
            <td>单元格 2,2</td>
        </tr>
    </tbody>
</table>
```

那么结合前面所学的内容，通过 DOM 方法来完成这个表格，就必须使用以下代码：

```
<html>
    <head>
        <title>DOM 创建表格</title>
    </head>
    <body>
        <script type="text/javascript">
            //创建表格
            var oTable = document.createElement("table");
            oTable.setAttribute("border", "1");
            oTable.setAttribute("width", "100%");
            //创建 tbody
            var oTbody = document.createElement("tbody");
            oTable.appendChild(oTbody);
            //创建表格的第一行
            var oTR_1 = document.createElement("tr");
            oTbody.appendChild(oTR_1);
            var oTD_11 = document.createElement("td");
            oTD_11.appendChild(document.createTextNode("单元格 1,1"));
            oTR_1.appendChild(oTD_11);
            var oTD_21 = document.createElement("td");
            oTD_21.appendChild(document.createTextNode("单元格 2,1"));
            oTR_1.appendChild(oTD_21);
            //创建表格的第二行
            var oTR_2 = document.createElement("tr");
```

```
            oTbody.appendChild(oTR_2);
            var oTD_12 = document.createElement("td");
            oTD_12.appendChild(document.createTextNode("单元格 1,2"));
            oTR_2.appendChild(oTD_12);
            var oTD_22 = document.createElement("td");
            oTD_22.appendChild(document.createTextNode("单元格 2,2"));
            oTR_2.appendChild(oTD_22);
            //将表格添加到页面上
            document.body.appendChild(oTable);
        </script>
    </body>
</html>
```

上面的代码显得比较复杂，其实利用 DOM 创建表格的方法和创建其他的页面元素一样，之所以创建表格的代码显得复杂主要是因为表格本身的 HTML 代码结构比较复杂。为了协助建立表格，DOM 给 table、tbody 和 tr 等元素节点添加了一些辅助属性和方法。

table 元素节点中添加了以下内容：

- caption：指向 caption 元素（如果存在）；
- tBodies：tbody 元素的集合；
- tFoot：指向 tfoot 元素（如果存在）；
- tHead：指向 thead 元素（如果存在）；
- createTHead()：创建 thead 元素并将其放入表格；
- createTFoot()：创建 tfoot 元素并将其放入表格；
- createCaption()：创建 caption 元素并将其放入表格；
- deleteTHead()：删除 thead 元素；
- deleteTFoot()：删除 tfoot 元素；
- deleteCaption()：删除 caption 元素；
- deleteRow(position)：删除指定位置上的行；
- insertRow(position)：在 rows 集合中的指定位置上插入一个新行。

tbody 元素节点添加了以下内容：

- rows：tbody 中所有行的集合；
- deleteRow(position)：删除指定位置上的行；
- insertRow(position)：在 rows 集合中的指定位置上插入一个新行。

tr 元素节点中添加了以下内容：

- cells：tr 元素中所有单元格的集合；
- deleteCell(position)：删除给定位置上的单元格；
- insertCell(position)：在 cells 集合的给定位置上插入一个新的单元格。

如果使用上述辅助属性和方法创建表格的话，可以按照如下代码实现：

```
<html>
    <head>
        <title>DOM 创建表格</title>
    </head>
```

```
    <body>
        <script type="text/javascript">
            //创建表格
            var oTable = document.createElement("table");
            oTable.setAttribute("border", "1");
            oTable.setAttribute("width", "100%");
            //创建 tbody
            var oTbody = document.createElement("tbody");
            oTable.appendChild(oTbody);
            //创建表格的第一行
            oTbody.insertRow(0);
            oTbody.rows[0].insertCell(0);
            oTbody.rows[0].cells[0].appendChild(document.createTextNode("单元格 1,1"));
            oTbody.rows[0].insertCell(1);
            oTbody.rows[0].cells[1].appendChild(document.createTextNode("单元格 1,2"));
            //创建表格的第二行
            oTbody.insertRow(1);
            oTbody.rows[1].insertCell(0);
            oTbody.rows[1].cells[0].appendChild(document.createTextNode("单元格 2,1"));
            oTbody.rows[1].insertCell(1);
            oTbody.rows[1].cells[1].appendChild(document.createTextNode("单元格 2,2"));
            //将表格添加到页面上
            document.body.appendChild(oTable);
        </script>
    </body>
</html>
```

在这段代码中，创建 table 和 tbody 元素节点的方法没有改变，创建行的方法则用的是表格类元素节点专有的辅助属性和方法。要创建第一行，对 tbody 元素调用 insertRow()方法，并传递给它一个参数 0，表示新增的行要放在什么位置上。然后可以通过 oTbody.rows[0]来引用新增的行，因为这一行已经被自动创建并添加到 tbody 元素中的第 0 个位置上了。

以同样的方式可以创建单元格，对 tr 元素调用 insertCell()方法并传入要创建单元格的位置。可以通过 oTbody.rows[0].cells[0]来引用这个新创建的单元格，因为单元格已经被创建并插入到这一行的第 0 个位置上。

虽然从技术角度上来说，以上两种代码都是正确的，但使用这些特性和方法来创建表格使代码变得更加有逻辑。

下面我们再来看看如何修改 table 元素。

【例 4-14】从表格删除一行。

```
<html>
<head>
    <title>4-14</title>
    <script type="text/javascript">
        function deleteRow(r) {
            var i = r.parentNode.parentNode.rowIndex
            document.getElementById('myTable').deleteRow(i)
```

```
            }
        </script>
    </head>
    <body>
        <table id="myTable" border="1">
            <tr>
                <td>Row 1</td>
                <td><input type="button" value="删除" onclick="deleteRow(this)"/></td>
            </tr>
            <tr>
                <td>Row 2</td>
                <td><input type="button" value="删除" onclick="deleteRow(this)"/></td>
            </tr>
            <tr>
                <td>Row 3</td>
                <td><input type="button" value="删除" onclick="deleteRow(this)"/></td>
            </tr>
        </table>
    </body>
    </html>
```

上述例子就是利用 table 元素节点专有的 deleteRow()方法实现的表格行的删除。

本章小结

本章介绍了文档对象模型（DOM），说明了 DOM 如何将 HTML 页面文档组织成由节点组成的层次树。着重介绍了 DOM 中的核心对象 document 对象，还学习了如何利用 DOM 获取节点和处理、添加、删除 DOM 树中的节点；如何处理元素的属性。同时了解了如何使用 HTML 标记中的一些重要属性，包括 style 属性和 class 属性。

这一章还讲述了针对 HTML DOM 的辅助功能，比如表格的处理，这些功能与传统的 DOM 方式相比更加简单。

习　题

4-1　什么是 DOM？

4-2　画出下面 HTML 代码的 DOM 树。

```
<html>
    <head>
        <title>DOM Tutorial</title>
    </head>
    <body>
        <h1>DOM Lesson one</h1>
        <p>Hello world!</p>
    </body>
</html>
```

4-3　简述 document 对象的属性。

4-4　新建一空白网页，在页面上插入文本输入框及按钮；浏览网页，在文本框输入文本；单击按钮，将文本框内输入的内容作为新的网页标题。

4-5　简述 DOM 元素获取的方法。

4-6　innerHTML 属性和 DOM 分别在什么情况下使用？

4-7　创建一个 3 行 3 列的表格，并设置按钮完成插入行、删除行的任务。

综合实训

目标

利用本章所学知识，创建一个能用 HTML 页面中的表格显示的当前月的日历，并且用红色字体表示今天的日期。要求能根据不同的系统时间日期显示相应的日历。

准备工作

在进行本实训前，必须学习完本章的全部内容，并掌握 DOM 操作方法和 Date 对象的使用。

实训预估时间：120 分钟

要求在页面中利用 DOM 方法创建如图 4-2 所示的日历（以系统时间 2011 年 4 月 3 日为例），并实现根据不同的系统时间日期显示对应月的日历。

2011年4月						
日	一	二	三	四	五	六
					1	2
3	4	5	6	7	8	9
10	11	12	13	14	15	16
17	18	19	20	21	22	23
24	25	26	27	28	29	30

图 4-2　综合实训页面设计

实现该页面可以分两步完成，首先使用 Date 对象得到当前月的信息，包括当前月是几月、当前月共有多少天、当前月的 1 号是星期几和今天是多少号，然后根据上述数据利用 DOM 方法创建表示日历的表格并把日期填到相应位置。

第 5 章　事件处理

本章介绍了浏览器中的事件，事件与 DOM，以及使用 JavaScript 如何处理事件，并在此基础上介绍了事件处理的高级应用。

- JavaScript 中事件的概念
- JavaScript 处理事件方法
- 事件处理高级应用

5.1　浏览器中的事件

事件是指用户载入目标页面直到该页面被关闭期间浏览器的动作及该页面对用户操作的响应。事件的复杂程度大不相同，简单的如鼠标的移动、当前页面的关闭、键盘的输入等，复杂的如拖曳页面图片或单击浮动菜单等。

事件处理器是与特定的文本和特定的事件相联系的 JavaScript 代码，当该文本发生改变或者事件被触发时，浏览器执行该代码并进行相应的处理操作，响应某个事件而进行的处理过程称为事件处理。

JavaScript 中的事件并不限于用户的页面动作（如 mousemove、click 等），还包括浏览器的状态改变，如在绝大多数浏览器获得支持的 load、resize 事件等。load 事件在浏览器载入文档时触发，如果某事件（如启动定时器、提前加载图片等）要在文档载入时触发，一般都在 body 标记里面加入类似于“onload="MyFunction()"”的语句。

浏览器响应用户的动作，如鼠标单击按钮、链接等，并通过默认的系统事件与该动作相关联，但用户可以编写自己的脚本，来改变该动作的默认事件处理器。

HTML 文档事件可以分为浏览器事件和 HTML 元素事件两大类。这里将着重介绍浏览器事件。

HTML 文档将元素的常用事件（如 onclick、onmouseover 等）当作属性捆绑在 HTML 元素上，当该元素的特定事件发生时，对应于此特定事件的事件处理器就被执行，并将处理结果返回给浏览器。事件捆绑则将特定的代码放置在其所处对象的事件处理器中。

浏览器事件是指载入文档直到该文档被关闭期间的浏览器事件，如浏览器载入文档事件 onload、关闭文档事件 onunload、浏览器失去焦点事件 onblur、获得焦点事件 onfocus 等。

表 5-1 列出了通用浏览器中的事件。

表 5-1 通用浏览器上定义的事件

标记类型	标记列表	事件触发模型	简要说明
链接	<A>	onclick	鼠标单击链接
		ondbclick	鼠标双击链接
		onmousedown	鼠标在链接的位置按下
		onmouseout	鼠标移出链接所在的位置
		onmouseover	鼠标经过链接所在的位置
		onmouseup	鼠标在链接的位置放开
		onkeydown	键被按下
		onkeypress	按下并放开该键
		onkeyup	键被松开
图片	<IMG>	onerror	加载图片出现错误时触发
		onload	图片加载时触发
		onkeydown	键被按下
		onkeypress	按下并放开该键
		onkeyup	键被松开
区域	<AREA>	ondbclick	双击该图形映射区域
		onmouseout	鼠标从该图形映射区域内移动到区域之外
		onmouseover	鼠标从该图形映射区域外移动到区域之内
文档主体	<BODY>	onblur	文档正文失去焦点
		onclick	在文档正文中单击鼠标
		ondbclick	在文档正文中双击单击鼠标
		onkeydown	在文档正文中键被按下
		onkeypress	在文档正文中按下并放开该键
		onkeyup	在文档正文中键被松开
		onmousedown	在文档正文中鼠标按下
		onmouseup	在文档正文中鼠标松开
框架	<FRAME> <FRAMESET>	onblur	当前窗口失去焦点
		onerror	装入窗口时发生错误
		onfocus	当前窗口获得焦点
		onload	载入窗口时触发
		onresize	窗口尺寸改变
		onunload	用户关闭当前窗口

续表

标记类型	标记列表	事件触发模型	简要说明
窗体	<FORM>	onreset	窗体复位
		onsubmit	提交窗体里的表单
按钮	<INPUT TYPE= "button">	onblur	按钮失去焦点
		onclick	鼠标在按钮响应范围单击
		onfocus	按钮获得焦点
		onmousedown	鼠标在按钮响应范围按下
		onmouseup	鼠标在按钮响应范围按下后弹起
复选框 单选框	<INPUT TYPE= "checkbox"> or "radio"	onblur	复选框（或单选框）失去焦点
		onclick	鼠标单击复选框（或单选框）
		onfocus	复选框（或单选框）得到焦点
复位按钮 提交按钮	<INPUT TYPE= "reset"> or "submit"	onblur	复位（或确认）按钮失去焦点
		onclick	鼠标单击复位（或确认）按钮
		onfocus	复位（或确认）按钮得到焦点
口令字段	<INPUT TYPE= "password">	onblur	口令字段失去当前输入焦点
		onfocus	口令字段得到当前输入焦点
文本字段	<INPUT TYPE= "text">	onblur	文本框失去当前输入焦点
		onchange	文本框内容发生改变并且失去当前输入焦点
		onfocus	文本框得到当前输入焦点
		onselect	选择文本框中的文本
文本区	<TEXTAREA>	onblur	文本区失去当前输入焦点
		onchange	文本区内容发生改变并且失去当前输入焦点
		onfocus	文本区得到当前输入焦点
		onkeydown	在文本区中键被按下
		onkeypress	在文本区中按下并放开该键
		onkeyup	在文本区中键被松开
		onselect	选择文本区中的文本
选项	<SELECT>	onblur	选择元素失去当前输入焦点
		onchange	选择元素内容发生改变且失去当前输入焦点
		onfocus	选择元素得到当前输入焦点

【例 5-1】浏览器中的事件。

```
<html>
    <head>
```

```
        <title>5-1</title>
        <script type="text/javascript">
            window.onload = function() {
                var msg = "\nwindow.load  事件: \n\n";
                msg += "  浏览器载入了文档!";
                alert(msg);
            }
            window.onfocus = function() {
                var msg = "\nwindow.onfocus  事件: \n\n";
                msg += "  浏览器取得了焦点!";
                alert(msg);
            }
            window.onblur = function() {
                var msg = "\nwindow.onblur  事件: \n\n";
                msg += "  浏览器失去了焦点!";
                alert(msg);
            }
            window.onscroll = function() {
                var msg = "\nwindow.onscroll  事件: \n\n";
                msg += "  用户拖动了滚动条!";
                alert(msg);
            }
            window.onresize = function() {
                var msg = "\nwindow.onresize  事件: \n\n";
                msg += "  用户改变了窗口尺寸!";
                alert(msg);
            }
        </script>
    </head>
    <body>
        <br/>
        <p>载入文档:</p>
        <p>取得焦点:</p>
        <p>失去焦点:</p>
        <p>拖动滚动条:</p>
        <p>变换尺寸:</p>
    </body>
</html>
```

当载入该文档时，触发 window.onload 事件；当把焦点给该文档页面时，触发 window.onfocus 事件；当该页面失去焦点时，触发 window.onblur 事件；当用户拖动滚动条时，触发 window.onscroll 事件；当用户改变文档页面大小时，触发 window.onresize 事件。

浏览器事件一般用于处理窗口定位、设置定时器或者根据用户喜好设定页面层次和内容等场合，在页面的交互性、动态性方面使用较为广泛。

5.2　事件与 DOM

JavaScript 代码的核心是由事件把所有东西融合在一起。在一个设计良好的 JavaScript 应用程序里，都会拥有数据源（被解析为 DOM 的 HTML 文档）和它的视觉表示（浏览器显示的 HTML 页面）。为了同步这两个方面，还必须监视用户的交互动作并试图相应地更新用户界面。DOM 和 JavaScript 事件的结合是任何现代 Web 应用程序赖以工作的至关重要的组合。

事件是 DOM 的一部分，在 DOM Level 1 中未定义任何事件，只在 DOM Level 2 中才定义了一小部分子集，完整的事件是在 DOM Level 3 中规定的。由于早前没有标准指导，事件都是由浏览器开发者自己发明的模型实现的。尽管事件在不同的浏览器之间存在不同的 DOM 实现，但一些基本的性质还是相同的。下面我们看看在 DOM 事件处理中的一些关键技术。

1. 事件流

在二级 DOM 标准中，事件处理程序比较复杂，当事件发生的时候，目标节点的事件处理程序就会被触发执行，但是目标节点的父节点也有机会来处理这个事件。事件的传播分为三个阶段，首先是捕捉阶段，事件从 document 对象沿着 DOM 树向下传播到目标节点，如果目标节点的任何一个父节点注册了捕捉事件的处理程序，那么事件在传播的过程中就会首先运行这个程序；下一个阶段就是发生在目标节点自身了，注册在目标节点上的相应的事件处理程序就会执行；最后是起泡阶段，事件将从目标节点向上传回给父节点，同样，如果父节点有相应的事件处理程序也会处理。在 IE 中，没有捕捉的阶段，但是有起泡的阶段。可以用 stopPropagating() 方法来停止事件传播，也就是让其他元素对这个事件不可见，在 IE 6 中，就是把 cancelBubble 设置为 true。

2. 注册事件处理程序

和 IE 一样，DOM 标准也有自己的事件处理程序，不过 DOM 二级标准的事件处理程序比 IE 的强大一些，事件处理程序的注册用 addEventListener()方法，该方法有三个参数，第一个是事件类型，第二个是处理的函数，第三个是一个布尔值。true 表示制定的事件处理程序将在事件传播的阶段用于捕捉事件，否则就不捕捉；当事件发生在对象上才触发执行这个事件处理的函数，或者发生在该对象的子节点上，并且向上起泡到这个对象上的时候，触发执行这个事件处理的函数。例如：

```
document.addEventListener("mousemove",moveHandler,true);
```

该方法的参数指明是在 mousemove 事件发生的时候，调用 moveHandler 函数，并且可以捕捉事件。

用 addEventListener()方法可以为一个事件注册多个事件处理的程序，但是这些函数的执行顺序是不确定的，并不像 C#语言那样按照注册的顺序执行。

在 Firefox 浏览器中用 addEventListener()方法注册一个事件处理程序的时候，this 关键字就表示调用事件处理程序的文档元素，但是其他浏览器并不一定是这样，因为这不是 DOM 标准，正确的做法是用 currentTarget 属性来引用调用事件处理程序的文档元素。

3. 二级 DOM 标准中的 Event

和 IE 不同的是，W3C DOM 中的 Event 对象并不是 window 全局对象下面的属性，换句话说，Event 不是全局变量。通常在 DOM 二级标准中，event 作为发生事件的文档对象的属性。

Event 对象含有两个子接口，分别是 UIEvent 和 MutationEvent，这两个子接口实现了 Event 对象的所有方法和属性，而 MouseEvent 接口又是 UIEvent 的子接口，所以实现了 UIEvent 和 Event 的所有方法和属性。

5.3 用 JavaScript 处理事件

前面我们已经了解了什么是事件，浏览器中的事件有一些什么特点，下面我们来看一下如何利用 JavaScript 来处理事件。

5.3.1 利用伪链接处理事件

所谓伪链接是人们对非标准化通信机制的统称。而“真”链接特指那些用来在因特网上的两台计算机之间传输各种数据包的标准化通信机制，如：http://、ftp://等。

JavaScript 伪链接就是使用 a 标签的 href 属性来运行 JavaScript 代码的一种方法，例如：

```
<a href="javascript:callback()">link</a>
```

当你单击这个链接的时候，页面不发生跳转，但是会运行 callback()这个方法。

在多数支持 JavaScript 脚本的浏览器中，可以通过 JavaScript 伪 URL 地址调用语句来引入 JavaScript 脚本代码。

我们可以在浏览器地址栏里输入“javascript:alert('JS!');”，按回车后会发现，这实际上是把“javascript:”后面的代码当 JavaScript 来执行，并将结果值返回给当前页面。

类似的方法，我们可以在 a 标签的 href 属性中使用 JavaScript 伪链接：

```
<a href="javascript:alert('JS!');"></a>
```

单击上面的链接，浏览器并不会跳转到任何页面，而是显示一个对话框，但 JavaScript 伪链接有个问题，它会将执行结果返回给当前的页面：

```
<a href="javascript:window.prompt('输入内容将替换当前页面!','');">A</a>
```

上述链接被单击后，用户在对话框中输入的内容将会显示在当前页面中。解决方法很简单，就是将“undefined”添加到伪链接代码的最后，如下：

```
<a href="javascript:window.prompt('输入内容不会将替换当前页面!','');undefined;">A</a>
```

尽管 JavaScript 伪链接提供了一定的灵活性，但在页面中尽量不要使用。JavaScript 伪链接毕竟不是一种标准且可靠的事件处理方式。

5.3.2 内联的事件处理

在一个元素的属性中绑定事件，实际上就创建了一个内联的事件处理函数，比如：

```
<h1 onclick="alert(this);"...>...</h1>
```

通过事件属性，事件处理函数也可以直接用到 HTML 元素上。比如：

```
<a href="mylink.html"    onclick="foo()" >My Link</a>
```

单击这个链接，foo()函数就会执行。对于具有基本行为的元素，如链接或表单，其行为会在事件处理函数执行完毕之后运行。foo()函数结束之后，将跳转到 mylink.html 页面。

如果需要阻止元素的默认行为，可以在 onclick 属性的末尾返回 false，代码如下：

```
<a href=" mylink.html" onclick="foo();return false; ">My Links </a>
```

也可以让函数决定是返回 true 还是 false，再传回给 onclick 事件处理器，比如：

```
<a href="mylink.html" onclick="foo();" >My Links</a>
```

再由 foo()决定是返回 true 还是 false。这样的用法在表单处理函数中最为常见。如果表单验证发现了任何错误，一律返回 false，阻止向服务器提交表单；如果没有错误就返回 true，表单被提交给服务器。

内联的事件处理函数有其特殊的作用域链，并且各浏览器的实现细节也有差异，下面我们来看一下：

1. 内联事件处理函数的作用域链

与其他函数不同，内联事件处理函数的作用域链从头部开始依次是：调用对象、该元素的 DOM 对象、该元素所属表单的 DOM 对象（如果有）、document 对象、window 对象（全局对象）。

比如下面代码：

```
<form action="." method="get">
    <input type="button" value="compatMode" onclick="alert(compatMode);"/>
</form>
```

就相当于：

```
<form action="." method="get">
    <input type="button" value="compatMode"/>
</form>
<script type="text/javascript">
    document.getElementsByTagName("input")[0].onclick = function() {
        with (document) {
            with (this.form) {
                with (this) {
                    alert(compatMode);
                }
            }
        }
    }
</script>
```

以上两种写法的代码在所有浏览器中都将弹出 document.compatMode 的值。将上述代码中的 compatMode 替换为 method，则在各浏览器中都将弹出 get，即 input 元素所在表单对象的 method 属性值。

2. 内联事件处理函数的作用域链在各浏览器中的差异

各浏览器都会将内联事件处理函数所属的元素的 DOM 对象加入到作用域链中，但加入的方式却是不同的。如以下代码：

```
<input type="button" value="hello" onclick="alert(value);">
```

在所有浏览器中，都将弹出显示“hello”的对话框。

再修改代码改变 input 元素的内联事件处理函数的执行上下文：

```
<input type="button" value="hello" onclick="alert(value);"/>
<script type="text/javascript">
    var target = document.getElementsByTagName("input")[0];
    var o = {
        onclick: target.onclick,
```

```
            value: "Hi, I'm here!"
        };
        o.onclick();
    </script>
```

在 IE 浏览器中运行的结果为弹出显示“Hi, I'm here!”的对话框，在 Firefox 中运行的结果为弹出显示“hello”的对话框。

可见，各浏览器将内联事件处理函数所属的元素的 DOM 对象加入到作用域链中的方式是不同的。在 IE 中的添加方式如下：

```
<input type="button" value="hello">
<script type="text/javascript">
    var target = document.getElementsByTagName("input")[0];
    target.onclick = function() {
        with (document) {
            with (this) {
                alert(value);
            }
        }
    }
</script>
```

而在 Firefox 中的添加方式则如下：

```
<input type="button" value="hello">
<script>
    var target = document.getElementsByTagName("input")[0];
    target.onclick = function() {
        with (document) {
            with (target) {
                alert(value);
            }
        }
    }
</script>
```

由于极少需要改变内联事件处理函数的执行上下文，因此这个差异造成的影响并不多见。

各浏览器都会将内联事件处理函数所属的表单对象加入到作用域链中，但如何判断该元素是否属于一个表单对象，各浏览器的处理方式则不相同。

如以下代码：

```
<form action="." method="get">
    <div>
        <span onclick="alert(method);">click</span>
    </div>
</form>
<script type="text/javascript">
    document.method = "document.method";
</script>
```

单击 span 元素后弹出的对话框在 IE 浏览器中显示的为“get”，而在 Firefox 中显示的为

“document.method”。如果将以上代码中的 span 元素更换为 input 元素或其他表单元素，则在所有浏览器中的表现将一致。

在实际使用的过程中其实是不推荐使用内联事件的，应该使用 DOM 标准的事件注册方式为该元素注册事件处理函数。

5.3.3　无侵入的事件处理

很多情况下，JavaScript 代码往往内嵌在 HTML 文件的元素标签内。例如，下面是一个典型的 JavaScript 代码内嵌在 HTML 文件的元素标签内：

```
<input type="text" name="date" onchange="validateDate(this);" />
```

然而，HTML 主要是用来描述页面的结构，而不是实现行为的。倘若将二者结合在一起会直接影响网站的可维护性，所以不推荐将这两者相结合。

现在编写 JavaScript 代码都是为了使它与 HTML 页面非侵入地交互。为实现这一点，可以结合三种技术来使一个 Web 应用程序以非侵入的形式被构造：

首先，Web 应用程序中的所有功能都应经过验证。比如说，你希望访问 DOM，你需要验证它存在且具有你需要使用的所有的功能，可使用如下代码：

```
if(document&&document.getElementById)
```

然后，使用 DOM 来快速而一致地访问你文档中的元素。

最后，使用 DOM 和 addEvent 函数动态地将所有事件绑定到文档中。不要让 HTML 代码中出现这样的代码：

```
<a href="#" onclick="doStuff();">...</a>。
```

从非侵入编码的角度来看，这是非常不好的，如果 JavaScript 被关闭或者用户使用了不支持的老版本的浏览器，这些代码就是一堆垃圾。因为它只是将用户指向了没有意义的 URL，它将不能对不支持脚本功能的用户提供任何有效的交互。

我们可以把所有行为都从 HTML 中剥离出来，集中到外部文件里，然后在有需要的文档中包含它们。

具体的做法是通过 JavaScript 将事件处理器绑定到对象上，也就是使用无侵入的事件处理。例如，如果想在页面加载完成后执行某些代码，可以这样做：

```
window.onload = function(){
    foo();
    bar();
}
```

如果想在图片上做一个鼠标移入的效果，可以使用 mouseover 事件，如下所示：

```
Image.onmouseover=function(){
    this.src='newimage.gif';
}
```

当然鼠标移出之后还要再换回去，可以使用 mouseout 事件，如下：

```
image.onmouseout = function(){
    this.src = 'oldimage.gif';
}
```

我们把鼠标移出的脚本修改得更通用一些，如下所示：

```
Image.onmouseover=function(){
```

```
        thie.oldsrc=this.src;    //把当前路径复制到一个自定义的属性c
        this.src='newimage.gif';
    }
    Image.onmouseout=function(){
        this.src=this.oldsrc;    //使用我们指定的旧路径
    }
```

5.3.4 window.onload 事件

操作 HTML DOM 文档的一个难题是，JavaScript 代码可能在 DOM 完全载入之前运行，这会导致代码产生一些问题。页面加载时浏览器内部操作的顺序大致是这样的：

HTML 被解析→外部脚本/样式表被加载→文档解析过程中内联的脚本被执行→HTML DOM 构造完成→图像和外部内容被加载→页面加载完成。

头部包含的和从外部文件中载入的脚本实际上在 DOM 构造好之前就执行了，在这两个地方执行的所有脚本将不能访问 DOM。

但由于 JavaScript 代码通常包含在文档的头部，所以在页面整体还没加载完的时候，文档主体中的内容是不可访问的。访问一个还没诞生的对象将产生错误消息。因此在与页面上的任何元素交互之前，必须等待页面加载完毕。

而通过 window.onload 事件可以得知页面加载完成，比如在 DOM 加载完成后获取元素，代码如下：

```
window.onload = function(){
    var el = document.getElementById("myelement");
}
```

onload 事件的触发在整个页面以及上面的全部图片都下载完毕之后，这也会带来一些问题。某些情况下，onload 事件处理器还远没能开始执行，用户就已经在和页面交互了，而这种交互显然是不会有任何结果的。下面我们讨论一下解决这个问题的一些方法。

1. 等待大部分 DOM 加载

在 HTML 页面中内联的 JavaScript 代码实际上是在 DOM 构造过程中执行的（解析到代码就执行）。也就是说如果有一段 JavaScript 代码嵌在页面的中间部分，则该 JavaScript 代码只能立即拥有前半部分 DOM 的访问权。所以，只有把 JavaScript 代码作为后续的元素嵌入页面中，我们才能够有效地对页面中所有的 DOM 元素进行访问。其实现代码如下：

```
<html>
    <head>
        <title>Testing DOM Loading</title>
            <script type="text/javascript">
                function init() {
                    alert("The DOM is loaded!");
                    document.getElementsByTagName("h1")[0].style.border = "4px solid black";
                }
            </script>
    </head>
    <body>
        <h1>Testing DOM Loading</h1>
```

```
            <!--这里是大量的 HTML -->
            <script type="text/javascript">
                init();
            </script>
    </body>
</html>
```

一个内联 JavaScript 代码作为 DOM 的最后一个元素，它将是最后一个被解析和执行的。它所做的唯一的事情是调用 init 函数（函数内部应包含要处理的任何 DOM 相关的代码）。不过这一解决方案也存在问题，因为它的代码是混乱的，给 HTML 页面里加入了额外的标记，只为了判定 DOM 是否已经加载。

2. 判断 DOM 何时加载完成

这是一种可用来监视 DOM 加载的技术。这一技术的原理是在不阻塞浏览器的前提下尽可能快地反复检查 DOM 是否已经具有了所需的特性。有下面几种方式可以用来检查以判断 DOM 是否已经可以操作了：

①document：用来检查 DOM document 是否已经存在；

②document.getElementsByTagName()和 document.getElementByID()：检查 document 是否已经具备了经常使用的 getElementsByTagName()和 getElementById()函数，这些函数将在它们准备好被使用以后存在；

③document.body：作为额外的保障，检查 body 元素是否已完成被载入。

下面这段代码实现了一个可用来监视 DOM 何时完全载入的函数：

```
function domReady(f) {
    //如果 DOM 已经载入，立即执行函数
    if (domReady.done) return f();
    //如果我们已经添加过函数
    if (domReady.timer) {
        //则将函数添加到待执行的函数列表
        domReady.ready.push(f);
    }
    else {
        //为页面完成加载时附加一个事件，以防它率先发生
        //使用了 addListener 函数
        addListener (window, "load", isDOMReady);
        //初始化待执行函数的数组
        domReady.ready = [f];
        //尽可能快地检查 DOM 是否已就绪
        domReady.timer = setInterval(isDOMReady, 13);
    }
}
//检查 DOM 是否已经准备好导航
function isDOMReady() {
    //如果我们断定页面已经加载完成了，则返回
    if (domReady.done) return false;
    //检查一些函数和元素是否已可访问
    if (document && document.getElementsByTagName &&
```

```
                document.getElementById && document.body) {
                //如果它们已就绪，则停止检查
                clearInterval(domReady.timer);
                domReady.timer = null;
                //执行所有正在等待的函数
                for (var i = 0; i < domReady.ready.length; i++)
                    domReady.ready[i]();
                //记住现在我们已经完成
                domReady.ready = null;
                domReady.done = true;
            }
        }
        //该函数用于绑定事件，在本章后面会详细讲到
        function addListener(element, event, listener) {
            if (element.addEventListener) {
                element.addEventListener(event, listener, false);
            } else if (element.attachEvent) {
                element.attachEvent('on' + event, listener);
            }
        }
```

在运行时，domReady()函数在 DOM 就绪之前一直在收集所有的待运行函数的引用。一旦 DOM 确实准备好了，就遍历这些引用并一个一个地执行它们。

使用 domReady()函数绑定特定函数到 DOM 准备好需要被获取和操作的元素后再触发。在下面的例子中我们把 domReady()函数放入了一个名为 domready.js 的外部 JavaScript 代码文件里，展示了怎样使用 domReady()函数来监视 DOM 何时已载入。

【例 5-2】使用 domReady()函数判定 DOM 何时准备好需要被获取和操作的元素。

```
<html>
    <head>
        <title>5-2</title>
        <script type="text/javascript" src="domready.js"></script>
        <script type="text/javascript">
            domReady(function() {
                alert("The DOM is loaded!");
                document.getElementsByTagName("h1")[0].style.border = "4px solid black";
            });
        </script>
    </head>
    <body>
        <h1>Testing DOM Loading</h1>
        <!--这里是大量的 HTML -->
    </body>
</html>
```

5.3.5 利用 DOM 绑定事件

JavaScript 语言在将事件处理程序绑定到页面元素方面一直在改进。起初，浏览器强制用

户将事件处理代码内联地写在 HTML 代码中。当 IE 与 Netscape（Firefox 的前生）激烈竞争的时候，它们各自开发出两个独立但又非常相似的注册事件的模型，最终 Netscape 的模型被修改成为 W3C 标准，而 IE 的则保持不变。目前存在三种可用的注册事件的方式，传统方式是老式的内联附加事件处理函数方式的一个分支，但是它很可靠并能一致地工作，另外两种是 IE 和 W3C 的注册事件的方式。

传统的绑定事件的方式是到目前为止最简单、兼容性最强的绑定事件处理程序的方式。使用这种方式时，只需将函数作为一个属性附加到想要监视的 DOM 元素上。下面的代码展示了使用传统方式绑定事件的一些例子。

```
//找到第一个<form>元素并为它附加“提交”事件处理函数
document.getElementsByTagName("form")[0].onsubmit = function(e) {
    //具体代码
    …
}
//为文档的 body 元素附加一个按键事件处理函数
document.body.onkeypress = myKeyPressHandler;
//为页面的加载事件附加一个处理函数
window.onload = function() { … };
```

这一技术有它的优势，但也有缺点，使用时必须注意。

传统绑定的优势在于：

① 使用传统绑定的最大的好处在于它无比的简单和一致，也就是说，在很大程度上它能保障无论使用什么浏览器都能生效。

② 当处理事件时，this 关键字指向当前的元素。

传统绑定的缺点有：

① 传统绑定只作用于事件冒泡，而非捕获和冒泡。

② 只能每次为一个元素绑定一个事件处理函数。当使用常用的 window.onload 属性时，这将会潜在地导致令人困惑的结果（因为它会覆盖其他的使用相同方法绑定的代码片段）。下面的代码展示了这一问题的一个实例，一个新的事件处理函数覆盖了原来的事件处理函数：

```
//绑定初始的 load 处理函数
window.onload = myFirstHandler;
//在某个地方所引用的其他库里，第一个处理函数将被覆盖，
//页面加载完成时只有 mySecongHandler 函数被调用
window.onload = mySecondHandler;
```

最后，传统绑定方式下事件处理函数中的 event 参数在 IE 浏览器中无效。

内联的事件处理器很难保持井井有条地划分 HTML 代码与事件处理，而通过对象属性绑定意味着每个属性上同一时刻只能绑定一个处理器。DOM 中的 addEventListener 方法可以克服以上问题，让多个事件处理器和谐共处。

每个事件只能添加一个事件处理器，对于短小的脚本来说这点限制不在话下，如果所有事件处理都在掌控之下，大型的脚本也不成问题。但是要开始使用别人的代码（到第 7 章学习 JavaScript 库的时候就会遇到），就有可能产生冲突。

使用 DOM 中的绑定事件监听器方式来处理事件就可以解决上述问题：

```
element.addEvenListener(event,listener, false);
```

event 参数表示事件的类型（诸如 click、focus、blur 等，与前面不同的是不带 on 前缀）。第二个参数是事件触发时应当执行的函数（不要带括号，否则函数会立即执行），即事件处理器。最后一个参数是一个布尔值，表示事件处理器是否启用事件捕捉。

5.3.6 对不同浏览器绑定事件

绑定事件监听器的最大问题在于 IE 和其他浏览器的处理方式不一样。下面我们看一下对不同浏览器如何绑定事件监听器。

1. W3C 标准

W3C 中的 DOM 元素绑定事件处理函数的方法是这方面唯一真正的标准方式。除了 IE，所有其他的现代浏览器都支持这一事件绑定的方式。

绑定事件处理函数的代码很简单，它作为每一个 DOM 元素的名为 addEventListener 的方法存在，接收 3 个参数：事件的名称（如 click），处理事件的函数，以及一个使用或禁用事件捕获的布尔标志。下面的代码展示一个实际使用 addEventListener 的例子。

```
//找到第一个<form>元素并为它附加“提交”事件处理函数
document.getElementsByTagName("form")[0].addEventListener('submit',function(e){
    //具体代码
    …
}, false);
//为文档的 body 元素附加一个按键事件处理函数
document.body.addEventListener('keypress', myKeyPressHandler, false);
//为页面的加载事件附加一个处理函数
window.addEventListener('load', function(){ … }, false);
```

W3C 绑定事件的优势：

① 这一方法同时支持事件处理的冒泡和捕获阶段。事件的捕获阶段通过设置 addEventListener 的最后一个参数为 false（指示冒泡）或 true（指示捕获）来切换。

② 在事件处理函数内部，this 关键字引用当前元素。

③ 事件对象总是作为事件处理函数的第一个参数被提供。

④ 可以绑定任意多个函数到一个元素上，而不会覆盖先前所绑定的。

W3C 绑定事件的缺点：

它在 IE 里面无效，必须使用 IE 的 attachEvent 函数来代替。

虽然 W3C 绑定事件的方式有缺点，但到目前为止，W3C 的事件绑定方法仍然是最好理解和最易使用的。

2. 在 IE 浏览器中绑定事件

在许多方面，IE 的绑定事件的方式看起来跟 W3C 的非常相似。但是，触及细节的时候，它又在某些方面有着非常显著的不同。下面的代码是 IE 中绑定事件处理函数的一些例子。

```
//找到第一个<form>元素并为它附加“提交”事件处理函数
document.getElementsByTagName("form")[0].attachEvent('onsubmit',function(){
    //具体代码
    …
});
//为文档的 body 元素附加一个按键事件处理函数
```

```
document.body.attachEvent('onkeypress', myKeyPressHandler);
//为页面的加载事件附加一个处理函数
window.attachEvent('onload', function(){ … });
```

IE 所用的绑定事件的方法叫做 attachEvent()，它只有两个参数：事件名称（带 on 前缀）和要调用的事件处理函数。

```
element.attachEvent('onclick', functionname);
```

更多时候，为了让我们的页面能在所有浏览器上都有效，只得分别用两段代码，将添加事件监听器的代码封装成一个可重用的函数，代码如下：

```
function addListener(element, event, listener) {
    if (element.addEventListener) {
        element.addEventListener(event, listener, false);
    } else if (element.attachEvent) {
        element.attachEvent('on' + event, listener);
    }
}
```

有了上述 addListener()函数，我们就可以忽略浏览器的差异，方便地给某个事件绑定多个事件处理器了，如下：

```
addListener(window, 'load', foo);
addListener(window, 'load', bar);
```

虽然 addListener()函数用起来很方便，不过处理事件的时候还是要注意，在 IE 中使用 addListener()函数的时候，this 关键字指向的并非事件绑定的目标对象，而是 window 对象。

我们看下面这个程序运行完成以后会是什么效果：

```
var mylink = document.getElementById("mylink");
addListener(mylink, 'click', foo);
function foo(){
    alert(this.href);
}
```

虽然我们希望 this 关键字能指向链接元素，但 this 关键字在 IE 中引用的并不是我们想象的那样，为了解决这个问题，下面先要了解一下事件参数的处理。

5.3.7　事件参数

this 关键字提供了一种在函数作用域中访问当前对象的方式。浏览器使用 this 关键字给所有的事件处理函数提供上下文信息。也就是说，可以通过建立一个通用的函数来处理所有单击，再通过 this 关键来确定作用于哪一个元素，代码如下。

```
//查看所有的<li>元素并给每一个绑定 click 处理函数
var li = document.getElementsByTagName("li");
for (var i = 0; i < li.length; i++) {
    li[i].onclick = handleClick;
}
//click 处理函数，调用时改变特定元素的前景色和背景色
function handleClick() {
    this.style.backgroundColor = "blue";
    this.style.color = "white";
}
```

上面的代码运行时，在单击页面中的 li 元素时能改变页面背景色。

当运行一个函数时，this 关键字指向该函数的拥有者，在默认情况下函数属于 window 对象，例如：

```
function myfunction(){
    alert(this); // this 关键字指向 window 对象
}
```

给某个对象添加函数时，this 将指向被添加函数的对象，例如：

```
var el = function (){
    alert(this); // this 关键字指向 window 对象
}
el.methodname = function(){
    alert(this); // this 关键字指向 el 对象
}
```

当被添加函数的对象作为参数再传给另一个函数时，情况就比较复杂了，我们来看一下下面这个例子：

```
var el = function (){
    alert(this); //this 关键字指向 window 对象
}
el.methodname = function(){
    alert(this);
}
function myfunc(func){
    func();
}
myfunc(el.methodname);
```

我们看一下这个例子中参数到底是如何执行的：

① 创建 el 对象，添加一个 methodname 函数；

② 定义一个 myfunc 函数，包含一个参数；

③ 执行 myfunc 函数，实参是 el 对象的 methodname 函数。

在此，我们执行的是 el.methodname()，传给 myfunc()的参数是 methodname 函数的引用，而不是 el 对象的引用。所以当 methodname 函数执行的时候，this 是 window 对象，所以 myfunc()属于 window 对象。

有些时候为了让 this 指向指定的对象，JavaScript 提供了 call()方法调用函数，如下：

```
function myfunc(func){
    func.call(el);
}
```

在上面这个例子中，func 函数执行时，this 是指向 el 对象的。对于监听器代码，我们可以用 call()来改写 addListener()函数，代码中用了一个匿名函数来封装引用：

```
function addListener(element, event, listener) {
    if (element.addEventListener) {
        element.addEventListener(event, listener, false);
    } else if (element.attachEvent) {
        element.attachEvent('on' + event, function() { listener.call(element) });
    }
}
```

按照上述方式改进 addListener()函数后，用它在 IE 和其他浏览器里绑定的事件处理函数中的 this 关键字就都能正确引用触发事件的元素了。

5.3.8　取消事件默认行为

在知道怎么使用事件绑定的同时也需要了解如何取消事件。比如在验证表单的时候，如果用户输入了无效数据，需要阻止表单提交。我们看一下密码验证的例子：

```
var passcode = document.getElementById("passcode");
passcode.regexp = /^[0-9]+$/;
document.getElementById("frm").onsubmit = function(){
    var passcode = document.getElementById("passcode");
    if(!passcode.regexp.test(passcode.value)){
        alert('密码格式不正确！');
        return false;
    }
}
```

在没有使用事件绑定时，直接把事件处理绑定到元素上，因此可以通过返回 false 取消元素的默认行为。换句话说，如果在链接上用这种办法，就可以阻止浏览器执行链接转移到新的地址；如果在表单上用，就可以阻止表单提交（正如上面的密码验证例子）。

如果使用事件绑定，就不能用同样的方式取消元素的默认行为了，必须使用 DOM 事件对象提供的另一个函数：preventDefault()。如下利用事件监听器重写上面密码验证的例子：

```
var passcode = document.getElementById("passcode");
passcode.regexp = /^[0-9]+$/;
function isPasscodeValid(evt){
    var passcode = document.getElementById("passcode");
    if(!passcode.regexp.test(passcode.value)){
        alert('密码格式不正确！');
        evt.preventDefault();
    }
}
addListener(document.getElementById("frm"), 'submit', isPasscodeValid);
```

但对于 IE 浏览器来说取消默认行为又是不一样的。IE6 之前的版本不会把事件对象作为参数传进去，而是在 window 层次设了一个事件对象。而且 IE 的事件对象不能识别 preventDefault()，而要通过 returnValue 属性。下面我们把上面的密码验证例子修改成能在 IE 浏览器中使用的形式：

```
function isPasscodeValid(evt){
    evt = evt||window.event;
    var passcode = document.getElementById('passcode');
    if(!passcode.regexp.test(passcode.value)){
        alert('密码格式不正确！');
        if(evt.preventDefault){
            evt.preventDefault();
        }else{
```

```
                evt.returnValue=false;
            }
        }
    }
```

拥有阻止事件默认行为的能力，就能对事件到达哪个元素并进行处理有了完全的控制，这是开发动态的 Web 应用程序所需的一个非常重要的工具。取消浏览器的默认动作，允许完全改写浏览器的行为并实现新的功能以替代之。

5.4 事件处理高级应用

在前面的章节中我们大致介绍了事件与 DOM 中的相关技术以及如何使用 JavaScript 处理事件，下面我们介绍事件处理中的高级应用。

5.4.1 事件的捕获与冒泡

事件触发的时候，首先从最高层的文档开始，向下传播到实际发生单击的元素（捕获阶段），然后反过来向上传播事件（冒泡阶段）。在这种 W3C 标准方式里，事件处理器可以放在任意一个阶段。如果在捕获阶段停止了事件，下方的元素就不会接收到事件。类似地，在冒泡阶段也可以停止事件，不让它继续向上冒泡。图 5-1 显示的就是事件捕获和事件冒泡的流程。

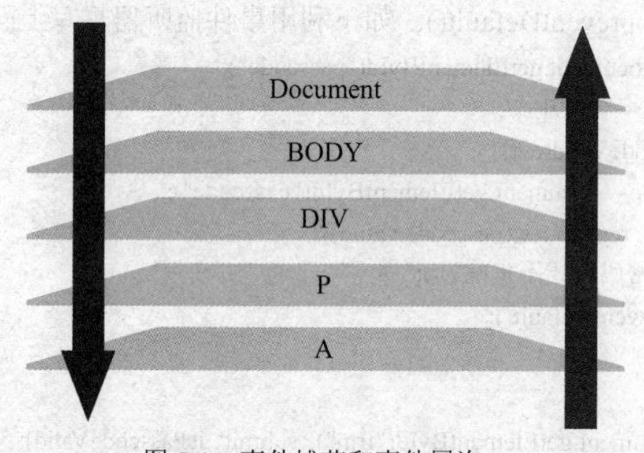

图 5-1 事件捕获和事件冒泡

用 stopPropagation()方法可以停止事件在 DOM 树中继续向上或向下传播：

```
evt.stopPropagation();
```

冒泡型事件的基本处理思想是：事件按照从最特定的事件目标到最不特定的事件目标（document 对象）的顺序触发。例如，如果有下面的页面：

```
<html>
    <head>
        <title>冒泡过程</title>
    </head>
    <body onclick="handleClick()">
        <div onclick="handleClick()">Click Me</div>
    </body>
</html>
```

如果用户使用 IE 浏览器并单击了页面中的 div 元素，则事件按以下顺序“冒泡”：div、body、html、document。在 IE6 中的过程就如同图 5-2 所示。

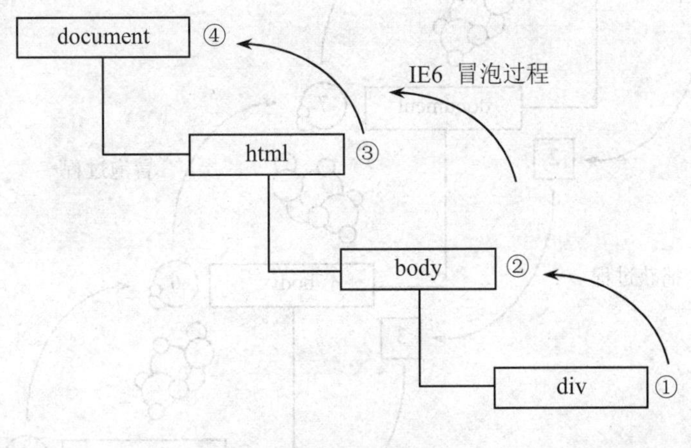

图 5-2　冒泡过程

IE 使用冒泡型事件，相对地，Netscape 则使用了另一种，称为捕获型事件（event capturing）。事件的捕获过程和冒泡刚好是相反的两种过程。在捕获型事件中，事件从最不精确的对象（document 对象）开始触发，然后到最精确的对象（也可以在窗口级别捕获事件，不过必须由开发人员特别指定）。Netscape 不会将页面上的很多元素暴露给事件。

使用捕获型事件处理同样的代码，则事件将按照下面的路径传播：document、div，如图 5-3 所示。

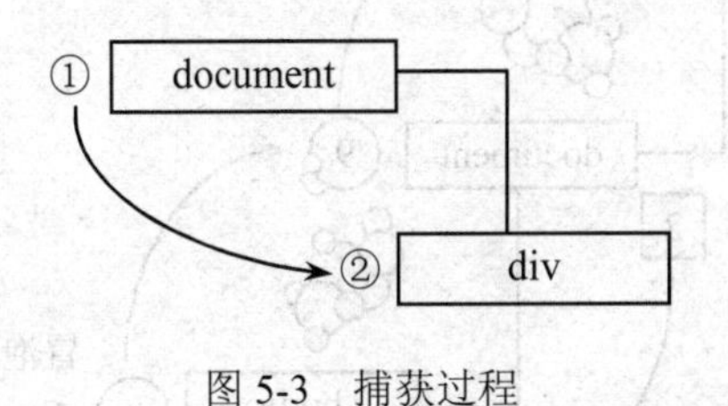

图 5-3　捕获过程

DOM 同时支持两种事件模型：捕获型事件和冒泡型事件。但是，捕获型事件先发生。两种事件流会触及 DOM 中的所有对象，从 document 对象开始，也在 document 对象结束（大部分兼容标准的浏览器会继续将事件的捕获/冒泡延伸至 window 对象）。

再考虑前面的例子，在与 DOM 兼容的浏览器中单击 div 元素时，事件流的进行如图 5-4 所示。

因为事件的目标（div 元素）是最精确的元素（在 DOM 树中最深），实际上它会连续接收两次事件，一次在捕获过程中，另一次在冒泡过程中。

DOM 事件模型最独特的性质是，文本节点也触发事件（在 IE 中不会）。所以如果单击例子中的文本 Click Me，实际的事件流如图 5-5 所示。

由于 IE 不支持事件捕获，所以事件捕获功能很少被使用，毕竟 IE 的使用量非常大。

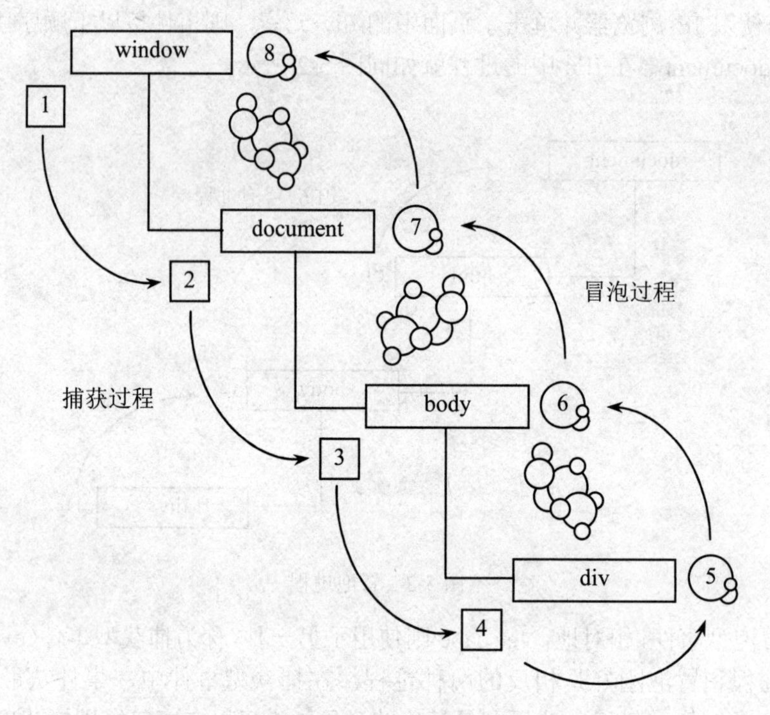

图 5-4　DOM 事件流

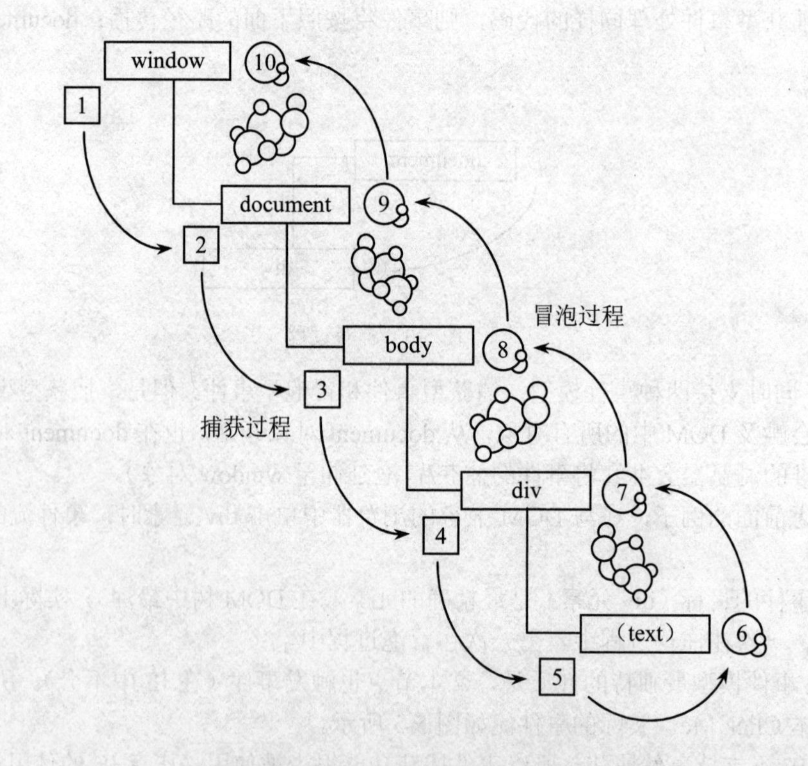

图 5-5　单击 Click me 的 DOM 事件流

5.4.2　使用事件委托

有时候要绑定的元素实在太多，需要频繁地在 DOM 中增加响应某些事件的新元素。一个一个地添加事件处理实在太繁琐，这时可以使用事件委托。

事件冒泡使得 DOM 远离事件发生地的上层元素也能接收到事件（如图 5-6 所示），这就是事件委托的基本原理。我们可以在上层接收事件，然后通过事件对象的 target 属性（IE 中是 srcElement 属性）判断事件到底来源于哪个元素。

可以在事件委托中通过如下代码来获取事件源：

```
//找到事件的 target，如果 target 不存在就找 srcElement
var target = evt.target || evt.srcElement;
```

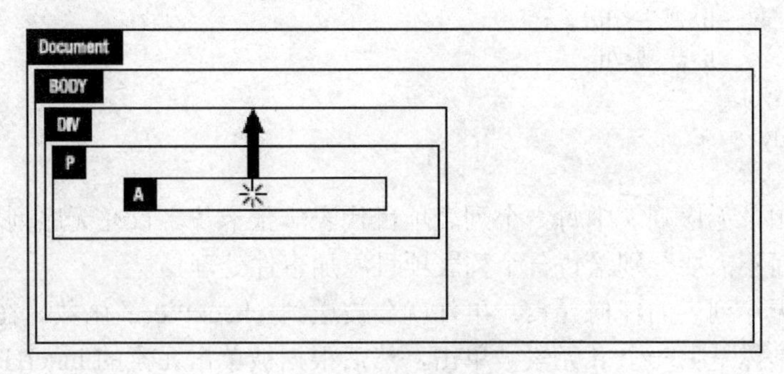

图 5-6　事件委托

下面我们设计一个简单的代码来演示什么是事件委托。

【例 5-3】事件委托实例。

```
<html>
    <head>
        <title>5-3</title>
        <style type="text/css">
            li {
                padding:80px 20px;
                width:200px;
                list-style:none;
                float:left;
                border:1px solid blue;
                text-align:center;
            }
        </style>
        <script type="text/javascript">
            function checkPiece(evt){
                var evt = evt || window.event;
                var target = evt.target || evt.srcElement;
                alert(target.innerHTML);
            }
            window.onload=function(){
                var el = document.getElementById('pieces');
```

```
                el.onclick = checkPiece;
            }
        </script>
    </head>
    <body>
        <ul id="pieces">
            <li>鲨鱼</li>
            <li>狮子</li>
            <li>老虎</li>
            <li>大象</li>
            <li>海豚</li>
            <li>松鼠</li>
            <li>犀牛</li>
            <li>斑马</li>
        </ul>
    </body>
</html>
```

在这个例子中，无序列表中每一个列表项目代表一张卡片。仅在无序列表容器 ul 上添加了事件处理器，而不需要分别给每一个列表项目添加事件处理器。

只要单击了无序列表的任何元素，事件就会被送到 checkPiece 函数。在该函数中可以通过事件对象找到具体是哪一个 li 元素被单击，然后根据被单击元素的 innerHTML 属性就可以显示该元素的内容了。运行结果如图 5-7 所示。

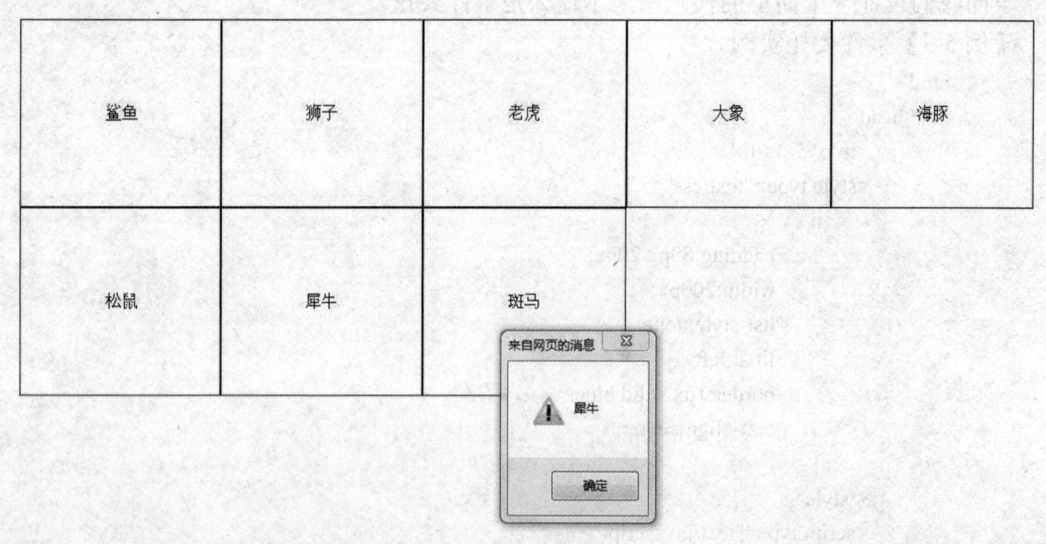

图 5-7　事件委托实例

1. 搜索冒泡中遇到的元素

查找过程中从事件的目标元素开始，跟随着 parentNode 逐层向树根方向移动，每到一层就检查它是否是我们要找的元素。例如：

```
<ul id="test">
    <li class="theOne"><p><a href="#">To test</a></p></li>
```

```
        <li><p><a href="#">To test</a></p></li>
        <li class="theOne"><p><a href="#">To test</a></p></li>
        <li><p><a href="#">To test</a></p></li>
    </ul>
```

如果我们想知道用户是否单击了列表中类名为 theOne 的项目，就可以遍历所有元素，凡是类名为 theOne 的，就给它添加一个事件处理器。该功能也可以使用事件委托来更方便的实现，如下所示：

```
function evtHandler(evt){
    evt = evt || window.event;
    var currentElement = evt.target || evt.srcElement;
    var evtElement = this;
    while(currentElement && currentElement != evtElement){
        if(currentElement.className == 'theOne'){
            alert('找到目标!');
            break;  //中断语句
        }
        currentElement = currentElement.parentNode;
    }
}
var el = document.getElementById('test');
el.onclick = evtHandler;
```

采用事件委托，只需要给最外层的列表容器添加一个事件处理器，列表范围内任何元素发生单击都会被捕捉到。currentElement 变量一开始保存的是事件的目标元素，我们需要检查它是不是一个有效的元素（因为在循环过程中有可能使它成 null）。我们还要检查当前元素是不是触发事件处理的元素 evtElement。理论上可以一直向上查找，直到文档的最高层，那时 parentNode 将等于 null，我们在循环条件中检查了当前元素是否存在。

在循环内部，通过设定特定的条件来确定当前元素是否是我们搜寻的目标，也就是检查元素的类名是否为 theOne。如果是，执行必要的任务后中断循环；如果不是，就将父元素设为当前元素，然后回到循环的开头，再循环一次。

如果要找的元素总是出现在目标元素旁的固定位置，比如它总是直接父元素，或者总是某个兄弟元素。在这种情况下，可以省略掉循环，直接用 DOM 方法定位搜寻目标。

```
target.parentNode.nextSibling.innerHTML = 'I have been found!';
```

2. 事件委托不适用的情况

有时候事件委托并非最合适的解决之道。使用固定定位、相对偏移定位、绝对定位等方式，可使一个 HTML 元素叠在另一个不属于同一树结构的元素上方，这种情况下事件委托往往不适用。图 5-8 是一个相对定位使元素重叠的例子。

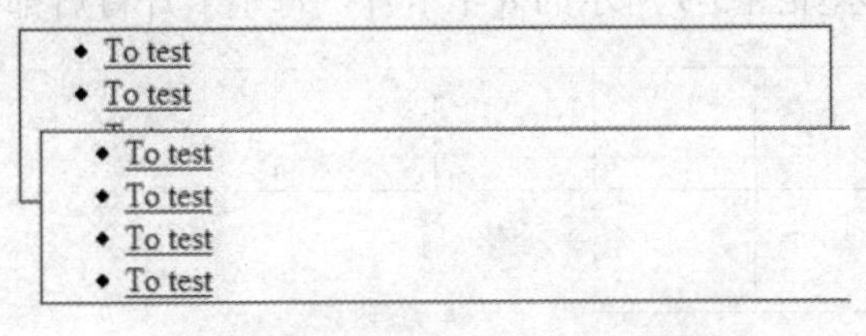

图 5-8　事件委托不适用的重叠情况

这样的情形一旦遇到拖放操作就会出现问题。在屏幕上拖动元素的时候，我们通常希望下方经过的元素能有所提示，告诉我们那里是否为有效的释放区城。但由于被拖动的元素正在鼠标下方，使得下方经过的元素并不在事件传播的路径上，因此不可能简单地通过事件委托让下方的元素做出响应。此时我们只能采取其他手段确定响应的时机，例如让被拖放的元素偏移到一旁，或者比较鼠标位置和释放区域的位置。

本章小结

本章介绍了事件的概念，以及浏览器中事件的触发与处理。着重介绍了 JavaScript 语言处理事件的方法。还学习了如何利用 DOM 绑定事件，以及在不同浏览器中的不同处理方法。

本章还提到了事件流的概念，以及两种不同的事件流：冒泡型和捕获型，并都做了详细介绍。

后面章节将以本章介绍的内容为基础，不仅解释前面用过的一些技巧背后的原理，还会进一步深入到更高级的 JavaScript 编程，还将学习到一些由于 JavaScript 库的出现而变得十分流行的技术。

习　　题

5-1　什么是浏览器事件？

5-2　简述事件和 DOM 的关联。

5-3　简述内联事件处理的优缺点。

5-4　简单比较不同浏览器绑定事件的不同。

5-5　简述事件捕获和冒泡的过程？

综合实训

目标

利用本章所学知识，将例 5-3 创建的页面改造成一个简单的卡片匹配游戏。

准备工作

在进行本实训前，必须学习完本章的全部内容，并掌握 DOM 操作方法和 JavaScript 中可用的全部事件处理方法。

实训预估时间：120 分钟

要求在页面中创建一个简单的卡片匹配游戏。游戏逻辑如下：

初始状态页面中显示如图 5-9 所示的 8 个卡片，每个卡片背后都有一个动物名称。

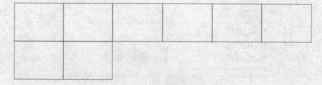

图 5-9　初始状态

当用户单击一个卡片时，卡片上会显示该卡片对应的动物名称，如图 5-10 所示。

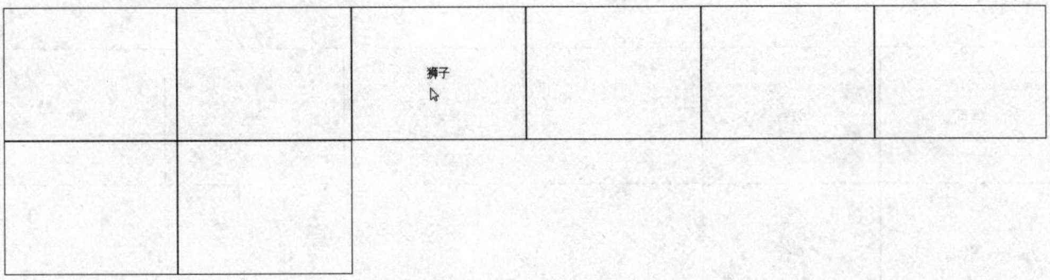

图 5-10　单击了一个卡片

当用户再单击另一个卡片时，如果该卡片对应的动物名称和上一个卡片显示的动物名称相同的话则提示用户匹配成功，然后这次单击的卡片和上次单击的卡片都会永久显示其对应的名称，如图 5-11 所示；如果该卡片对应的动物名称和上一个卡片显示的动物名称不相同的话则提示用户匹配不成功，如图 5-12 所示，然后当前显示动物名称的卡片和上一次单击后显示动物名称的卡片会同时隐藏对应的动物名称，回到初始状态。

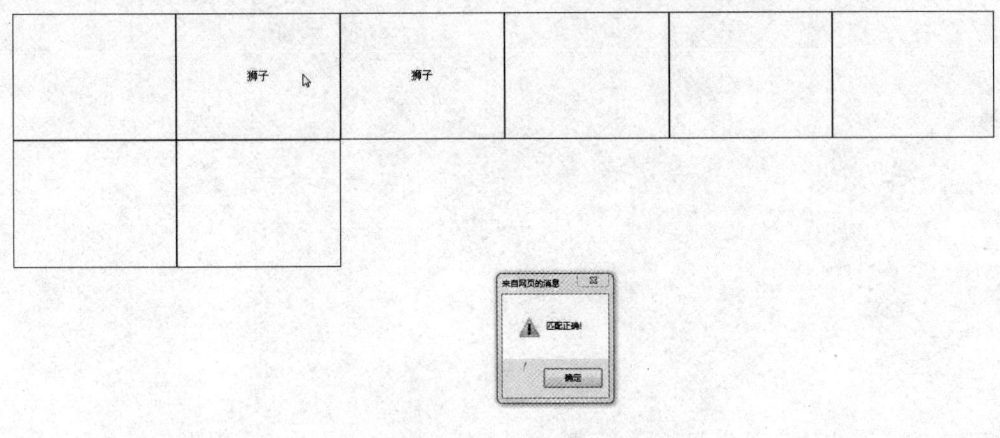

图 5-11　单击了一个卡片匹配成功

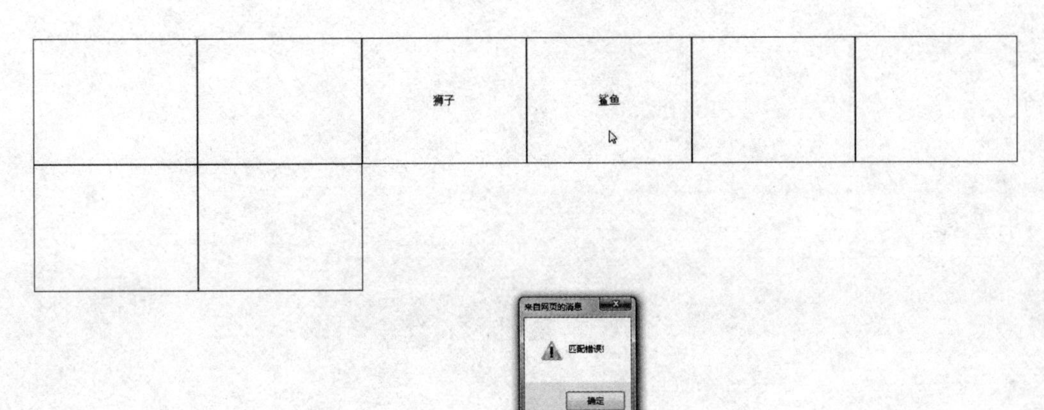

图 5-12　单击了一个卡片匹配不成功

最后，不断重复上述过程，直到所有卡片对应的动物名称都显示出来之后，提示用户匹配全部完成，游戏结束，如图 5-13 所示。

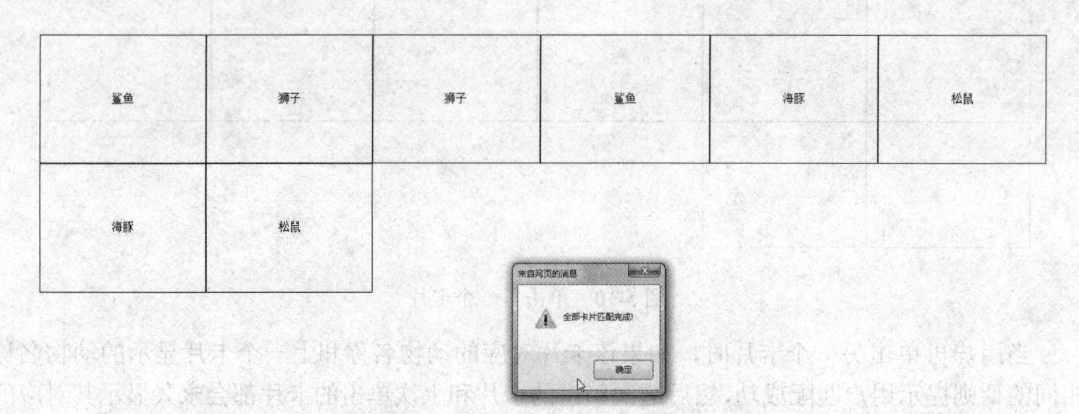

图 5-13　匹配全部完成，游戏结束

第 6 章　浏览器对象模型（BOM）

本章将介绍浏览器对象模型（BOM），以及组成 BOM 的一系列对象 window、location、navigator 和 screen 等。

- BOM 的概念
- BOM 的各个对象

当用户在浏览器中打开一个页面时，浏览器就会自动创建一些对象，这些对象存放了浏览器窗口的属性和其他的相关信息，通常被称为浏览器对象。浏览器对象模型（BOM）是一个层次化的对象集，每个层次上的对象都可以通过它们的父对象来访问。我们可以通过 window 对象访问 BOM 中的所有对象，它是最顶层的元素。window 对象的下一层是 document 对象，在前一章中已经提到过，与它同级的还有 navigator、frames、location、history 和 screen 对象。通过 document 对象，可以访问 form、anchor、link、cookie 和 image 对象集合。图 6-1 显示了 BOM 的结构。

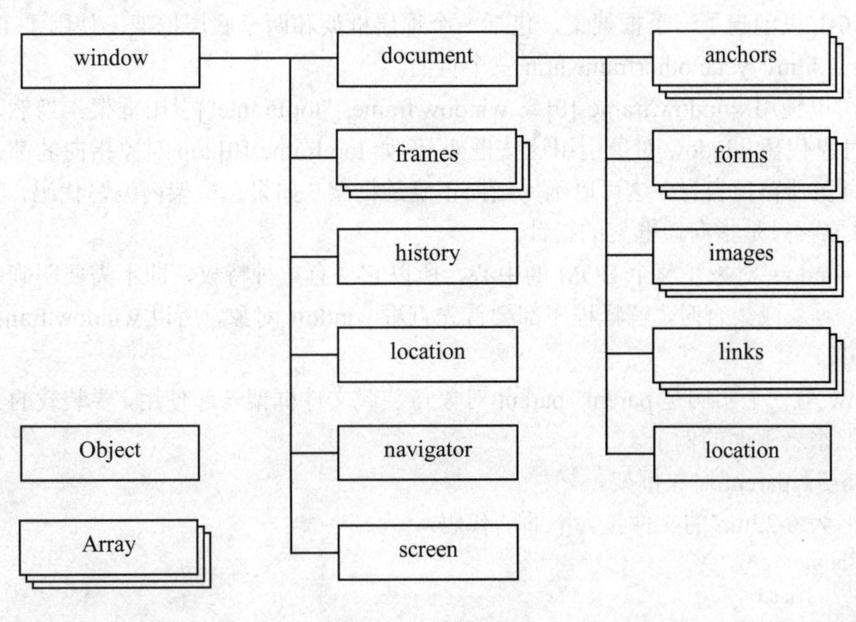

图 6-1　BOM 结构图

6.1 window 对象

window 对象表示浏览器中打开的窗口，提供关于窗口状态的信息。可以用 window 对象访问窗口中绘制的文档、窗口中发生的事件和影响窗口的浏览器特性。

在 JavaScript 中，window 对象是全局对象，所有的表达式都在当前的环境中计算。也就是说，引用当前窗口根本不需要特殊的语法，可以 window 对象的属性作为全局变量来使用。例如，可以只写 document，而不必写 window.document。

如果文档包含框架（frame 或 iframe 标签），浏览器会为 HTML 文档创建一个 window 对象，并为每个框架创建一个相应的 window 对象。每个框架都由它自己的 window 对象表示，存放在 frames 集合中。在 frames 集合中，可用数字（由 0 开始，逐行从左到右）或名字对框架进行索引。我们看下面这段代码示例。

【例 6-1】window 框架。

```
<html>
    <head>
        <title>6-1</title>
    </head>
    <frameset rows="100,*">
        <frame src="frame.htm" name="topFrame" />
        <frameset cols="50%,50%">
            <frame src="anotherframe.htm" name="leftFrame" />
            <frame src="yetanotherframe.htm" name="rightFrame" />
        </frameset>
    </frameset>
</html>
```

在例 6-1 里创建了一个框架集，包括一个顶层框架和两个底层框架，使用了 frame.htm、anotherframe.htm、yetanotherframe.htm 三个页面。

我们可以使用 window.frames[0]或 window.frames["topFrame"]引用框架。当然，我们也可以用 top 对象代替 window 对象引用这些框架，例如 top.frames[0].top 对象指向的都是最顶层的框架，即浏览器窗口自身。这可以确保指向正确的框架。如果在框架内编写代码，其中引用的 window 对象就只是指向该框架的指针。

由于 window 对象是整个 BOM 的中心，所以它享有一种特权，即不需要明确引用它，在引用函数、对象或集合时，解释程序都会首先查看 window 对象，所以 window.frame[0]可以写成 frame[0]。

window 另一个实例是 parent。parent 对象与装载文件框架一起使用，要装载的文件也是框架集。我们来看下面的例子。

【例 6-2】parent 对象框架。

假设名为 6-2.htm 的文件包含下面的代码：

```
<html>
    <head>
        <title>6-2</title>
```

```
        </head>
        <frameset rows="100,*">
            <frame src="frame.htm" name="topFrame" />
            <frameset cols="50%,50%">
                <frame src="anotherframe.htm" name="leftFrame" />
                <frame src="anotherframeset.htm" name="rightFrame" />
            </frameset>
        </frameset>
    </html>
```

名为 anotherframeset.htm 的文件包含下面这段代码：

```
    <html>
        <head>
            <title>Frameset Example</title>
        </head>
        <frameset cols="100,*">
            <frame src="red.htm" name="redFrame" />
            <frame src="blue.htm" name="blueFrame" />
        </frameset>
    </html>
```

当文档 6-2.htm 被载入浏览器时，它将把 anotherframeset.htm 载入到 rightFrame。如果代码写在 redFrame（或 blueFrame）中，parent 对象就指向 frameset.htm 中的 rightFrame；如果代码写在 topFrame 中，parent 对象就指向 top 对象，因为浏览器窗口自身被看作所有顶层框架的父框架。如图 6-2 所示，访问 window 对象的 name 属性，它存储的是框架的名字。

topFrame

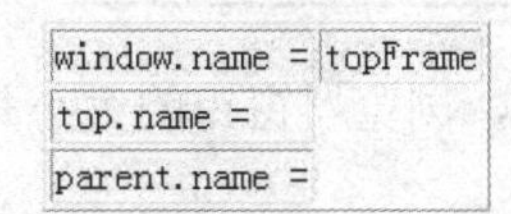

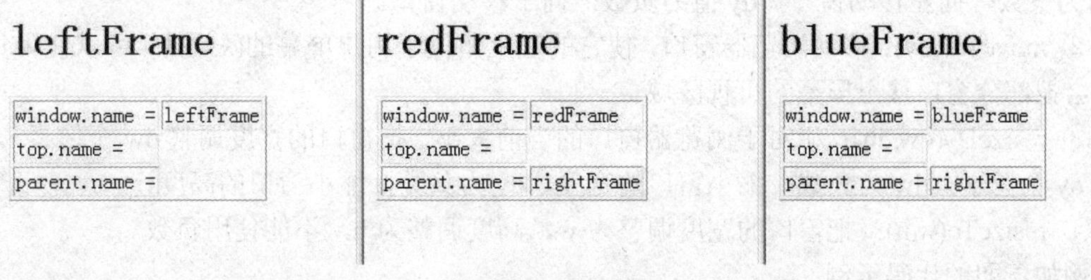

图 6-2　框架图示

另一个全局化的窗口指针是 self，它总是指向 window，如果页面上没有框架，window 和 seft 就等于 top，frames 集合的长度为 0。

1. 窗口操作

首先，我们看一下表 6-1 中的 window 方法介绍。

表 6-1　window 方法

方法	描述
alert()	显示带有一段消息和一个确认按钮的警告框
blur()	把键盘焦点从顶层窗口移开
clearInterval()	取消由 setInterval()设置的 timeout
clearTimeout()	取消由 setTimeout()设置的 timeout
close()	关闭浏览器窗口
confirm()	显示带有一段消息以及确认按钮和取消按钮的对话框
createPopup()	创建一个 pop-up 窗口
focus()	把键盘焦点给予一个窗口
moveBy()	相对窗口的当前坐标把它移动指定的像素
moveTo()	把窗口的左上角移动到一个指定的坐标
open()	打开一个新的浏览器窗口或查找一个已命名的窗口
print()	打印当前窗口的内容
prompt()	显示可提示用户输入的对话框
resizeBy()	按照指定的像素调整窗口的大小
resizeTo()	把窗口的大小调整到指定的宽度和高度
scrollBy()	按照指定的像素值来滚动内容
scrollTo()	把内容滚动到指定的坐标
setInterval()	按照指定的周期（以毫秒计）来调用函数或计算表达式
setTimeout()	在指定的毫秒数后调用函数或计算表达式

window 对象对操作浏览器窗口（或框架）非常有用，这意味着，浏览器窗口的大小是可以移动或调整的，可用下面四种方法来实现：

① moveBy(dx,dy)：把浏览器窗口相对当前位置水平移动 dx 个像素，垂直移动 dy 个像素；dx 值为负数，向左移动窗口，dy 值为负数，向上移动窗口。

② moveTo(x,y)：移动浏览器窗口，使它的左上角位于用户屏幕的(x,y)处，可以使用负数，但是会把部分窗口移出屏幕的可视区域。

③ resizeBy(dw,dh)：相对于浏览器窗口的当前大小，把窗口的宽度调整 dw 个像素，高度调整 dy 个像素；dw 为负数，缩小窗口的宽度，dy 为负数，缩小窗口的高度。

④ resizeTo(w,h)：把窗口的宽度调整为 w，高度调整为 h，不能使用负数。

例如下面的代码示例：

要使浏览器窗口相对于当前位置水平向右移动 20px，垂直向下移动 15px，代码如下：

```
window.moveBy(20,15);
```

将窗口移动到用户屏幕的水平方向 100px、垂直方向 100px 处，代码如下：

```
window.moveTo(100,100);
```

把窗口的宽度调整为 240px，高度调整为 360px，代码如下：

```
window.resizeTo(240,360);
```

相对于浏览器窗口的当前大小，把宽度减少 50px，高度不变，代码如下：

```
window.resizeBy(-50,0);
```

假设既调整了窗口大小，又调整了它的位置，却没有做任何记录，要想知道该窗口在屏幕上的位置以及它的尺寸，就会有问题，因为对于浏览器来说缺乏相应的标准。

IE 提供了 window.screenLeft 和 window.screenTop 属性来判断窗口的位置，但未提供任何判断窗口大小的方法。用 document.body.offsetWidth 和 document.body.offsetHeight 属性可以获取窗口的大小（显示 HTML 页的区域），但它们不是标准属性。

Firefox 浏览器提供 window.screenX 和 window.screenY 属性判断窗口的位置。它还提供了 window.innerWidth 和 window.innerHeight 属性判断视口的大小，window.outerWidth 和 window.outerHeigh 属性判断浏览器窗口自身的大小。

Opera 和 Safari 也提供与 Firefox 相似的属性。

2. 导航和打开新窗口

用 JavaScript 可以导航到指定的 URL，并用 window.open()方法打开新窗口。该方法接受四个参数，即要载入新窗口的页面的 URL、新窗口的名字、特性字符串和说明是否用新载入的页面替换当前载入的页面的 Boolean 值。一般只用前三个参数，因为最后一个参数只有在调用 window.open()方法但不打开新窗口时才有效。

如果用已有框架的名字作为 window.open()方法的第二个参数调用它，那么 URL 所指的页面就会被载入该框架。例如，要把页面载入名为“topFrame”的框架，可以使用下面的代码：

```
window.open("http://www.bing.com/","topFrame");
```

这行代码的操作就像是单击一个链接，该链接的 href 为“http://www.bing.com/”，target 为“topFrame”的框架。

如果声明的框架名无效，window.open()将打开新的窗口，该窗口的特性由第三个参数（特性字符串）决定。如果省略第三个参数，将打开新的浏览器窗口，就像单击了 target 被设置为“_blank”的链接。这样新浏览器窗口的设置与默认浏览器窗口的设置就完全一样。

如果使用第三个参数，该方法就假设应该打开新窗口。特性字符串是用逗号分隔的设置列表，它定义新创建的窗口的某些方面。表 6-2 显示了 window 的各种设置。

表 6-2　window 的设置

设置	值	说明
left	number	说明新创建的窗口的左坐标。不能为负数
top	number	说明新创建的窗口的上坐标。不能为负数
height	number	设置新创建的窗口的高度。该数字不能小于 100
width	number	设置新创建的窗口的宽度。该数字不能小于 100
resizable	yes,no	判断新窗口是否能通过拖动边线调整大小。默认值是 no
scrollable	yes,no	判断新窗口的视口容不下要显示的内容时是否允许滚动。默认值是 no
toolbar	yes,no	判断新窗口是否显示工具栏。默认值是 no
status	yes,no	判断新窗口是否显示状态栏。默认值是 no
location	yes,no	判断新窗口是否显示（Web）地址栏。默认值是 no

由于特性字符串是用逗号分隔的，因此在逗号或等号前后不能有空格。例如，下面的代码是无效的：

```
window.open("http://www.wrox.com/", "wroxwindow",
        "height=150,  width=300,  top=10,  left=10,   resizable=yes");
```

window.open()方法将返回 window 对象作为它的函数值，它就是新创建的窗口（如果给定的名字参数是已有的框架名，则为框架）。用这个对象，可以操作新创建的窗口，代码如下：

```
var oNewWin=window.open("http://www.wrox.com/","wrowindow",
                    "height=150,width=300,top=10,left=10,resizable=yes");
oNewWin.mveTo(100,100);
oNewWin.resizeTo(200,200);
```

还可以使用该对象调用 close()方法关闭新创建的窗口：

```
oNewWin.close();
```

如果新窗口中有代码，还可以在新窗口中用下面的代码关闭其自身：

```
window.close();
```

这段代码只对新创建的窗口有效。如果在主浏览器窗口中调用 window.close()方法，将得到提示该脚本正试图关闭窗口，询问是否真的要关闭该窗口。通用规则是，脚本可以关闭它们打开的任何窗口，但不能关闭其他窗口。

新窗口还可以对打开它的窗口进行引用，这个引用存放在 opener 属性中。只有在新窗口的最高层 window 对象才有 opener 属性，这样用 top.opener 访问它会更安全。例如：

```
var oNewWin=window.open
("http://www.yiiyaa.net","yiyawindow",
"height=150,width=300,top=10,left=10,resizable=yes");
oNewWin.moveTo(100,100);
oNewWin.resizeTo(200,200);
oNewWin.close();    //关闭新窗口
alert(oNewWin.opener == window);    //在新窗口的最高层 window 对象才有 opener 属性
```

【例 6-3】打开新窗口。

```
<html>
    <head>
        <title>6-3</title>
        <script type="text/javascript">
            function openwindow() {
                open("adv.htm", "", "toolbars=0, scrollbars=0, location=0, statusbars=0,
                  menubars=0,resizable=0, width=650, height=150");
            }
        </script>
    </head>
        <body onLoad="openwindow()">
        <h2>看看和我一起打开的广告窗口</h2>
    </body>
</html>
```

我们需要预先制作好广告页面，假设为 adv.htm。例 6-3 页面载入后会自动弹出广告窗口。值得注意的是，目前绝大部分浏览器会阻止 JavaScript 代码自动打开子窗口，就像例 6-3 中那样，只有在用户单击按钮或链接触发的事件中打开子窗口才不会被浏览器阻止。

3. 对话框

“对话框”是指那些为用户提供有用信息的弹出窗口。除弹出新的浏览器窗口，还可使用其他方法向用户弹出信息，即利用 window 对象的 alert()、confirm()和 prompt()方法。

alert()方法：只接受一个参数，即要显示给用户的文本。调用 alert()方法后，浏览器将创建一个具有“确定”按钮的系统消息框，显示指定的文本。通常用于一些对用户的提示信息，例如在表单中输入了错误的数据时显示警告对话框。

confirm()方法：只接受一个参数，即要显示的文本，浏览器创建一个具有“确定”按钮和“取消”按钮的系统消息框，显示指定的文本。该方法返回一个布尔值，如果单击“确定”按钮，返回 true；单击“取消”按钮，返回 false。

确认对话框的典型代码如下：

```
if (confirm("确定吗?")) {
    alert("你单击了确定!");
}
else {
    alert("你单击了取消!");
}
```

在上面的代码中，第一行是向用户显示确认对话框。confirm()是 if 语句的条件，如果用户单击“确定”按钮，显示的警告消息是“你单击了确定!”，如果用户单击的是“取消”按钮，则显示的警告消息是“你单击了取消!”。通常在用户进行删除操作时显示这种类型的提示。

prompt()方法：提示用户输入某些信息，接受两个参数，即要显示给用户的文本和文本框中的默认文本。如果单击“确定”按钮，将文本框中的值作为函数值返回；如果单击“取消”按钮，返回空值。下面我们看一个典型的 prompt()方法的使用：

```
var sresult=prompt("你的名字是什么?","");
if (sResult != null) {
    alert("欢迎, " + sResult);
}
```

所有对话框窗口都是系统窗口，这意味着不同的操作系统显示的窗口可能不同。以上三种对话框都是模态的，也就是说如果用户未单击“确定”按钮或“取消”按钮来关闭对话框，就不能在浏览器窗口中做任何操作。

【例 6-4】三种对话框的使用。

```
<html>
    <head>
        <title>6-4</title>
        <script type="text/javascript">
            //alert 只接受一个参数，这个参数是一个字符串，alert 所做的全部事情
            //是将这个字符串原封不动地以一个提示框返回给用户
            alert("Good Morning!");
            //prompt 是一个询问框，它产生一个询问输入窗口，同时等待用户输入的结果，
            //以继续执行下面的程序，当用户输入完成，单击确认后，它会将输入的字
            //符串返回，如果用户单击了取消按钮，它会返回 null
            alert("Hello,"+prompt("What's your name?")+"!");
            //confirm 是一个确认框，它产生一个 YES|NO 的确认提示框
```

```
                //如果回答了 yes，返回 true
                //如果回答了 no，返回 false
                if (confirm("Are you ok?"))
                    alert("Great!");
                else
                    alert("oh,what's wrong?");
            </script>
        </head>
        <body >
            <h2>对话框</h2>
        </body>
    </html>
```

4. 状态栏

每个浏览器窗口的底部都有一个状态栏，用来向用户显示一些特定的消息。状态栏提示何时正在载入页面，何时完成载入页面。可以用 window 对象的两个属性设置它的值，即 status 和 defaultStatus 属性。status 可以暂时改变状态栏的文本，而 defaultStatus 则可在用户离开当前页面前一直改变该文本。

例如，在第一次载入页面时，可使用默认的状态栏消息，如下：

```
window.defaultStatus= "You are surfing www.bing.com. ";
```

设置 window. status 属性，可在状态栏隐瞒链接实现的细节，如下述 HTML 链接：

```
<a href= "http://www.163.com"   onmouseover= "window.status='网易' " >books</a>
```

该链接被鼠标覆盖时不再默认地显示链接指向的地址，而是显示代码中指定的 window.status 属性的值。

5. 访问历史

对于用户访问过的站点的列表，出于安全原因，JavaScript 不能得到浏览器历史中包含的页面的 URL，只能实现在历史记录间导航。使用 window 对象中的 history 对象及它的相关方法即可实现在历史记录间导航的功能。

back()方法：加载历史记录中的上一个 URL。

forward()方法：加载历史记录中的下一个 URL。

go()方法：跳转到指定历史记录，接受一个参数，即前进或后退的页面数。如果是负数，就在浏览器历史中后退；如果是正数，就前进。

后退一页，可用下面的代码：

```
window.history.go(-1);
```

由于 window 对象不是必需引用的，也可使用下面的代码：

```
history.go(-1);
```

通常我们使用该方法创建网页中嵌入的 Back 按钮，例如：

```
<a href="javascript:history.go(-1)">Back</a>
```

前进一页，只需要使用正数 1：

```
window.history.go(1);
```

同样用 back()和 forward()方法可以实现一样的效果。

history 对象虽然不能获取浏览器历史中的 URL，但可以用 length 属性查看历史中的页面数，代码如下：

```
alert("共有" + history.length + "条记录在历史记录中。");
```

【例 6-5】加载历史列表中的前一个页面。

```
<html>
    <head>
        <title>6-5</title>
        <script type="text/javascript">
            function goBack() {
                window.history.go(-1);   //等效于 window.history.back()
            }
        </script>
    </head>
    <body>
        <input type="button" value="Back" onclick="goBack()" />
    </body>
</html>
```

6.2　location 对象

location 对象可以通过 window 对象的 location 属性访问到，表示那个窗口中当前显示的页面的 URL 地址。表 6-3 列出了 location 的属性。

表 6-3　location 属性

属性	描述
hash	设置或返回从井号“#”开始的 URL
host	设置或返回主机名和当前 URL 的端口号
hostname	设置或返回当前 URL 的主机名
href	设置或返回完整的 URL
pathname	设置或返回当前 URL 的路径部分
port	设置或返回当前 URL 的端口号
protocol	设置或返回当前 URL 的协议
search	设置或返回从问号“?”开始的 URL（查询部分）

href 属性是一个可读可写的字符串，可设置或返回当前显示的页面的完整 URL。因此，我们可以通过为该属性设置新的 URL，使浏览器读取并显示新的 URL 的内容。当一个 location 对象被转换成字符串，href 属性的值被返回。这意味着可以使用表达式 location 来替代 location.href。改变该属性的值，就可导航到新页面：

```
location.href="http:// www:bing.com";
```

采用这种方式导航，新地址将被加到浏览器的历史栈中，放在前一个页面后，浏览器的后退按钮会导航到调用了该属性的页面。

除了设置 location 或 location.href 属性用完整的 URL 替换当前的 URL 之外，还可以修改部分 URL，只需要给 location 对象的其他属性赋值即可。这样做会创建新的 URL，其中的一部分与原来的 URL 不同，浏览器会将它装载并显示出来。例如，如果设置了 location 对象的 hash 属性，浏览器就会转移到当前文档中的一个指定的位置。同样，如果设置了 search 属性，那么浏览器就会重新装载附加了新查询字符串的 URL。

接下来看看 location 对象的方法。

assign()方法：加载新的文档。

reload()方法：重新加载当前文档。

replace()方法：用新的文档替换当前文档。

assign()方法可加载一个新的文档，也可以实现与设置 location.href 属性同样的操作，例如：

```
location.assign("http://www.bing.com");
```

这两种方法都可以采用，不过大多数开发者选用 location.href 属性，因为它更精确地表达了代码的意图。

如果不想让页面从浏览器历史中被访问，可使用 replace()方法。该方法所做的操作与 assign()方法一样，但它多了一步操作，即从浏览器历史中删除包含脚本的页面，这样就不能通过浏览器的后退和前进按钮访问它了。例如：

```
<html>
    <head>
        <title>You won't be able to get back here</title>
    </head>
    <body>
        <P>Enjoy this page for a second, because you won't be coming back here.</p>
        <script type="text/javascript">
            setTimeout(function(){
                location.replace("http://ww.bing.com/");
            },1000)
    </script>
    </body>
</html>
```

reload()方法用于重新加载当前页面，如果该方法没有规定参数，或者参数是 false，它就会用 HTTP 头 If-Modified-Since 来检测服务器上的文档是否已改变。如果文档已改变，reload()会再次下载该页面；如果页面未改变，则该方法将从缓存中装载页面。这与用户单击浏览器的刷新按钮的效果是完全一样的。

如果把该方法的参数设置为 true，那么无论文档的最后修改日期是什么，它都会绕过缓存，从服务器上重新下载该文档。这与用户单击浏览器的刷新按钮时按住 Shift 键的效果完全一样。例如：

```
<html>
    <head>
        <title>reload</title>
        <script type="text/javascript">
            function reloadPage() {
                window.location.reload()
            }
        </script>
```

```
    </head>
    <body>
        <input type="button" value="Reload page" onclick="reloadPage()" />
    </body>
</html>
```

因此，要绕过缓存重载当前页面，可以使用下面的代码：

```
location.reload(true);
```

要从缓存重载当前页面，可以采用下面两行代码中的任意一行：

```
location.reload(false);
location.reload();
```

reload()方法调用后的代码可能被执行，也有可能不被执行，这由网络延迟和系统资源等因素决定，所以最好把 reload()调用放在最后一行。

6.3　navigator 对象

navigator 对象是最早实现的 BOM 对象之一，Netscape Navigator 2.0 和 IE3.0 引入了它。它包含大量有关 Web 浏览器的信息。可以用 window.navigator 引用它，也可以用 navigator 引用。

navigator 对象是一种事实标准，用于提供 Web 浏览器的信息。但缺乏标准也阻碍了 navigator 对象的发展，因为不同浏览器在支持该对象的属性和方法上有差异。表 6-4 列出了最常用的属性。

表 6-4　navigator 对象的属性

属性	描述
appCodeName	返回浏览器的代码名
appMinorVersion	返回浏览器的次级版本
appName	返回浏览器的名称
appVersion	返回浏览器的平台和版本信息
browserLanguage	返回当前浏览器的语言
cookieEnabled	返回指明浏览器中是否启用 cookie 的布尔值
cpuClass	返回浏览器系统的 CPU 等级
onLine	返回指明系统是否处于脱机模式的布尔值
platform	返回运行浏览器的操作系统平台
systemLanguage	返回 OS 使用的默认语言
userAgent	返回由客户机发送给服务器的 user-agent 头部的值
userLanguage	返回 OS 的自然语言设置

navigator 对象包含的属性描述了正在使用的浏览器，可以使用这些属性进行平台专用的配置。navigator 对象有五个主要属性，用于提供正在运行的浏览器的版本信息：appName、appVersion、userAgent、appCodeName 和 platform。

【例 6-6】有关访问者的浏览器的全部细节。

```
<html>
    <head>
        <title>6-6</title>
    </head>
    <body>
        <script type="text/javascript">
            var x = navigator;
            document.write("CodeName=" + x.appCodeName);
            document.write("<br />");
            document.write("MinorVersion=" + x.appMinorVersion);
            document.write("<br />");
            document.write("Name=" + x.appName);
            document.write("<br />");
            document.write("Version=" + x.appVersion);
            document.write("<br />");
            document.write("CookieEnabled=" + x.cookieEnabled);
            document.write("<br />");
            document.write("CPUClass=" + x.cpuClass);
            document.write("<br />");
            document.write("OnLine=" + x.onLine);
            document.write("<br />");
            document.write("Platform=" + x.platform);
            document.write("<br />");
            document.write("UA=" + x.userAgent);
            document.write("<br />");
            document.write("BrowserLanguage=" + x.browserLanguage);
            document.write("<br />");
            document.write("SystemLanguage=" + x.systemLanguage);
            document.write("<br />");
            document.write("UserLanguage=" + x.userLanguage);
        </script>
    </body>
</html>
```

navigator 对象的实例是唯一的，在 JavaScript 中可以用 window 对象的 navigator 属性来引用它。

6.4 screen 对象

虽然出于安全原因，有关用户系统的大多数信息都被隐藏了，但 JavaScript 中还是可以用 screen 对象获取某些关于用户屏幕的信息。screen 对象提供显示器的分辨率和可用颜色数信息。该对象的属性如表 6-5 所示。

表 6-5　screen 对象属性

属性	描述
availHeight	返回显示屏幕的高度（除 Windows 任务栏之外）
availWidth	返回显示屏幕的宽度（除 Windows 任务栏之外）
bufferDepth	设置或返回调色板的比特深度
colorDepth	返回目标设备或缓冲器上的调色板的比特深度
deviceXDPI	返回显示屏幕的每英寸水平点数
deviceYDPI	返回显示屏幕的每英寸垂直点数
fontSmoothingEnabled	返回用户是否在显示控制面板中启用了字体平滑
height	返回显示屏幕的高度
logicalXDPI	返回显示屏幕每英寸的水平方向的常规点数
logicalYDPI	返回显示屏幕每英寸的垂直方向的常规点数
pixelDepth	返回显示屏幕的颜色分辨率（比特每像素）
updateInterval	设置或返回屏幕的刷新率
width	返回显示屏幕的宽度

确定新窗口的大小时，availHeight 和 availWidth 属性非常有用。例如，可以使用下面的代码让新开窗口填充用户的屏幕：

```
window.moveTo(0,0)
window.resizeTo(screen.availWidth,screen.availHeight);
```

【例 6-7】使用 screen 对象获得屏幕属性。

```
<html>
    <head>
        <title>6-7</title>
    </head>
    <body>
        <script type="text/javascript">
            document.write("屏幕宽度是：" + window.screen.width + "<br/>");
            document.write("屏幕高度是：" + window.screen.height + "<br/>");
            document.write("屏幕色深是：" + window.screen.colorDepth + "<br/>");
            document.write("屏幕可用宽度是：" + window.screen.availWidth + "<br/>");
            //可用高度是除去任务栏以后的高度
            document.write("屏幕可用高度是：" + window.screen.availHeight + "<br/>");
        </script>
    </body>
</html>
```

显示效果如图 6-3 所示。

屏幕宽度是：1280
屏幕高度是：800
屏幕色深是：32
屏幕可用宽度是：1280
屏幕可用高度是：760

图 6-3　使用 screen 对象获得屏幕属性

【例 6-8】检测屏幕分辨率。

```
<html>
    <head>
        <title>6-8</title>
    </head>
    <body>
        <script type="text/javascript">
        var s=800;//确定最佳显示效果
        var c,cv=24;//cv 设定最佳色彩度
        if (screen.width != s) {
            document.write("您的屏幕分辨率是" + screen.width + "&times;" + screen.height + ",并非
最佳分辨率，请您将屏幕分辨率调整为&times;600 浏览本页并刷新页面，以达到最佳显示效果。");
        }
        </script>
    </body>
</html>
```

每个 window 对象的 screen 属性都引用一个 screen 对象。screen 对象中存放着有关显示浏览器屏幕的信息。JavaScript 程序可以利用这些信息来优化页面的输出，以达到用户的显示要求。例如，一个程序可以根据显示器的尺寸选择使用大图像还是小图像，它还可以根据显示器的颜色深度选择使用 16 位色还是 8 位色的图形。另外，JavaScript 程序还能根据有关屏幕尺寸的信息将新的浏览器窗口定位在屏幕中间。

6.5 时间间隔与暂停

在 Java 语言中 wait()方法可使程序暂停，在继续执行下一行代码前等待指定的时间长度。然而在 JavaScript 中并未提供相应的方法，但这种功能并非完全不能实现，仍有几种方法可以采用。

JavaScript 支持暂停和时间间隔。所谓暂停，指的是在指定的毫秒数后执行特定的代码。时间间隔是反复执行特定的代码，每次执行之间等待指定的毫秒数。

window 对象的 setTimeout()方法用于在指定的毫秒数后调用函数或计算表达式。该方法接受两个参数，要执行的代码和在执行它之前要等待的毫秒数（1/1000 秒）。

例如，下面的代码做出的操作都是在 1 秒钟后显示一条警告：

```
setTimeout("alert('Hello word! ') ",1000);
setTimeout{function(){alert("Hello world! ");},1000};
```

调用 setTimeout()时，它创建一个数字暂停 ID。暂停 ID 本质上是要延迟的进程的 ID，在调用 setTimeout()后，就不应该再执行它的代码。要取消还未执行的暂停，可调用 clearTimeout()方法，并将暂停 ID 传递给它：

```
var iTimeoutId=setTimeout("alert('hello world! ') ",1000);
clearTimeout(iTimeoutId);
```

假设页面有如下需求，当把鼠标移动到一个按钮上时，停留一会儿，等待出现文本框，提示该按钮的功能。如果只是短暂地把鼠标移到该按钮上，然后很快将其移到另一个按钮上，那么第一个按钮的工具提示就不会显示。这就是要在执行暂停代码前取消它的原因，因为在执

行代码前只想等待指定的时间量。如果用户的操作产生了不同的结果，则需要取消该暂停。

【例 6-9】无穷循环中的计时——带有一个停止按钮。

```
<html>
    <head>
        <title>6-9</title>
        <script type="text/javascript">
            var c = 0;
            var t;
            function timedCount() {
                document.getElementById('txt').value = c;
                c = c + 1;
                t = setTimeout("timedCount()", 1000);
            }
            function stopCount() {
                clearTimeout(t);
            }
        </script>
    </head>
    <body>
        <form>
            <input type="button" value="开始计时！" onclick="timedCount()">
            <input type="text" id="txt">
            <input type="button" value="停止计时！" onclick="stopCount()">
        </form>
        <p>请单击上面的“开始计时”按钮。输入框会从 0 开始一直进行计时。
        单击“停止计时”可停止计时。</p>
    </body>
</html>
```

时间间隔与暂停的运行方式相似，只是它无限次地每隔指定的时间段就重复一次指定的代码。可调用 setInterval()方法设置时间间隔，它的参数与 setTimeout()相同，是要执行的代码和每次执行之间等待的毫秒数。

【例 6-10】setInterval()使用方法。

```
<html>
    <head>
        <title>6-10</title>
    </head>
    <body>
        <input type="text" id="clock" size="35" />
        <script type="text/javascript">
            var int = self.setInterval("clock()", 50);
            function clock() {
                var t = new Date()
                document.getElementById("clock").value = t
            }
        </script>
```

```
        <input type="button" onclick="int=window.clearInterval(int)" value="停止"/>
    </body>
</html>
```

setInterval()方法可按照指定的周期（以毫秒计）来调用函数或计算表达式。setInterval()方法会不停地调用函数，直到 clearInterval()被调用或窗口被关闭。由 setInterval()返回的 ID 值可用作 clearInterval()方法的参数。因为如果不取消时间间隔，就会一直执行它，直到页面被卸载为止。下面是时间间隔用法的一个常见示例：

```
var iNum=0;
var iMax=100;
var iIntervalId=null;
function incNum(){
    iNum++;
    if(iNum==iMax){
        clearInterval(iIntervalId);
    }
}
iIntervalId=setInterval(incNum,500);
```

在这段代码中，每隔 500 毫秒，就对数字 iNum 进行一次增量运算，直到它达到设定的最大值，此时该时间间隔将被清除。同样的功能也可用暂停实现，这样即不必跟踪时间间隔的 ID，代码如下：

```
var iNum=0;
var iMax=100;
function incNum(){
    if(iNum != iMax)
        setTimeout(incNum,500);
}
setTimeout(incNum,500);
```

这段代码让 setTimeout()执行的代码也调用了 setTimeout()。如果在执行过增量运算后，iNum 不等于 iMax，就调用 setTimeout()方法。不必跟踪暂停 ID，也不必清除它，因为代码执行后，将销毁暂停 ID。

【例 6-11】使用 setInterval()改变网页背景的颜色。

```
<html>
    <head>
    <title>6-11</title>
        <script type="text/javascript">
            var icolor=0;
            var iNum=256;
            var iID=setInterval(setbgColor, 500);
            function setbgColor() {
                document.bgColor = "#" + icolor * iNum * iNum * iNum + icolor * iNum * iNum +
                    icolor * iNum;
                if ((icolor += 10) > iNum) {
                    clearInterval(iID);
                }
```

```
            }
        </script>
    </head>
    <body onload="setbgColor()">
    </body>
</html>
```

如果是在执行一组指定代码前等待一段时间，就使用暂停；如果要反复执行某些代码，就使用时间间隔。

本章小结

本章介绍了浏览器对象模型的概念，学习了 BOM 及它提供的各种对象。了解 window 对象是 JavaScript 的核心。

本章还讲述了如何操作浏览器窗口和框架，用 JavaScript 移动它们，调整它们的大小。用 location 对象可以访问和改变窗口和地址，用 history 对象可以在用户访问过的页面中前进或后退。还讲解了如何用 navigator 对象和 screen 对象获取用户浏览器和屏幕的信息。

最后，介绍了如何利用 setTimeout()方法和 setInterval()方法实现暂停和时间间隔。

习　题

6-1　编写程序利用循环遍历出当前窗口 window 对象的每一个属性。

6-2　控制窗口的打开与关闭，显示效果如图 6-4 所示。

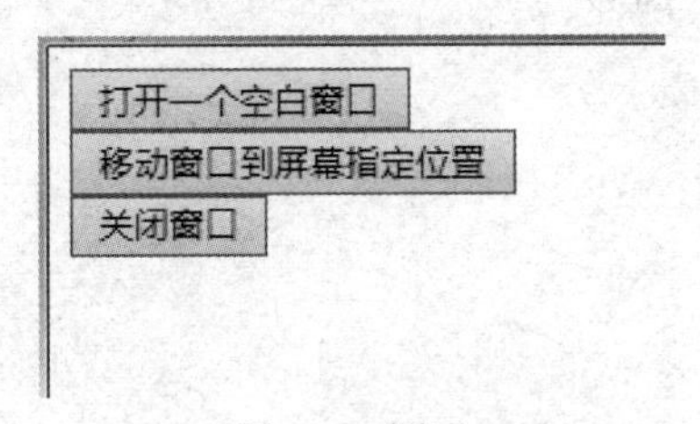

图 6-4　图示

6-3　编写程序利用 screen 对象实现屏幕最大化效果。

6-4　编写程序并通过一个按钮完成暂停的效果。

综合实训

目标

利用本章所学知识，实现页面中通过单击按钮打开 window 子窗体，并且子窗体在打开后能自动逐渐扩大到预定的大小。

准备工作

在进行本实训前，必须学习完本章的全部内容，并掌握 DOM 操作方法和 BOM 的使用。

实训预估时间：60 分钟

要求单击页面中的按钮后打开的子窗体如图 6-5 所示。

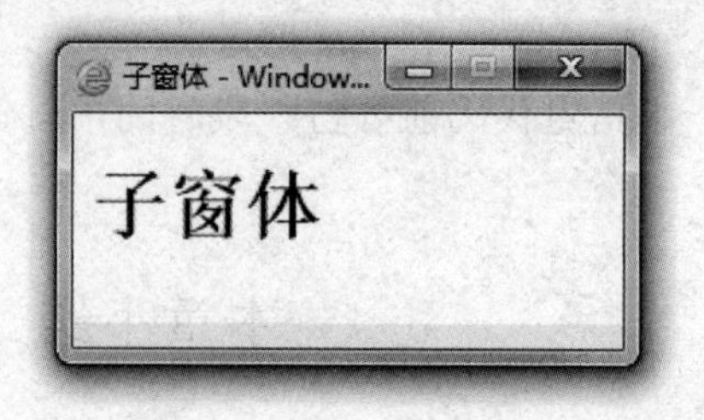

图 6-5 子窗口刚刚弹出

子窗口刚刚弹出时大小为宽 100 像素、高 50 像素，然后通过使用 setTimeout()函数或 setInterval()函数让子窗口每隔 2 毫秒，宽和高都自动增加 5 像素，直到子窗口的宽与高都达到 500 像素时停止。

子窗口展开完毕后如图 6-6 所示。

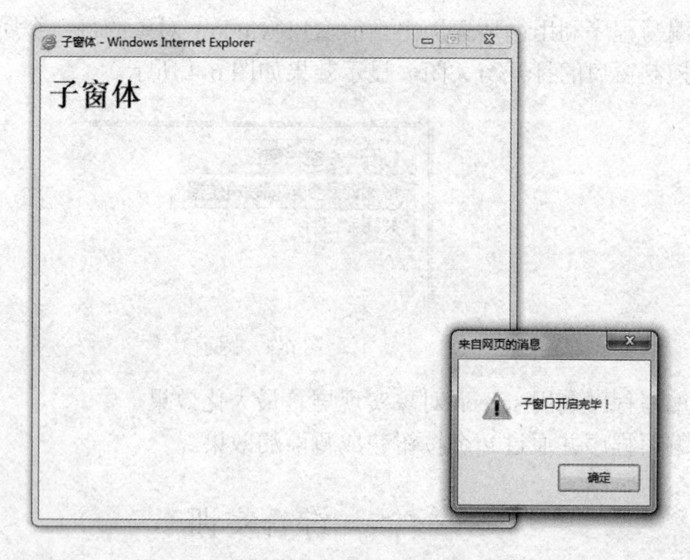

图 6-5 子窗口展开完毕

第 7 章　JavaScript 库

本章介绍了 JavaScript 库的由来并对常用的一些 JavaScritp 库进行了介绍，然后说明了如何利用 jQuery 库和 ExtJS 库实现 DOM 操作。

- JavaScript 库的本质
- 常见 JavaScript 库的特点与选择
- 利用 jQuery 库和 ExtJS 库实现 DOM 操作

7.1　JavaScript 库简介

我们在编写 Web 项目中的前台页面时肯定会用到 JavaScript 语言，而且在不同页面中不可避免地会反复用到一些函数。有些核心部分的代码重复使用的频率非常高，每次做新页面前都会把它们复制过来，为了提高开发效率与质量可以将这些使用频率高的函数合并在一起放在一个单独的 JavaScript 代码文件中，构成一个简单的可重用的 JavaScript 库。

除了自己编写 JavaScript 库之外，还可以使用别人编写好的 JavaScript 库，而且现在可供选择的优秀第三方 JavaScript 库有很多。比如使用 jQuery 这样的第三方 JavaScript 库能给页面带来更高水平的可靠性，自己编写的 JavaScript 库往往是很难达到同样高度的。

本节将重点介绍一些常用的第三方 JavaScript 库，并对它们的特点进行说明。

7.1.1　Dojo

Dojo（http://dojotoolkit.com/）是一个大型的 JavaScript 库，重点在于简化 Web 开发的过程并处理不同浏览器之间的差异问题，它提供的界面部件和其他界面元素可以简单地加入到任何项目之中。

Dojo 库的目标是建立一个平台，让人们在上面构建类似于桌面程序的 Web 应用，比如图 7-1 所示的 Email 应用。如果只是在页面中添加一点动画效果，用 Dojo 就属于大材小用了。

Dojo 库重点解决了页面开发中的五个关键问题：使 DOM 处理更加简便快捷，提供了许多应用上的便利措施，包含了许多界面部件，数据处理，平板与移动设备的页面开发。

Dojo 2 已经处于开发中，有兴趣的读者可以到其官方网站查看。

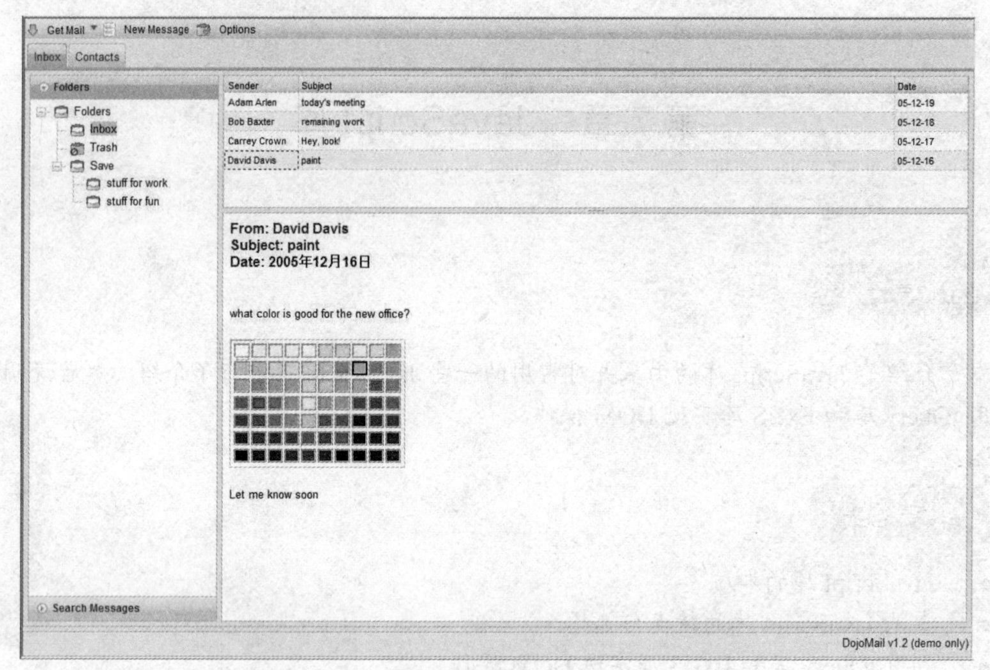

图 7-1 Dojo 示例页面，其中用到了很多界面部件

7.1.2 Prototype

Prototype（http://prototypejs.org）是最早被广泛应用的 JavaScript 库之一，并且现在项目开发中用到的许多 JavaScript 技术都是由它推广而来的。

Prototype 库被广泛认同和使用的一个原因是它让许多事情都大大简化了，包括对常用的获取 DOM 对象的 window.document.getElementById 方法的简化处理。例如：

```
$('elementId')    //获取 id 为 elementId 的 DOM 元素
```

在 Prototype 库中$()函数不仅仅可以获取 DOM 元素，同时在返回的 DOM 元素上会自动加上许多方法，因此对元素的操纵能力将大大增加。

Prototype 库的特点在于，它非常关注两个关键方面：操作 DOM 和应用上的便利措施，包括许多字符串函数和一个定制的枚举对象，用于扩展一个定制的散列对象以及内建的 Array 对象。在 Web 应用项目的开发中，尤其是大量使用 Ajax 技术的 Web 应用中，Prototype 库都是一个可靠的选择。

【例 7-1】利用 Prototype 库实现可以收起和展开答案部分的 FAQ 页面。

```
<html>
<head>
    <title>7-1</title>
    <script type="text/javascript" src="prototype.js"></script>
    <script type="text/javascript">
        window.onload = function () {
            function onEach(el) {
                function toggle() {
                    this.next().toggle();
                }
```

```
                Event.observe(el, 'click', toggle.bindAsEventListener(el));
            }
            $$('.question').each(onEach);
        }
    </script>
</head>
<body>
    <div class="question">
        <b>1、JavaScript 变量的作用域？</b>
    </div>
    <div class="answer">
        <p>全局变量的作用域是全局性的，即在整个 JavaScript 程序中，
                全局变量处处都在。</p>
        <p>而在函数内部声明的变量，只在函数内部起作用。这些变量是局部变量，
                作用域是局部性的；函数的参数也是局部性的，只在函数内部起作用。</p>
    </div>
    <div class="question">
        <b>2、JavaScript 变量的作用域？</b>
    </div>
    <div class="answer">
        <p>全局变量的作用域是全局性的，即在整个 JavaScript 程序中，
                全局变量处处都在。</p>
        <p>而在函数内部声明的变量，只在函数内部起作用。这些变量是局部变量，
                作用域是局部性的；函数的参数也是局部性的，只在函数内部起作用。</p>
    </div>
</body>
</html>
```

上述例子能实现可收起和展开答案部分的 FAQ 页面，单击问题部分即可显示和隐藏答案部分。

在使用 Prototype 库之后，利用简短的几行 JavaScript 代码做了很多事情。首先是$$()函数，它获取页面上任何类名为 question 的元素，并返回包含这些元素的一个数组。因为是一个数组，所以可以对它使用 Prototype 库提供的 Array.each()方法。each()方法唯一的参数是一个函数，数组中的元素将逐一传给这个函数去处理。

在 onEach 函数中，每个元素都被绑定了对 click 事件的处理程序，也就是 toggle 函数。在 toggle 函数中可以通过 this 关键字访问被绑定的元素。每当用户单击一个问题，该函数就通过 this.next()函数获取该“问题”元素的下一个元素，并切换其可见性。

7.1.3　jQuery

jQuery（http://jquery.com）是使用最灵活的 JavaScript 库，与其他库相比，jQuery 在设计上大量使用了方法链。jQuery 库封装得很好，它的 jQuery 命名空间使其与其他的库一起使用时不会产生冲突。它也提供了一个$()函数，该函数也提供了对 DOM 元素获取的封装。如果是和 Prototype 库一起使用，可以在 jQuery 中关闭$()函数，以免产生冲突。

jQuery 库是一个简练并且功能强大的 JavaScript 库。如果需要为 Web 应用项目添加一些

交互性，jQuery 是一个优秀的解决方案。

【例 7-2】利用 jQuery 库实现段落样式添加与显示。

```
<html>
    <head>
        <title>7-2</title>
        <style type="text/css">
            p.neat {
                display: none;
                clear: both;
                margin: 1em 0;
                padding: 1em 15px;
                background: #0F67A1;
                width: 200px;
            }
        </style>
        <script type="text/javascript" src="jquery-1.4.4.min.js"></script>
        <script type="text/javascript">
            window.onload = function () {
                function btnClick() {
                    $("p.neat").addClass("ohmy").show("slow");
                }
                $("#btn").bind("click", btnClick);
            }
        </script>
    </head>
    <body>
        <input id="btn" type="button" value="显示段落" /><br/>
        <p class="neat"><strong>Congratulations!</strong> You just ran a snippet of jQuery code.
            Wasn't that easy? There's lots of example code throughout the documentation on the
            site(http://docs.jquery.com/). Be sure to give all the code a test run to see what
            happens.</p>
    </body>
</html>
```

这个例子中 jQuery 的用法看起来和 Prototype 很相似，但实际上却有很大区别。首先通过 CSS 选择器获取 DOM 元素是通过$()函数，而在 Prototype 中，同样的功能要用$$()函数来实现。如果在不同的项目中轮番使用这两个库，需要特别小心。

通过$()函数取得 DOM 元素之后，再通过 addClass()函数给所有符合要求的 DOM 元素都增加了类名 ohmy。随后用 show()函数以动画方式显示 DOM 元素。这段代码会让每个类名为 neat 的 p 标记元素慢慢地显示出来。所有函数的调用都是用方法链的方式实现的。

事件处理也是使用类似方法链的方式完成的。首先通过$()函数取得需要事件处理的 DOM 元素，然后利用 bind()函数给该 DOM 元素加入事件处理。

jQuery 库中之所以能够实现方法链是因为$()函数每次都返回一个 jQuery 对象。这个函数把自身当作一个类，每次运行都从它自己实例化出一个新对象。通过这种方式，jQuery 对象可以被当成一个单例对象来访问，或者被当作一个对象生成器。

有关 jQuery 库的详细资料，可以查阅 http://docs.jquery.com。

7.1.4　Yahoo!UI Library（YUI）

YUI（http://developer.yahoo.com/yui）是由 Yahoo!的员工开发和支持的。Yahoo!的很多产品都使用了 YUI 库，因此它是设计完善并且极其健壮的。YUI 库沿用了传统的设计模式，每个方法都只是带有若干参数的函数调用。它不具备 jQuery 库的方法链特性，也没有像 Prototype 库中提供的很多方便函数。不过 YUI 库是一个成熟的工业产品，它具备超越本章所提到的许多库的成熟的内建功能。YUI 目前最新的版本是 3.18.1，Yahoo!官方已经宣布不再对其更新和维护，短期内 YUI 库的使用不会有任何问题，但随着新技术的不断涌现 YUI 库的应用前景并不理想。

YUI 库中使用了大量的命名空间。最顶层是一个 YAHOO 对象，所有其他对象都是从这个对象延伸出来的。例如，如果需要通过 id 获得 DOM 元素对象，可以使用下面的语句：

YAHOO.util.Dom.get("elementID");

YUI 库主要专注于 DOM 工具，其 dom 命名空间和 Anim 命名空间就提供了 DOM 元素对象的获取与创建动画效果的方法。除此之外，YUI 库还提供了很多界面部件，界面部件能帮助我们快速地在应用程序中添加复杂功能。下面的例子将简单演示如何使用日历部件。

【例 7-3】使用 YUI 库中的日历部件。

```
<html>
    <head>
        <title>7-3</title>
        <link rel="stylesheet" type="text/css" href="calendar.css" />
        <script type="text/javascript" src="yahoo-dom-event.js"></script>
        <script type="text/javascript" src="calendar-min.js"></script>
        <script type="text/javascript">
            window.onload = function () {
                var cal = new YAHOO.widget.Calendar("cal1", "cal1Container");
                cal.render();
            }
        </script>
    </head>
    <body class="yui-skin-sam">
        <div id="cal1Container"></div>
    </body>
</html>
```

在这个例子中使用了日历部件 YAHOO.widget.Calendar，构造该部件时需要两个参数：第一个参数是日历部件本身的 id，第二个是一个 HTML 元素的 id，该元素充当日历部件的占位符。实例运行结果如图 7-2 所示。

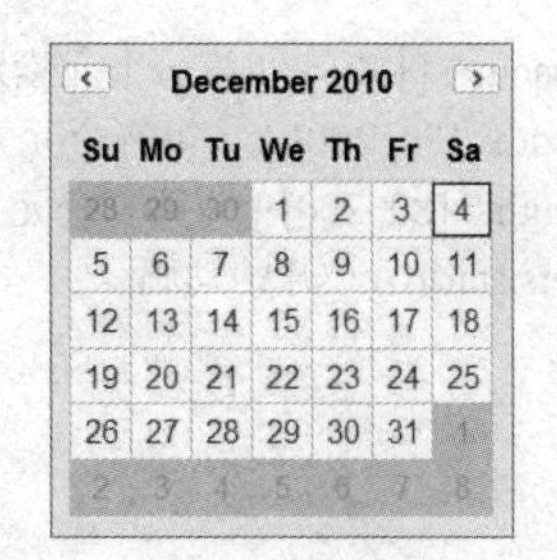

图 7-2　YUI 库日历部件运行结果

7.1.5 Mootools

Mootools（http://mootools.net）是一个简洁、模块化、面向对象的开源 JavaScript 库。Mootools 从 Prototype 中汲取了许多有益的设计理念，语法也和 Prototype 极其类似。但它提供的功能要比 Prototype 多，整体设计也比 Prototype 要完善，功能更强大，增加了动画特效、拖放操作等。

【例 7-4】使用 Mootools 库实现设置多个 DOM 元素动画效果。

```
<html>
        <head>
        <style type="text/css">
            div.demoElement {
                width: 80px;
                height: 80px;
                border: 1px solid black;
                background-color: #f9f9f9;
                font-size: 12px;
                color: #000000;
                padding: 10px;
            }
            div.demoElementHeight {
                height: 120px;
            }
           .myClass {
                width: 300px;
                height: 50px;
                border: 3px dashed black;
                background-color: #C6D880;
                font-size: 20px;
                padding: 20px;
            }
        </style>
        <script type="text/javascript" src="mootools.js"></script>
        <script type="text/javascript">
            window.addEvent('domready', function() {
                var myElsEffects = new Fx.Elements($$(".demoElement"));
                var lnk = document.getElementById("lnk");
                lnk.onclick = function() {
                    var o = {};
                    o[0] = { 'opacity': [1, 0] }; //第一个元素透明度从 1～0
                    o[1] = { 'width': [80, 200] }; //第二个元素宽度从 80～200
                    o[2] = { 'height': [80, 200] }; //第三个元素高度从 80～200
                    myElsEffects.start(o); //开始动画
                    return false;
                };
            });
        </script>
```

```
        <title>7-4</title>
        </head>
        <body>
        <div id="myElement1" class="demoElement">
        </div><hr />
        <div id="myElement2" class="demoElement">
        </div><hr />
        <div id="myElement3" class="demoElement">
        </div><hr />
        <a id="lnk" href="#">start</a>
        </body>
    </html>
```

例 7-4 在浏览器中运行后，可以看见三个灰色的方块，当单击下方的链接后，三个灰色方块同时开始动画过度，第一个方块透明度由 100%变为 0%，第二个方块宽度由 80 像素变为 200 像素，第三个方块高度由 80 像素变为 200 像素。

该例中用到了 Fx.Elements 类，它也像 Prototype 库一样使用$$()函数；在这里$$()函数被用来传入一个包含类名为 demoElement 的 div 元素数组。start()方法启动动画，它的唯一参数是一个设置各选项的对象。该字面量对象通过键来指出哪个 div 元素需要动画效果，例中第一个元素（下标为 0）的不透明度被设置，第二个元素（下标为 1）的宽度被设置，第三个元素（下标为 2）的高度被设置。

如果 Web 应用项目中有许多互相依赖的动画，比如在一个区域扩大的同时，其他一些区域要相应缩小，这时候用 Mootools 库一次设置多个 DOM 元素就非常方便了。

7.1.6　Script.aculo.us

Script.aculo.us（http://script.aculo.us）是一个动画及界面部件库，它是基于 Prototype 库构建的。目前 Prototype 库与 Script.aculo.us 库的联合使用比较广泛。利用 Script.aculo.us 库，往往只需要几行代码便可以实现复杂的动态效果。

例如使用 Script.aculo.us 库后，下述代码能快捷地给 DOM 元素加入透明过渡效果：

```
new Effect.Opacity("myElement", {
        duration:2.0,
        transition:Effect.Transitions.linear,
        from:1.0,
        to:0
    }
);
```

在该代码的 Opacity 函数中，第一个参数是元素的 ID，第二个参数是设置各选项的一个字面量对象。上面的代码在 2 秒内将 ID 为“myElement”的元素的不透明度从 100%降低到 0%。通过 transition 属性可以用数学方式来精确设定动画的过渡，让效果看起来更自然。过渡可以先慢后快，也可以先快后慢，甚至可以反复变化多次后再停留在最终的效果上。

Script.aculo.us 库的控件是它最出彩的部分，在项目中加入 Script.aculo.us 库控件非常得简单。

【例 7-5】使用 Script.aculo.us 库控件实现可拖动的列表。

```
<html>
    <head>
        <title>7-5</title>
        <script src="prototype.js" type="text/javascript"></script>
        <script src="scriptaculous.js" type="text/javascript"></script>
        <style type="text/css" media="screen">
            #thelist1 li{
          background: #ffb;
          margin:2px;
            padding: 2px;
            }
            #thelist2 li{
          background: #ffb;
          margin:2px;
          padding: 2px;
            }
        </style>
        <script type="text/javascript">
            window.onload = function() {
                Sortable.create('thelist1', {
                    dropOnEmpty: true,
                    containment: ["thelist1", "thelist2"],
                    constraint: false
                    }
                );
            }
        </script>
    </head>
    <body>
        <ul id="thelist1" style="padding: 2px; background:red; width:500px;">
            <li>one</li>
            <li>two</li>
            <li>three</li>
            <li>four</li>
            <li>five</li>
            <li>six</li>
            <li>seven</li>
            <li>eight</li>
            <li>nine</li>
            <li>ten</li>
        </ul>
    </body>
</html>
```

在例 7-5 中，Sortable 控件把一个列表中的元素都变成可拖动的，列表中的每个元素都可以被拖动到列表中的其他位置，达到排序效果。

7.1.7　ExtJS

ExtJS（http://extjs.com）是一个界面部件库，它可以说是现有的 JavaScript 库中最优雅和最灵活的一个。ExtJS 刚出现时叫作 YUI.Ext，因为当时它是专门用于 YUI 库的增强包。但是在其 1.0 版发布时经过一次改写，从此 ExtJS 库可以搭配 YUI 库、jQuery 库和 Prototype 库使用。到了现在的最新版本，ExtJS 库又增加了一个独立版本，不再依赖其他库。

ExtJS 3.0 版本是其最后一个完全免费的版本，其后的新版 ExtJS 库除非是用于非商业用途否则都是要收费的。

ExtJS 库的帮助文档页面就是使用 ExtJS 库编写出来的，包括树和布局控件，如图 7-3 所示。

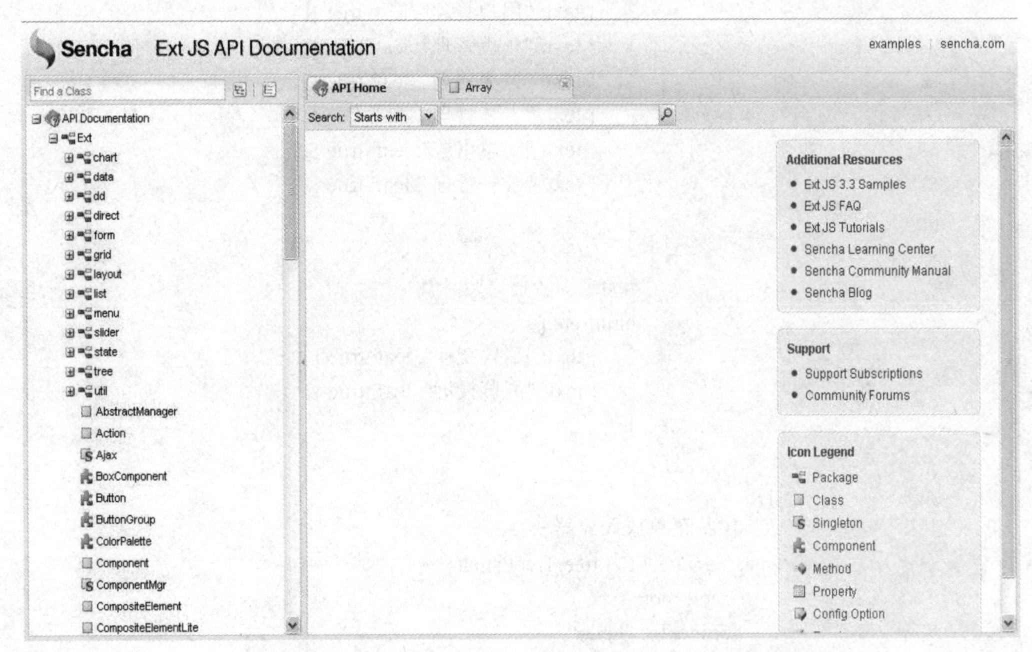

图 7-3　ExtJS 的帮助文档界面，其中使用了 ExtJS 的界面部件

ExtJS 库特别适合用来建立界面复杂的 Web 应用，因为 ExtJS 库包含了大量的界面部件，并且在使用上也不复杂。

【例 7-6】使用 ExtJS 库控件实现树状菜单。

```
<html>
    <head>
        <title>7-6</title>
        <link rel="stylesheet" type="text/css" href="extjs/resources/css/ext-all.css"/>
        <script type="text/javascript" src="extjs/adapter/ext/ext-base.js"></script>
        <script type="text/javascript" src="extjs/ext-all.js"></script>
        <script type="text/javascript">
            Ext.onReady(function() {
                //设置 blank 图片为本地路径
                Ext.BLANK_IMAGE_URL = "extjs/resources/images/default/s.gif";
                //创建树状菜单对象
                var root = new Ext.tree.AsyncTreeNode({
```

```
                        id: "root",
                        text: "根节点",
                        children: [{
                            text: "个人管理",
                            children: [
                                { text: "修改资料", leaf: true },
                                { text: "审核操作", leaf: true }
                            ]
                        }, {
                            text: "系统管理",
                            children: [
                                { text: "用户管理", leaf: true },
                                { text: "角色管理", leaf: true },
                                { text: "分类管理", leaf: true },
                                { text: "卡片管理", leaf: true },
                                { text: "汇总审核", leaf: true },
                                { text: "公告管理", leaf: true }
                            ]
                        }, {
                            text: "综合信息",
                            children: [
                                { text: "销售统计", leaf: true },
                                { text: "浏览投诉", leaf: true }
                            ]
                        }]
                    });
                    //将树状菜单放入容器
                    var tree = new Ext.tree.TreePanel({
                        root: root,
                        renderTo: "hello",
                        width: 200
                    });
                    //展开树状菜单
                    tree.expandAll();
                });
            </script>
        </head>
        <body>
            <div id="hello"></div>
        </body>
    </html>
```

在例 7-6 中，首先使用了 ExtJS 中的 onReady()函数，页面载入完成后，该函数会被立即调用执行，一般这个函数的调用发生在 window.onload 事件触发之前。

树结构是由 Ext.tree 命名空间里的对象处理的：TreePanel 和 AsyncTreeNode。TreePanel 有一个参数，该参数用来设置选项的字面量对象，选项当中有一个 root，它用来指定树结构的根节点对象。根节点对象是一个 AsyncTreeNode 对象实例。

除了树结构之外，ExtJS 库的界面部件还包括定制的对话框、多标签界面、数据表格和布局等。

ExtJS 库并不仅仅是一个界面部件库，在界面部件背后的很多辅助功能都是可以拿出来单独使用的。比如其内建的 DOM 工具、事件处理、各种状态处理类，还有用于 XML 和 JSON 处理的数据格式类等。

7.2 JavaScript 库的选择

在开发一个 Web 应用项目时，面对那么多的 JavaScript 库，到底应该如何选择呢？实际上 JavaScript 库的选择完全取决于项目需求。JavaScript 库一般可以被划分为三大类：DOM 辅助、应用程序辅助和界面部件。首先应该从这三个方面来考察 Web 应用项目，缩小选择的范围。

如果只是给 Web 应用项目增加一些交互性，比如简单的滑动效果，那么选择的库应该专注于 DOM 辅助和一些基本的动画效果。例如 Prototype 或者 jQuery 都很合适。

如果 Web 应用项目需要操纵数据集和建立复杂的用户界面，那么结合使用 Mootools 和 ExtJS 是比较好的方案。

考察一个 JavaScript 库的时候，需要充分实验，并且还要看一下源代码，只有对库的结构很好的理解后，才能发挥出它的威力，而且理解库的结构之后，可以更好地选择库。

JavaScript 库这个开发领域现在已经十分成熟，我们在做 Web 应用开发时可以选择一个现有的 JavaScript 库，每次都重新进行 JavaScript 库的开发是不必要的。上述介绍的 JavaScript 库应用都很广泛，也就是说有大量的项目在使用它们。使用这些 JavaScript 库可以节省很多时间，无论是跨浏览器的兼容性，还是测试、维护都能体现出使用 JavaScript 库的优越性。每个 JavaScript 库都有各自的特点，选择合适的工具能让我们的 Web 应用开发事半功倍。

7.3 利用 JavaScript 库实现 DOM 操作

对 DOM 进行操作是 JavaScript 编程中经常需要完成的任务，现有的 JavaScript 库几乎都提供了对 DOM 进行操作的便捷方法。下面将介绍如何利用两个典型的 JavaScript 库实现 DOM 元素选择操作。

7.3.1 jQuery

jQuery 库结合了 CSS 和 XPath 选择符的特点，让我们可以在 DOM 中快捷而轻松地获取元素或元素集合。

在 jQuery 库中，无论我们使用哪种类型的选择符，都要使用函数$()。$()函数简化了 JavaScript 获取 DOM 元素的复杂性，消除了使用 for 循环获取一组 DOM 元素的需求。放到$()函数参数中的任何元素都将自动执行循环遍历，并且会被保存到一个 jQuery 对象中。可以在$()函数中使用的参数几乎没有什么限制。比较常用的一些例子如下：

```
$("div");
```

通过 HTML 标签名，取得 DOM 文档中所有 div 标签的元素，返回的是一个元素集合；

```
$("#nickName");
```

取得 DOM 文档中 ID 为 nickName 的一个元素，返回的是一个元素；

```
$(".user");
```

取得 DOM 文档中 class 为 user 的所有元素，返回的是一个元素集合；

```
$("*");
```

使用通配符“*”取得 DOM 文档中所有节点元素。

jQuery 库除了使用常规方式获取 DOM 元素外，还提供了一些高级 DOM 选择器。

1. 组合选择器

jQuery 库中提供的组合选择器可以帮助我们方便地获取一组 DOM 元素，例如：

```
$("h1,div,#nickName");
```

通过 HTML 标签名，取得 DOM 文档中所有 h1 和 div 标签的元素，同时取得 DOM 文档中 ID 为 nickName 的一个元素，将每一个选择器匹配到的元素合并后一起返回，返回的是一个元素集合。

2. 层级选择器

层级选择器在 jQuery 库中可以让我们方便地按照 HTML 标签层次选择元素，例如：

```
$("div span");
```

通过 HTML 标签名，取得 DOM 文档中所有 div 标签的元素的所有 span 标签的子孙元素；

```
$("div>span");
```

通过 HTML 标签名，取得 DOM 文档中所有 div 标签的元素的所有 span 标签的子元素，注意与上例的区别，本例选择的是子元素而不是子孙元素；

```
$("p+span");
```

通过 HTML 标签名，取得 DOM 文档中所有 p 标签的元素的下一个并且标签名为 span 的元素；

```
$("p~span");
```

通过 HTML 标签名，取得 DOM 文档中所有 p 标签的元素的下面所有元素并且标签名为 span，注意与上例的区别，本例选择的范围是 p 标签的元素的下面所有元素而不是 p 标签的元素的下一个元素。

3. 基本过滤选择器

过滤选择器可以让我们对 jQuery 库选择出的 DOM 元素进行筛选，例如：

```
$("div:eq(0) ");
```

通过 HTML 标签名，取得 DOM 文档中所有 div 标签的元素中的第一个；

```
$("div:even");
```

通过 HTML 标签名，取得 DOM 文档中所有 div 标签的元素中的所有偶数元素；

```
$("div:odd");
```

通过 HTML 标签名，取得 DOM 文档中所有 div 标签的元素中的所有奇数元素；

```
$("div:first");
```

通过 HTML 标签名，取得 DOM 文档中所有 div 标签的元素中的第一个；

```
$("div:gt(0) ");
```

通过 HTML 标签名，取得 DOM 文档中所有 div 标签的元素中的索引大于 0 的全部元素；

```
$("div:lt(6) ");
```

通过 HTML 标签名，取得 DOM 文档中所有 div 标签的元素中的索引小于 6 的全部元素；

```
$("div:last");
```

通过 HTML 标签名，取得 DOM 文档中所有 div 标签的元素中的最后一个；

4. 子元素选择器

子元素选择器可以让我们对 jQuery 库选择出的 DOM 元素的直接子元素进行匹配，例如：

```
$("#nickName:first-child");
```

取得 DOM 文档中 ID 为 nickName 的一个元素并返回其第一个直接子元素；

```
$("#nickName:last-child");
```

取得 DOM 文档中 ID 为 nickName 的一个元素并返回其最后一个直接子元素；

```
$("#nickName:nth-child(2) ");
```

取得 DOM 文档中 ID 为 nickName 的一个元素并返回其索引为 2 的直接子元素；

```
$("#nickName:only-child");
```

取得 DOM 文档中 ID 为 nickName 的一个元素，如果该元素只有一个直接子元素，则将这个子元素返回。

7.3.2 ExtJS

在 ExtJS 库中，提供了 DomQuery 组件，它专门用于获取页面上的 DOM 元素。

DomQuery 在 ExtJS 库中以单例的形式出现，其作用就是通过 CSS 选择符选取目标节点元素，如果找不到目标节点元素就返回 null 值。

使用 ExtJS 库时，通常可以通过 Ext.get()或 Ext.fly()方法获取页面上的元素，如果我们想一次性获得多个页面上的元素，就必须使用 DomQuery 组件中的 select()或 query()方法。

1. 元素选择器

DomQuery 组件支持 CSS3 选择器，同时也支持基本的 XPath 选择器，例如：

```
Ext.query("div");
```

通过 HTML 标签名，取得 DOM 文档中所有 div 标签的元素，返回的是一个元素集合；

```
Ext.query ("#nickName");
```

取得 DOM 文档中 ID 为 nickName 的一个元素，返回的是一个元素；

```
Ext.query (".user");
```

取得 DOM 文档中 class 为 user 的所有元素，返回的是一个元素集合；

```
Ext.query ("*");
```

取得 DOM 文档中的所有元素，返回的是一个元素集合；

```
Ext.query ("div span");
```

通过 HTML 标签名，取得 DOM 文档中所有 div 标签的元素的所有 span 标签的子孙元素。

2. 属性选择器

属性选择器可以让我们根据属性取值筛选 DOM 元素，属性包括 HTML 标签中的 href、id 或 class 等，例如：

```
Ext.query("*[class=hide] ");
```

取得 DOM 文档中所有类名为“hide”的元素；

```
Ext.query("*[class!=hide] ");
```

取得 DOM 文档中所有类名不为“hide”的元素；

```
Ext.query("*[class^=a] ");
```

取得 DOM 文档中所有类名以字母“a”开头的元素；

```
Ext.query("*[class$=a] ");
```

取得 DOM 文档中所有类名以字母“a”结尾的元素；

```
Ext.query("*[class*=a] ");
```

取得 DOM 文档中所有类名包含字母“a”的元素；

3. CSS 值选择器

属性选择器可以让我们根据 CSS 值的设置筛选 DOM 元素，例如：

```
Ext.query("*{display=none}");
```

取得 DOM 文档中所有 CSS 属性“display”被设置为“none”的元素，相当于选取了页面中所有被隐藏的 DOM 元素；

```
Ext.query("*{color=blue}");
```

取得 DOM 文档中所有 CSS 属性“color”被设置为“blue”的元素；

```
Ext.query("*{color=blue} *{color=yellow}");
```

取得 DOM 文档中所有 CSS 属性“color”被设置为“blue”或“yellow”的元素；

```
Ext.query("*{color!=blue}");
```

取得 DOM 文档中所有 CSS 属性“color”的值不为“blue”的元素；

```
Ext.query("*{color^=re}");
```

取得 DOM 文档中所有 CSS 属性“color”的值被设置为“re”字母开头的元素；

```
Ext.query("*{color$=ue}");
```

取得 DOM 文档中所有 CSS 属性“color”的值被设置为“ue”字母结尾的元素；

```
Ext.query("*{color*=ow}");
```

取得 DOM 文档中所有 CSS 属性“color”的值被设置为包含“ow”字母的元素。

本章小结

本章主要说明了什么是 JavaScript 库，并且重点介绍了现在使用比较广泛的一些 JavaScript 库。通过本章，希望读者能够了解每一个 JavaScript 库的特点与应用场合，并能够在 Web 应用开发中选择合适的 JavaScript 库来使用。

本章最后重点讲解了两个典型的 JavaScript 库——jQuery 与 ExtJS 在 DOM 元素的选择操作上提供的便捷方法。在对 jQuery 与 ExtJS 选择 DOM 元素的举例说明中，由于只涉及到 DOM 元素的选择而不涉及 DOM 元素的操作，所以不能直观地看到 jQuery 与 ExtJS 库在 Web 页面中发挥的作用。在后续章节中将以此为基础逐步介绍 jQuery 与 ExtJS 库的使用。

习　题

7-1　什么是 JavaScript 库？

7-2　如何选择 JavaScript 库？

7-3　jQuery 库主要用在什么方面？

7-4　如果希望开发基于 JavaScript 的富客户端 Web 应用，应该如何选择 JavaScript 库？

7-5　为什么说 DOM 元素的选择操作是 JavaScript 编程中经常需要完成的任务？

综合实训

目标

利用本章所学知识，快速实现页面中轮换显示新闻图片效果。

准备工作

在进行本实训前，必须学习完本章的全部内容，并掌握利用 jQuery 库实现 DOM 操作与事件处理的方法。

实训预估时间：60 分钟

按图 7-4 设计页面。

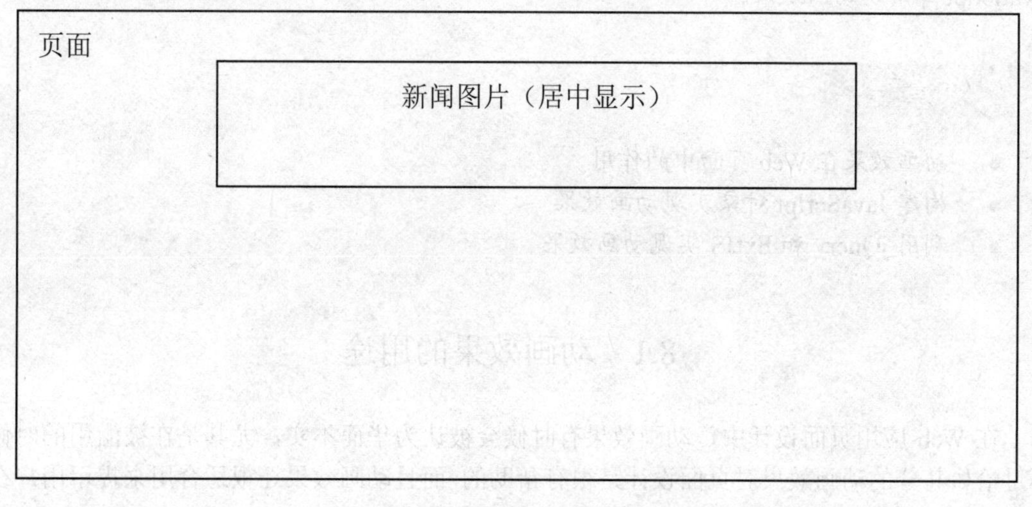

图 7-4　综合实训页面设计

要求实现在页面载入后，新闻图片部分能够自动以 3 秒的时间间隔轮换显示 5 个不同的新闻图片。

值得注意的是，页面的布局需要利用 CSS 完成，新闻图片的控制用 JavaScript 实现。可以利用 jQuery 库辅助编写 JavaScript 代码。

第 8 章　利用 JavaScript 实现动画效果

本章将介绍动画效果在 Web 应用页面中的作用以及如何使用 JavaScript 语言在 Web 应用页面中实现动画效果，然后将讲解如何自己编写 JavaScript 对象来实现动画效果和如何利用 JavaScript 库实现动画效果。

- 动画效果在 Web 页面中的作用
- 构建 JavaScript 对象实现动画效果
- 利用 jQuery 和 ExtJS 实现动画效果

8.1　动画效果的用途

在 Web 应用页面设计中，动画效果有时候会被认为华而不实，尤其是在被滥用的时候。不过恰如其分的动画效果对页面设计是很有帮助的，而且动画效果还很适合用来提示用户在页面上发生的事件。

在传统的 Web 应用页面设计中，用户在页面上执行的操作都是有反馈的，单击一个提交按钮或单击一个链接，浏览器都会给出正在提交或正在跳转的提示，直到页面加载完毕。但是在引入 Ajax 技术之后，页面可能在不刷新的情况下从 Web 服务器获取数据，这时候就需要一种方式告诉用户执行了什么动作，或者正在执行什么动作。在这种情况下提示性的动画效果可以告诉用户，当前页面还在听话地运行着，没有出现任何的错误。

动画效果还适合用来展示或隐藏信息。如果只是简单地改变一些页面元素的可见性，用户很可能会忽略页面上发生的情况，如果在改变页面元素可见性的同时给元素加上动画效果，用户就马上能发现页面的改变，并且把自己的操作和这些改变联系起来。

适当的动画效果还可以改善用户的浏览体验，例如：加了渐入渐出效果的下拉菜单不那么突兀，用户体验优于突然出现或消失的菜单，尤其在菜单导航项目较多的时候；如果指向页面锚点的链接能平滑滚动到目标区域，而不是直接跳到目标区域，用户体验会更好，这样用户会清楚地知道自己还在同一个页面上；对于拖放操作，如果用户在拖动途中还没有到达目的地时放开鼠标，用动画显示被拖动项目返回原来的位置，用户就能清楚地知道拖放操作还没有完成。

在使用动画效果时，尤其要注意保持简洁明了，如果动画效果持续时间过长，则意味着用户必须停下来等待动画完成，而不能去执行他们真正想要完成的工作。在 Web 应用页面中使用动画效果时一定要确保不会出现拖沓和繁琐的情况。

8.2　构建动画对象

在了解了动画效果的作用之后，接下来看看如何一步步构造 JavaScript 动画对象以便实现动画效果。动画效果的实现原理是很简单的：即随时间改变页面元素的属性。

页面中往往不会只对一个元素用到动画效果，所以实现动画效果的 JavaScript 代码段可以定义成一个类以便复用。动画效果的实现一般需要五个参数，分别是：待实现动画的元素、要改变的属性、属性的起始值、属性的结束值和动画持续时间，所以可以定义一个需要 5 个参数的函数来实现动画效果类，如下：

```
function Effect(element,prop,start,end,duration) { }
```

有了上述对象后，我们可以用下面的语句实例化动画效果对象：

```
new Effect("elementId", "top", 0, 200, 1000);
```

在上面的代码中，元素 ID 是作为字符串传递进来的，那么在动画对象中可以通过 DOM 方法 document.getElementById()获取元素，并且把获取到的元素保存在一个变量中，方便后续代码使用。

```
function Effect(element, prop, start, end, duration) {
    var ele = document.getElementById(element);
    if (!ele) return false;
}
```

在获取元素后，马上检查元素是否获取成功，如果没有成功获取元素则跳出函数，这样可以避免由于元素获取失败而导致的代码运行错误。

如果传入函数的 element 参数不是元素 ID 而是一个已经通过 DOM 方法获取到的元素该如何处理呢？为了让这个类更灵活，我们可以检查 element 参数是否是字符串类型，如果是则用 DOM 方法获取元素，如果不是则表示 element 已经是一个元素对象类型了。

```
function Effect(element, prop, start, end, duration) {
    var ele = element;
    if(typeof(ele) == "string") ele = document.getElementById(element);
    if (!ele) return false;
}
```

这样我们就可以通过下述两种方式创建动画效果对象了。

```
//1
 new Effect("elementId", "top", 0, 200, 1000);
//2
var el = document.getElementById("elementId");
new Effect(el, "top", 0, 200, 1000);
```

在实际使用中，Effect 对象还有一个不尽如人意的地方，就是在实例化一个对象的时候需要用到 5 个参数，而且如果今后需要对 Effect 类增加新的参数也不太好处理。所以我们可以把 Effect 类的参数改为字面量对象，改动后能使输入参数更加灵活，实例化对象的代码也不会变得更复杂。下面我们就把 Effect 类的参数改为只能接受一个 options 参数，元素可以从 options

这个字面量对象中获取，实现如下：

```
function Effect(options) {
    var ele = options .element;
    if(typeof(ele) == "string") ele = document.getElementById(options .element);
    if (!ele) return false;
}
```

改动后，实例化 Effect 对象的时候，给它传递一个字面量对象 options 就行了，如下：

```
var options = {
    element:"elementId",
    prop:"top",
    begin:0,
    end:200,
    duration:1000
};
new Effect(options);
```

处理好参数，获取页面元素之后，就可以开始执行动画效果了。实际的做法就像动画片拍摄过程一样——每隔一小段时间，把元素的位置移动一点点，在短时间内移动多次就可以创造出元素在运动的假象。

为此，需要用到 setInterval()或 setTimeout()函数。它们都有两个参数：第一个参数是要执行的函数，第二个参数是代码执行之前的等待时间，以毫秒为单位。两者都返回一个 ID，可以用来随时取消操作，代码如下：

```
//每隔 1000 毫秒调用一次 performEffect
var intId = setInterval(performEffect, 1000);
//1000 毫秒后调用一次 performEffect
var toId = setTimeout(performEffect, 1000);
```

想要让 setInterval()函数启动的周期执行停下来，可以调用 clearInterval()，参数是调用 setInterval()函数时返回的 ID：

```
clearInterval(intId);
```

同样的，想要让 setTimeout()函数启动的延迟执行停下来，可以调用 clearTimeout()，参数是调用 setTimeout()函数时返回的 ID。取消一个已经执行过的 setTimeout()操作，或者 ID 参数不正确，不会发生任何事情，也不会触发异常。

```
clearTimeout (toId);
```

了解了如何使用定时执行 JavaScript 代码的方法后，就可以开始实现动画效果了。要实现定时执行序列可以采用两种方式。第一种方式是固定每秒钟执行的次数，这种方式可以用 setInterval()函数实现，代码如下：

```
var intId = setInterval(performEffect, 33);
```

第一个参数是要执行的函数，第二个参数是 33 毫秒，也就是每秒钟执行 30 次。

定时执行序列的另一种方式是依据属性的变化幅度，确定在给定时间内需要执行多少步才能移动到目的地。例如，属性的初始值为 0px，现在要在 3 秒内向下移动到 200px，那么 200 减去 0 再除以 3 秒，结果是每秒 67 个像素。1000 毫秒再除以 67 步，结果是每 15 毫秒移动一个像素，用 setInterval()函数实现，代码如下：

```
var intId = setInterval(performEffect, 15);
```

对于比较小的步数，上述算法是合适的，但是如果要在 1 秒内有 1000 步需要移动，这种算法就不合适了。实际上只需要把每秒执行的步数限制在 30 就足够得到平滑的动画效果了。因此在实现动画效果时需要结合上述两种方式，具体实现代码如下：

```
function Effect(options) {
    var ele = options.element;
    if (typeof (ele) == "string") ele = document.getElementById(options。element);
    if (!ele) return false;
    var fps = 30;
    function animate() {
    }
    var intId = setInterval(animate, 1000/fps);
}
```

现在已经实现了一个每秒执行 30 次的函数 animate()，下一步是确定在此情况下，元素的动画需要多少步完成，然后每次执行 animate()函数的时候递增步数就可以了。一旦达到规定的步数，就取消周期执行，然后动画就结束了。这样一个基本的动画类就可以完成了：

```
function Effect(options) {
    var ele = options.element;
    if (typeof (ele) == "string") ele = document.getElementById(options.element);
    if (!ele) return false;
    var fps = 30;
    //存放步数
    var step = 0;
    //计算总步数
    var totalSteps = options.duration / 1000 * fps;
    //计算每步之间的间隔
    var interval = (options.begin - options.end) / totalSteps;
    function animate() {
            //计算新的位置
            var newValue = options.begin - (step * interval);
            //比较并递增
            if (step++ < totalSteps) {
                //使用 Math.ceil 换算整数
                ele.style[options.prop] = Math.ceil(newValue) + "px";
            } else {
                //将元素移动到终点
                ele.style[options.prop] = Math.ceil(options.end) + "px";
                //停止周期执行
                clearInterval(intId);
            }
    }
    var intId = setInterval(animate, 1000 / 30);
}
```

至此，我们已经实现了一个基本的动画效果对象，但如果想对动画过程有更强的控制力，比如加入开始、停止与重置等功能的话，我们必须进一步扩展动画类，给它添加一些新方法。需要添加的方法包括 start()、stop()、reStart()和 end()。

要扩展 Effect 类，首先是不让 setInterval()在动画对象实例化的时候立即执行，而是只有当执行 start()方法的时候才开始，然后需要将 Effect 类的实例化结果作为一个对象返回。

【例 8-1】完整的 Effect 类实现与调用

```
<html>
    <head>
    <title>8-1</title>
    <style type="text/css">
        .demo{
          background-color:gray;
          color:White;
          top:50px;
          width:200px;
          position:absolute;
        }
    </style>
    <script type="text/javascript" >
        function Effect(options) {
            var ele = options.element;
            if (typeof (ele) == "string") ele = document.getElementById(options.element);
            if (!ele) return false;
            var fps = 30;
            //存放步数
            var step = 0;
            //计算总步数
            var totalSteps = options.duration / 1000 * fps;
            //计算每步之间的间隔
            var interval = (options.begin - options.end) / totalSteps;
            var intId;
            function animate() {
                //计算新的位置
                var newValue = options.begin - (step * interval);
                //比较并递增
                if (step++ < totalSteps) {
                    //使用 Math.ceil 换算整数
                    ele.style[options.prop] = Math.ceil(newValue) + "px";
                } else {
                    //将元素移动到终点
                    ele.style[options.prop] = options.end + "px";
                    //停止周期执行
                    Methods.stop();
                }
            }
            var Methods = {
                start: function() {
                    intId = setInterval(animate, 1000 / 30);
                },
```

```
            stop: function() {
                clearInterval(intId);
            },
            reStart: function() {
                step = 0;
                ele.style[options.prop] = options.begin + "px";
            },
            end: function() {
                step = totalSteps;
                ele.style[options.prop] = options.end + "px";
            }
        };
        return Methods;
    }
    window.onload = function() {
        var options = {
            element: "d1",
            prop: "top",
            begin: 50,
            end: 200,
            duration: 5000
        };
        var ef = new Effect(options);
        var a1 = document.getElementById("a1");
        var a2 = document.getElementById("a2");
        var a3 = document.getElementById("a3");
        var a4 = document.getElementById("a4");
        a1.onclick = function() {
            ef.start();
        }
        a2.onclick = function() {
            ef.stop();
        }
        a3.onclick = function() {
            ef.reStart();
        }
        a4.onclick = function() {
            ef.end();
        }
    }
  </script>
</head>
<body>
    <a id="a1" href="#">开始</a>|
    <a id="a2" href="#">暂停</a>|
    <a id="a3" href="#">重置</a>|
```

```
            <a id="a4" href="#">结束</a>
            <div id="d1" class="demo">
                动画效果
            </div>
        </body>
    </html>
```

在最终的例 8-1 中，intId 变量被移动到了外层，与其他变量一起。这样利用闭包的特性 start()与 stop()函数就能访问到它了。另外，animate()函数的结尾不再直接调用 clearInterval()函数而是通过调用 stop()方法来完成，这样做的目的是把所有与“停止”相关的逻辑都放在同一个地方，方便以后继续扩展 Effect 类。

8.2.1 回调

在例 8-1 中已经实现了对动画效果运行的控制，接下来我们需要让动画效果在运行中的特定时刻能够触发自定义的事件，让其他代码能够在动画效果运行的过程中被触发，以执行一些相关的任务。对于动画效果，我们需要关注 3 个时刻：

动画效果开始：此时可以执行一些与动画效果开始相关的任务，比如在此时改变某个图片的显示。

动画效果的每一步：此时可以执行代码跟踪动画效果相关元素的状态，也可以检测动画效果元素之间是否有交错。

动画效果结束：此时可以执行一些元素操作或开始 Ajax 调用之类的代码。

从例 8-1 的代码中可以看出，Effect 类中的 animate()函数知道动画效果的开始、结束与动画效果执行的每一步，显然自定义事件代码应该添加在此处。

下面我们对原有的 animate()函数进行改造：

```
function animate() {
    //计算新的位置
    var newValue = options.begin - (step * interval);
    //比较并递增
    //检查开始事件是否存在，步是否为 0
    if (options.onStart && step == 0) options.onStart();
    if (options.onStep) options.onStep();
    if (step++ < totalSteps) {
    //使用 Math.ceil 换算整数
    ele.style[options.prop] = Math.ceil(newValue) + "px";
    } else {
    //将元素移动到终点
    ele.style[options.prop] = options.end + "px";
    if (options.onEnd) options.onEnd();
    //停止周期执行
    Methods.stop();
    }
}
```

改造 animate()函数后，就可以通过 options 参数为动画效果添加自定义事件了：

```
var options = {
```

```
        element: "d1",
        prop: "top",
        begin: 50,
        end: 200,
        duration: 5000,
        onStart: function() { console.log('started')},
        onStep: function() { console.log('stepped')},
        onEnd: function() { console.log('ended')}
    };
```

【例 8-2】添加自定义事件后的 Effect 类实现与调用

```
<html>
    <head>
     <title>8-2</title>
     <style type="text/css">
         .demo{
           background-color:gray;
           color:White;
           top:50px;
           width:200px;
           position:absolute;
         }
     </style>
     <script type="text/javascript" >
         function Effect(options) {
             var ele = options.element;
             if (typeof (ele) == "string") ele = document.getElementById(options.element);
             if (!ele) return false;
             var fps = 30;
             //存放步数
             var step = 0;
             //计算总步数
             var totalSteps = options.duration / 1000 * fps;
             //计算每步之间的间隔
             var interval = (options.begin - options.end) / totalSteps;
             var intId;
             function animate() {
                 //计算新的位置
                 var newValue = options.begin - (step * interval);
                 //比较并递增
                 //检查开始事件是否存在，步是否为 0
                 if (options.onStart && step == 0) options.onStart();
                 if (options.onStep) options.onStep();
                 if (step++ < totalSteps) {
                     //使用 Math.ceil 换算整数
                     ele.style[options.prop] = Math.ceil(newValue) + "px";
                 } else {
```

```
                //将元素移动到终点
                ele.style[options.prop] = options.end + "px";
                if (options.onEnd) options.onEnd();
                //停止周期执行
                Methods.stop();
            }
        }
        var Methods = {
            start: function() {
                intId = setInterval(animate, 1000 / 30);
            },
            stop: function() {
                clearInterval(intId);
            },
            reStart: function() {
                step = 0;
                ele.style[options.prop] = options.begin + "px";
            },
            end: function() {
                step = totalSteps;
                ele.style[options.prop] = options.end + "px";
            }
        };
        return Methods;
    }
    window.onload = function() {
        var options = {
            element: "d1",
            prop: "top",
            begin: 50,
            end: 200,
            duration: 5000,
            onStart: function() { console.log('started')},
            onStep: function() { console.log('stepped')},
            onEnd: function() { console.log('ended')}
        };
        var ef = new Effect(options);
        var a1 = document.getElementById("a1");
        var a2 = document.getElementById("a2");
        var a3 = document.getElementById("a3");
        var a4 = document.getElementById("a4");
        a1.onclick = function() {
            ef.start();
        }
        a2.onclick = function() {
            ef.stop();
```

```
                }
                a3.onclick = function() {
                    ef.reStart();
                }
                a4.onclick = function() {
                    ef.end();
                }
            }
        </script>
    </head>
    <body>
        <a id="a1" href="#">开始</a>|
        <a id="a2" href="#">暂停</a>|
        <a id="a3" href="#">重置</a>|
        <a id="a4" href="#">结束</a>
        <div id="d1" class="demo">
            动画效果
        </div>
    </body>
</html>
```

在例 8-2 中由于使用了 console.log()函数来跟踪事件，所以该例子只能在本书第 1 章中说明的 Firefox+Firebug 环境下正常运行，对 IE 浏览器来说 console.log()函数并不存在。

8.2.2　动画队列

动画队列也就是按顺序执行的一组动画效果。利用例 8-2 中建立好的 Effect 对象可以方便地实现动画队列。

假设有三个元素，初始状态下它们是叠放在一起的，我们打算让这三个元素依次移开。为此只要在第一个 Effect 对象的 onEnd 事件函数中启动第二个 Effect 对象，然后在第二个对象的 onEnd 事件函数中启动第三个 Effect 对象。这样一来三个动画效果将会按顺序依次执行。

【例 8-3】动画队列

```
<html>
    <head>
     <title>8-3</title>
     <style type="text/css">
         .demo{
           background-color:gray;
           color:White;
           top:50px;
           width:200px;
           position:absolute;
         }
     </style>
     <script type="text/javascript" >
         function Effect(options) {
```

```
var ele = options.element;
if (typeof (ele) == "string") ele = document.getElementById(options.element);
if (!ele) return false;
var fps = 30;
//存放步数
var step = 0;
//计算总步数
var totalSteps = options.duration / 1000 * fps;
//计算每步之间的间隔
var interval = (options.begin - options.end) / totalSteps;
var intId;
function animate() {
    //计算新的位置
    var newValue = options.begin - (step * interval);
    //比较并递增
    //检查开始事件是否存在，步是否为 0
    if (options.onStart && step == 0) options.onStart();
    if (options.onStep) options.onStep();
    if (step++ < totalSteps) {
        //使用 Math.ceil 换算整数
        ele.style[options.prop] = Math.ceil(newValue) + "px";
    } else {
        //将元素移动到终点
        ele.style[options.prop] = options.end + "px";
        if (options.onEnd) options.onEnd();
        //停止周期执行
        Methods.stop();
    }
}
var Methods = {
    start: function() {
        intId = setInterval(animate, 1000 / 30);
    },
    stop: function() {
        clearInterval(intId);
    },
    reStart: function() {
        step = 0;
        ele.style[options.prop] = options.begin + "px";
    },
    end: function() {
        step = totalSteps;
        ele.style[options.prop] = options.end + "px";
    }
};
return Methods;
```

```
        }
        window.onload = function() {
            var options1 = {
                element: "d1",
                prop: "top",
                begin: 50,
                end: 100,
                duration: 500,
                onEnd: function() { ef2.start(); } //启动第二个动画
            };
            var ef1 = new Effect(options1);
            var options2 = {
                element: "d2",
                prop: "top",
                begin: 50,
                end: 150,
                duration: 500,
                onEnd: function() { ef3.start(); } //启动第三个动画
            };
            var ef2 = new Effect(options2);
            var options3 = {
                element: "d3",
                prop: "top",
                begin: 50,
                end: 200,
                duration: 500
            };
            var ef3 = new Effect(options3);
            var a1 = document.getElementById("a1");
            a1.onclick = function() {
                ef1.start(); //启动第一个动画
            }
        }
    </script>
</head>
<body>
    <a id="a1" href="#">开始</a>
    <div id="d1" class="demo">
        动画效果 1
    </div>
    <div id="d2" class="demo">
        动画效果 2
    </div>
    <div id="d3" class="demo">
        动画效果 3
    </div>
```

```
        <div class="demo">
            动画效果
        </div>
    </body>
</html>
```

8.3 扩展动画对象

在 Effect 动画效果对象的基础上，我们可以针对不同的页面效果要求扩展出对应的动画效果类。接下来我们来创建一个新闻列表页面，页面上的内容按照新闻标题→内容→新闻标题→内容的顺序依次排列下来。

对于新闻列表，前面建立的 Effect 对象不能完全满足要求。首先，我们需要记录对象原先的高度，以便把新闻内容隐藏起来之后能恢复到原来的大小。另外，对象有两种状态（展开或关闭）也需要记录，以便实现状态切换。

把新对象命名为 NewsList，它只有一个参数，也就是控制开、闭的元素：

```
function NewsList(element) { }
```

页面上的 HTML 大致如下。每个新闻标题都有个类名 newsTitle：

```
<div class="newsTitle">今日关注</div>
<div class="newsContent">今日关注内容...</div>
<div class="newsTitle">股市行情</div>
<div class="newsContent">股市行情内容...</div>
<div class="newsTitle">娱乐新闻</div>
<div class="newsContent">娱乐新闻内容...</div>
```

当页面加载后，首先需要获取所有的类名为 newsTitle 的元素，分别为它们创建新的 NewsList 对象。这里我们需要编写一个辅助函数 getElementsByClassName()用于根据类名获取页面元素：

```
function getElementsByClassName(node, classname) {
    var list = new Array();
    var els = node.getElementsByTagName("*");
    for (var i = 0; i < els.length; i++) {
            if (els[i].className == classname) {
                list.push(els[i]);
            }
    }
    return list;
}
```

然后就可以获取全部类名为 newsTitle 的元素并分别为它们创建新的 NewsList 对象了：

```
var els = getElementsByClassName("newsTitle");
for (var i = 0; i < els.length; i++) {
    new NewsList(els[i]);
}
```

创建出了 NewsList 对象后，还需要在 NewsList 对象加入一些功能，首先是根据新闻标题元素找到相应的新闻内容元素。在当前页面中，新闻内容元素总是紧接着新闻标题元素出现的，因此用 nextSibling 这个 DOM 属性就可以根据新闻标题元素找到新闻内容元素。同时由于 IE 与其他浏览器之间的差异，应该检查 nextSibling 返回的是不是一个元素，如果不是再取得下一个元素。同时还要把新闻内容元素的初始高度保存起来。扩展后代码如下：

```
function NewsList(element) {
    var answer = element.nextSibling;
    if (answer.nodeType != 1) answer = answer.nextSibling;
    var startHeight = answer.offsetHeight;
    var hidden = false;
}
```

接下来，加上实现新闻内容隐藏与显示的动画效果的代码。它会初始化新的动画对象，并且每次执行时交换传递给动画对象 start 和 end 的值，以达到控制动画效果移动方向的目的。

```
function NewsList(element) {
    var answer = element.nextSibling;
    if (answer.nodeType != 1) answer = answer.nextSibling;
    var startHeight = answer.offsetHeight;
    var hidden = false;

    function toggle() {
        var start, stop;
        if (hidden) {
            start = 0;
            stop = startHeight;
        } else {
            start = startHeight;
            stop = 0;
        }
        var options = {
            element: answer,
            begin:start,
            end:stop,
            duration:250,
            prop:'height'
        };
        //初始化并启动动画效果
        (new Effect(options)).start();
        //切换隐藏的属性
        hidden = hidden ? false : true;
    }
    //给新闻标题元素加上动画效果
    element.onclick = toggle;
    toggle();
}
```

最后给新闻内容元素加上 CSS，以便其能够被正确隐藏。

```
.newsContent{
    /*只有设置 overflow 为 hidden 才能通过 height 属性控制新闻内容的隐藏*/
```

```
overflow:hidden;
}
```

【例 8-4】新闻列表

```
<html>
    <head>
     <title>8-4</title>
     <style type="text/css">
          .newsTitle{
               font-weight:bold;
               margin-top:10px;
               cursor:pointer;
          }
          .newsContent{
            overflow:hidden;
          }
     </style>
     <script type="text/javascript" >
          function getElementsByClassName(node, classname) {
               var list = new Array();
               var els = node.getElementsByTagName("*");
               for (var i = 0; i < els.length; i++) {
                    if (els[i].className == classname) {
                         list.push(els[i]);
                    }
               }
               return list;
          }
          function Effect(options) {
             //此处代码参见例 8-3
          }
          function NewsList(element) {
               var answer = element.nextSibling;
               if (answer.nodeType != 1) answer = answer.nextSibling;
               var startHeight = answer.offsetHeight;
               var hidden = false;
               function toggle() {
                    var start, stop;
                    if (hidden) {
                         start = 0;
                         stop = startHeight;
                    } else {
                         start = startHeight;
                         stop = 0;
                    }
                    var options = {
                         element: answer,
```

```
                begin:start,
                end:stop,
                duration:250,
                prop:'height'
            };
            (new Effect(options)).start();
            hidden = hidden ? false : true;
        }
        element.onclick = toggle;
        toggle();
    }
    window.onload = function() {
        var els = getElementsByClassName(document, "newsTitle");
        for (var i = 0; i < els.length; i++) {
            new NewsList(els[i]);
        }
    }
  </script>
 </head>
 <body>
  <div class="newsTitle">今日关注</div>
  <div  class="newsContent">今日关注内容;今日关注内容;今日关注内容;<br/>今日关注内容;今日关注内容;...</div>
  <div class="newsTitle">股市行情</div>
  <div  class="newsContent">股市行情内容;股市行情内容;股市行情内容;<br/>股市行情内容;股市行情内容;...</div>
  <div class="newsTitle">娱乐新闻</div>
  <div  class="newsContent">娱乐新闻内容;娱乐新闻内容;娱乐新闻内容;<br/>娱乐新闻内容;娱乐新闻内容;...</div>
 </body>
</html>
```

8.4　利用 JavaScript 库实现动画效果

在上一节中我们自己构造了一个动画效果对象，通过大量的代码实现了基本的动画效果。如果在实际项目开发中需要更加复杂的动画效果的话，可以考虑使用上一章介绍的 JavaScript 库来实现。相对于自己开发动画对象来说，使用 JavaScript 库实际上是一种更高效的做法。

8.4.1　jQuery

jQuery 是一个极其精简并且高效的库，我们可以使用它来快速完成许多动画效果。jQuery 库提供的方法链非常适合用来快速添加动画效果，只需把任何一个获取到的 DOM 元素交给动画效果对象就可以了。常用的 jQuery 库提供的动画效果有以下几种：

首先是 fadeIn()、fadeOut()和 fadeTo()，这几个动画效果可以让对象淡入、淡出或者从当前值渐变到指定的值。

然后是 slideDown()、slideUp()和 slideToggle()，这几个动画效果和我们在上一节实现的动画效果类似，即展开和隐藏页面的某一部分。slideToggle()可以让页面元素在 slideDown()和 slideUp()之间切换。

最后有 show()、hide()和 toggle()，show()和 hide()将元素淡入淡出并改变其大小，toggle()在两者之间切换。

上述动画效果都很容易使用，而且可以通过“slow”“normal”和“fast”参数快速指定动画效果的变化速率，参数也可以通过毫秒数指定。在此基础上还可以加上第二个参数，也就是在动画完成时要执行的回调函数。淡出页面元素的代码如下所示：

```
$("#ElementId").fadeOut("fast", function() {
alert("动画完成");
});
```

jQuery 还提供了 animate()方法以实现复杂动画效果，该方法可以同时改变页面元素的多个属性。第一个参数是一个字面量对象，包含要改变的属性；第二个参数是动画效果速率；第三个参数是回调函数。第一个参数是必需的，其他参数可选。同时改变 width 与 opacity 属性的动画效果代码如下所示：

```
var options = {
    width:'toggle',
    opacity:'toggle'
};
$("#myElement1").animate(options,"fast", function() {
    alert("动画完成");
});
```

【例 8-5】利用 jQuery 库实现动画效果

```
<html>
    <head>
     <title>7-2</title>
     <style type="text/css">
          div.demoElement {
               width: 80px;
               height: 80px;
               border: 1px solid black;
               background-color: #f9f9f9;
               font-size: 12px;
               color: #000000;
               padding: 10px;
          }
     </style>
     <script type="text/javascript" src="jquery-1.4.4.min.js"></script>
     <script type="text/javascript">
          window.onload = function() {
               function btnClick1() {
                    $("#myElement1").fadeOut("fast", function() {
                         alert("动画完成");
                    });
```

```
                }
                function btnClick2() {
                    var options = {
                        width:'toggle',
                        opacity:'toggle'
                    };
                    $("#myElement2").animate(options,"fast", function() {
                        alert("动画完成");
                    });
                }
                function btnClick3() {
                    $("#myElement3").slideToggle("fast", function() {
                        alert("动画完成");
                    });
                }
                $("#btn1").bind("click", btnClick1);
                $("#btn2").bind("click", btnClick2);
                $("#btn3").bind("click", btnClick3);
            }
        </script>
    </head>
    <body>
        <input id="btn1" type="button" value="隐藏" />
        <input id="btn2" type="button" value="展开显示/收起隐藏" />
        <input id="btn3" type="button" value="展开/收起" /><br/> <hr />
        <div id="myElement1" class="demoElement"></div><hr />
        <div id="myElement2" class="demoElement"></div><hr />
        <div id="myElement3" class="demoElement"></div>
    </body>
</html>
```

8.4.2　ExtJS

ExtJS 是一套完整的界面部件库，它提供了构建富客户端 Web 应用程序所需要的全部功能。同时 ExtJS 库也提供了 Ext.Fx 对象，专门用于实现各种动画效果。同 jQuery 库一样 ExtJS 库也适合用来快速添加动画效果，把任何一个获取到的 DOM 元素交给动画效果对象就可以了。常用的 ExtJS 库提供的动画效果有以下几种：

首先是 fadeIn()和 fadeOut()，这两个动画效果可以让对象淡入、淡出或者从当前值渐变到指定的值。

然后是 slideOut()、slideIn()和 ghost()，这几个动画效果实现对象滑出当前范围直至完全消失，或滑入当前范围。ghost()可以让页面元素从页面中滑出并伴随渐隐效果。

最后有 scale()和 shift()，scale()可以将元素的开始的高度和宽度以动画效果的方式转换到结束的高度和宽度，shift()可以将元素的任意组合的属性以动画效果的方式转换到指定值。

除了上述常见动画效果之外，ExtJS 库还提供了一些特有的动画效果，比如 highlight()可以高亮显示页面元素，frame()可以为页面元素添加一个波纹边框。

上述动画效果都很容易使用，而且可以通过“slow”“normal”和“fast”参数快速指定动画效果的变化速率，参数也可以通过毫秒数指定。在此基础上还可以加上第二个参数，也就是在动画完成时要执行的回调函数。淡出页面元素的代码如下所示：

【例 8-6】利用 ExtJS 库实现动画效果

```
<html>
    <head>
     <title>8-6</title>
     <link rel="stylesheet" type="text/css" href="extjs/resources/css/ext-all.css"/>
     <style type="text/css">
          div.demoElement {
                width: 80px;
                height: 80px;
                border: 1px solid black;
                background-color: #f9f9f9;
                font-size: 12px;
                color: #000000;
                padding: 10px;
          }
     </style>
     <script type="text/javascript" src="extjs/adapter/ext/ext-base.js"></script>
     <script type="text/javascript" src="extjs/ext-all.js"></script>
     <script type="text/javascript">
          Ext.onReady(function() {
               var btn1 = Ext.get("btn1");
               btn1.on("click", function() {
                    //滑出效果，第一个参数为滑出方向，
                    //第二个参数为字面量对象，包含了动画效果持续时间
                    Ext.get("hello").slideOut("r", { duration: 1 });
               });
               var btn2 = Ext.get("btn2");
               btn2.on("click", function() {
                    //滑入效果，参数同滑出
                    Ext.get("hello").slideIn("r", { duration: 1 });
               });
               var btn3 = Ext.get("btn3");
               btn3.on("click", function() {
                    //高亮效果，第一个参数为高亮的目标颜色
                    //第二个参数为字面量对象，用于设置动画效果
                    Ext.get("hello").highlight("#ffff9c", {
                         attr: 'background-color',
                         duration: 3,
                         endColor: '#f9f9f9'
                    });
               });
               var btn4 = Ext.get("btn4");
               btn4.on("click", function() {
                    //波纹边框动画效果，第一个参数为边框颜色
```

```
            //第二个参数为字面量对象，包含了动画效果持续时间
            Ext.get("hello").frame("ff0000", 1, { duration: 3 });
        });
        var btn5 = Ext.get("btn5");
        btn5.on("click", function() {
            //淡出效果参数为字面量对象，用于设置动画效果
            Ext.get("hello").fadeOut({
                endOpacity: 0,
                duration: 2
            });
        });
        var btn6 = Ext.get("btn6");
        btn6.on("click", function() {
            //改变高度和宽度的动画效果
            //第一个参数和第二个参数是目标高与宽
            //第三个参数为字面量对象，包含了动画效果持续时间
            Ext.get("hello").scale(0, 0, { duration: 2 });
        });
        var btn7 = Ext.get("btn7");
        btn7.on("click", function() {
            //以动画效果方式改变任意属性组合
            //第二个参数为字面量对象，用于设置动画效果
            Ext.get("hello").shift({
                width: 200,
                height: 200,
                x: 200,
                y: 200,
                opacity: 5,
                duration: 5
            });
        });
        var btn8 = Ext.get("btn8");
        btn8.on("click", function() {
            //将元素从页面滑出并伴随着渐隐
            Ext.get("hello").ghost('b', {
                easing: 'easeOut',
                duration: 1,
                remove: false,
                useDisplay: false
            });
        });
    });
</script>
</head>
<body>
    <input id="btn1" type="button" value="滑出" />
    <input id="btn2" type="button" value="滑入" />
```

```
        <input id="btn3" type="button" value="高亮" />
        <input id="btn4" type="button" value="边框效果" />
        <input id="btn5" type="button" value="淡出" />
        <input id="btn6" type="button" value="改变高和宽" />
        <input id="btn7" type="button" value="同时改变多属性" />
        <input id="btn8" type="button" value="移出" /><br/><hr/>
        <div id="hello" class="demoElement"></div>
    </body>
</html>
```

本章小结

本章主要说明了如何利用 JavaScript 实现页面上的动画效果，并且重点介绍了 JavaScript 动画对象的构建过程。通过本章，希望读者能够了解利用 JavaScript 实现页面动画的原理，并能够在 Web 应用页面开发中自己构建 JavaScript 对象来实现所需的动画效果。

本章最后重点讲解了两个典型的 JavaScript 库 jQuery 与 ExtJS 在动画效果的实现上提供的便捷方法。在对 jQuery 与 ExtJS 库动画效果的举例说明中只涉及到了常用的一些函数与对象，如果需要全面了解 jQuery 与 ExtJS 库实现动画效果的话，还需要查询相关的 API 文档。

习 题

8-1 为什么需要用 JavaScript 实现动画效果？

8-2 JavaScript 实现动画效果的原理。

8-3 利用本章所讲的 JavaScript 动画对象实现文字移动效果。

8-4 利用 jQuery 库实现图片淡入淡出效果。

8-5 利用 ExtJS 库实现标题高亮显示效果。

综合实训

目标

利用本章所学知识，在第 7 章综合实训的基础上为轮换显示的新闻图片加上切换时的淡入淡出动画效果。

准备工作

在进行本实训前，必须学习完本章的全部内容，并掌握利用 jQuery 库实现图片淡入淡出效果的方法。

实训预估时间：45 分钟

在第 7 章的综合实训中已经实现了轮换显示的新闻图片页面，在此基础上利用 jQuery 库提供的 fadeOut 函数实现新闻图片淡出效果。

值得注意的是，与直接的新闻图片切换不同，新的新闻图片在老图片开始淡出前就必须显示出来作为老图片淡出时的背景。

第 9 章　Ajax 应用

本章首先介绍了 Ajax 技术的实现原理和 Ajax 技术在 Web 应用页面中的作用，然后讲解了如何利用 JavaScript 实现 Ajax 应用以及如何构造可重用的 JavaScript 对象来实现 Ajax 应用。最后，将简单讲解如何利用 JavaScript 库实现 Ajax 应用。

- Ajax 应用原理
- Ajax 应用中用到的数据格式
- 构造可重用的 JavaScript 对象实现 Ajax 应用
- 利用 JavaScript 库实现 Ajax 应用

9.1　Ajax 简介

在 2005 年，Jess James Garrett 发表了一篇名为 Ajax: A New Approach to Web Applications（Ajax：开发 Web 应用的新方式）的论文（参见：http://www.adaptivepath.com/ideas/essays/archives/000385.php），这篇论文首次提出了 Ajax 技术这一概念。

Ajax 技术是把 JavaScript、CSS、DOM 和 HTML 结合起来的一种新的编程思路和方法。

常规的 Web 应用在运行时需要经常性地刷新整个页面，用户在页面上做出一项选择或者输入一些数据后浏览器将把这些信息发送给服务器，服务器根据用户的操作返回一个新的页面，即使用户只是对服务器做了一次简单的数据访问，服务器也需要返回一个全新的页面。

以登录页面为例。除了登录表单，登录页面通常还包含其他信息，比如网站的图标、导航栏和版权信息等。对于传统的做法，在用户提交了登录表单后，服务器将比较用户在登录表单里输入的用户数据和保存在数据库服务器里的数据是否一致，如果用户输入的用户名和密码不正确，服务器将把含有登录失败提示信息的登录页面再次发送给用户。在这个“登录失败”的页面中，网站的图标、导航栏和版权信息等与前一个页面一模一样，唯一的区别是“登录失败”的页面里多了一条告诉用户“密码或用户名错误”的消息。也就是说，虽然页面上只增加了少量内容，但实际刷新的却是整个页面。用户每发出一个请求，整个页面就会被全部刷新，页面的刷新与用户的请求是同步的。

如果在上述页面中使用 Ajax 技术，“登录失败”页面上就只有登录部分会发生变化，网站的图标、导航栏和版权信息等都会保持原样。在用户填写完登录表单并单击“提交”按钮之后，如果登录没有成功，出错信息将直接出现在原始的登录页面上。

传统的做法与使用 Ajax 技术后的区别在于：后一种情况里的表单数据是异步发送给服务器端的，用户发出的请求不会导致整个页面全部刷新一次，页面可以在后台对请求进行发送。

在 Web 应用开发中，客户端（浏览器）与服务器端一直有着非常明显的界线。在客户端，JavaScript 可以对当前页面的内容进行处理，一旦需要进行服务器端处理，就会有一个请求被发送到服务器，而位于服务器端的程序（可以用 PHP、JSP 或 ASP.NET 等编写）会对用户的请求进行处理。

在传统做法中，每当客户端需要访问服务器端的内容时，就会向服务器端发送一个请求，对这个请求的响应又会从服务器返回给客户端。

Ajax 技术等于是在客户端和服务器端之间加入了一个中间层：JavaScript 代码先把请求从客户端发送给中间层，再由这个中间层把请求转发给服务器端，服务器端的响应也是先由这个中间层接收，再由这个中间层把响应的结果转发给客户端的 JavaScript 代码处理。

9.2 Ajax 应用分析

现在很多互联网公司都利用 Ajax 技术开发出了功能强大的 Web 应用，其中 Google 公司的 Gmail 电子邮件应用就出色地示范了 Ajax 技术的威力。在 Gmail 应用中，电子邮件草稿在单击保存按钮之后，会被发送给服务器保存起来，而这个过程并不会刷新整个页面，如图 9-1 所示。这种交互过程的用户体验很接近于桌面应用程序了。除了用来使网络应用的体验接近于桌面应用程序，Ajax 技术用在处理一些页面细节方面也是很有效的，它可以大大提高网站的响应能力，也能提供更好的用户交互体验。

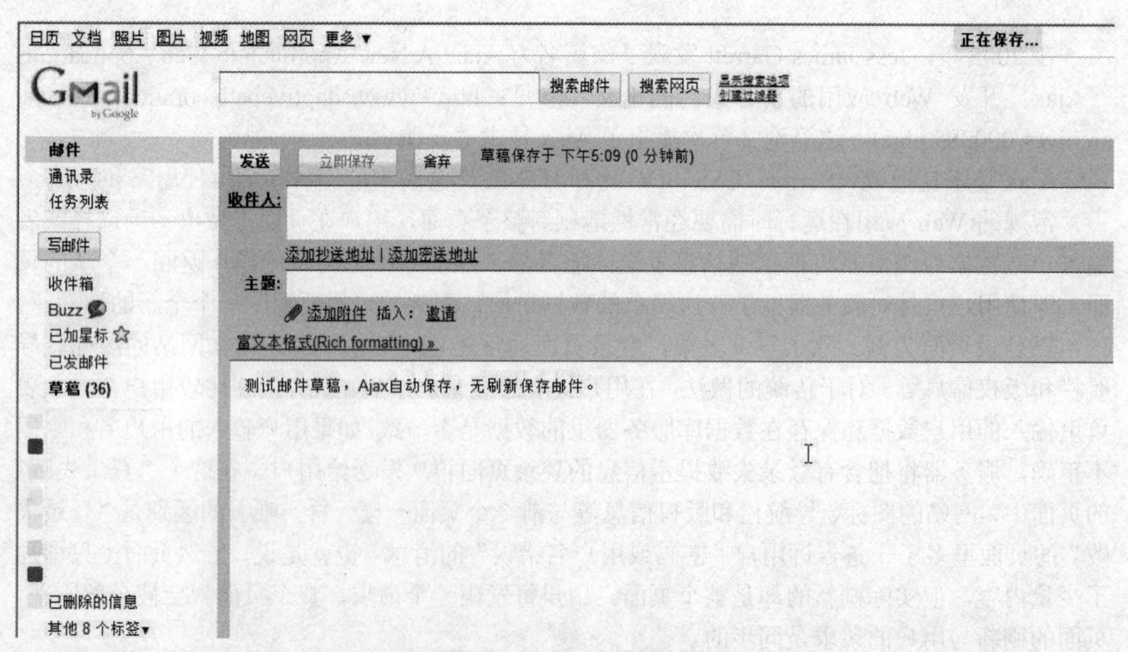

图 9-1　Gmail 撰写邮件页面，其中用到了 Ajax 技术

在图 9-2 的例子中，在上面可以给感兴趣的内容加上星号。如果用传统方法实现，单击星号会使得整个页面重新载入。而用 Ajax 技术来实现的话，用户的注意力不会被页面刷新打断，

而且来回传输的数据只有几个字节。

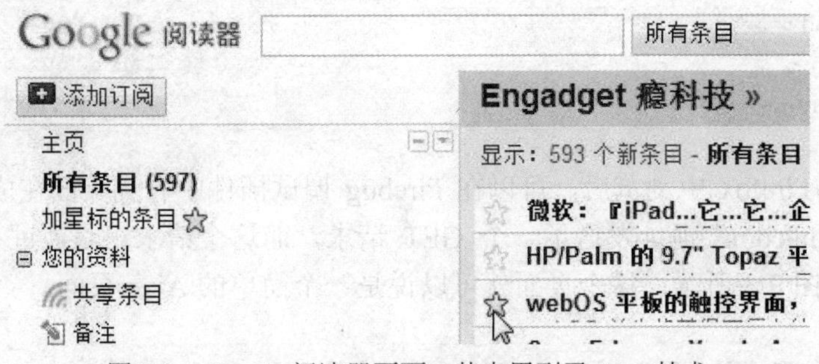

图 9-2　Google 阅读器页面，其中用到了 Ajax 技术

9.3　Ajax 过程解析

Ajax 技术的核心是对 XMLHttpRequest 对象的调用，Ajax 技术实际上是：通过 JavaScript 使用 XMLHttpRequest 对象进行的所有服务器通信，返回的数据可以是 XML，也可以是 HTML、JSON 或是任何一种文本格式。

利用 Ajax 技术向服务器发出请求的过程并不难，如下例所示。

【例 9-1】使用 Ajax 技术向服务器发出请求

```
<html>
    <head>
    <title>9-1</title>
    <script type="text/javascript">
        window.onload = function() {
            //为不同的浏览器创建 XMLHttpRequest 对象实例
            var transport;
            if (window.XMLHttpRequest) {
                transport = new XMLHttpRequest();
            } else {
                try {
                    transport = new ActiveXObject("MSXML.XMLHTTP.6.0");
                } catch (e) { }
                try {
                    transport = new ActiveXObject("MSXML.XMLHTTP");
                } catch (e) { }
            }
            //如果成功创建 XMLHttpRequest 对象实例，则通过对象向服务器发送请求
            if (transport) {
                transport.open("GET", "http://www.baidu.com", true);
                transport.onreadystatechange = function() {
                    console.log("响应事件");
                }
                transport.send();
            }
```

```
        }
    </script>
    </head>
    <body>
    </body>
</html>
```

上述实例在 Firefox 中浏览后，可以在 Firebug 调试插件中看到页面在成功加载后立即向“http://www.baidu.com”地址发送了一个 GET 请求，而这个请求正是通过 XMLHttpRequest 对象发出的，如图 9-3 所示，这个页面就可以说是一个简单的 Ajax 页面。

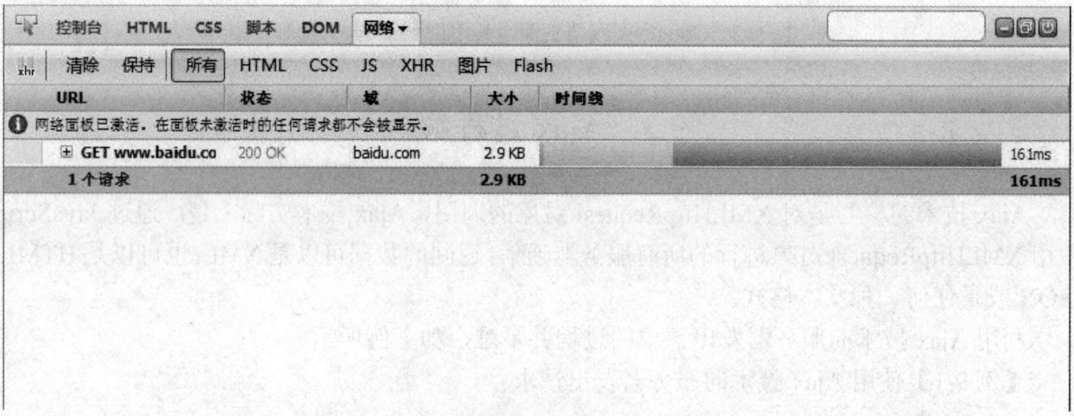

图 9-3　通过 XMLHttpRequest 对象发出请求

例 9-1 中的代码就是 Ajax 服务器访问的基本做法。第一部分实例化 XMLHttpRequest 对象，由于不同的浏览器中 XMLHttpRequest 对象实例化的方法不一样，所以应该先尝试实例化原生对象，如果原生对象不存在，再尝试实例化 IE 浏览器特有的 ActiveX 对象。

第二部分在成功创建 XMLHttpRequest 对象实例后，通过 open 方法打开连接，该方法需要三个参数：第一个是发送请求的方式（GET 或 POST），第二个是请求发送到的服务器的 URL 地址，第三个参数决定请求是同步还是异步发送，在 Ajax 应用中该参数一般设置为 true。

通过 XMLHttpRequest 对象发出请求后，在请求发出至接收到服务器对请求的响应这期间会多次触发 XMLHttpRequest 对象实例的 onreadystatechange 事件，在该事件的内部可以通过检查 XMLHttpRequest 对象实例的 readyState 属性来获知调用的状态。readyState 属性取值与对应的含义见表 9-1。

表 9-1　readyState 属性取值

取值	状态	说明
0	未初始化	还没有调用 XMLHttpRequest 对象的 open 方法
1	加载中	还没有调用 send 方法
2	已加载	已调用 send 方法；服务器响应头已接受完成
3	交互	服务器响应体正在加载中，但未加载完成
4	完成	服务器响应体已经加载完成，响应体的内容可以通过 XMLHttpRequest 对象的 responseText 属性获取到

根据上述内容对例 9-1 稍做改进的话就可以让页面在正确接收服务器响应后给出提示，而不是像原始的例 9-1 一样多次响应 onreadystatechange 事件。改进部分代码如下：

```
transport.onreadystatechange = function() {
    if (transport.readyState == 4) {
        alert("Ajax 服务器访问完成");
    }
};
```

例 9-1 简单演示了如何利用 JavaScript 实现 Ajax 服务器访问。当然这个例子是不具备任何实用性的，因为 Ajax 技术中还有很多细节需要考虑。

9.3.1　Ajax 的请求/响应过程

在传统的页面请求过程中，浏览器发出对数据的请求，然后等待服务器发回响应，响应数据接收完成后浏览器渲染页面。在页面中使用 Ajax 技术后，可以大大减少客户端与服务器端之间的数据传输量，对数据的请求也可以异步发出。在整个 Ajax 服务器访问过程中，用户不必等待服务器响应和页面刷新，而且服务器响应接收后只需要改变当前文档对象，不需要影响整个页面（包括图片和 CSS 等资源），也就是说可以实现在发送请求到服务器端并接收服务器响应的过程中保证页面无刷新。

图 9-4 和图 9-5 分别展示了非 Ajax 与 Ajax 两种服务器访问过程之间的区别。总之 Ajax 技术的应用意味着页面的响应度更高，完成相同任务所需的时间也更短。

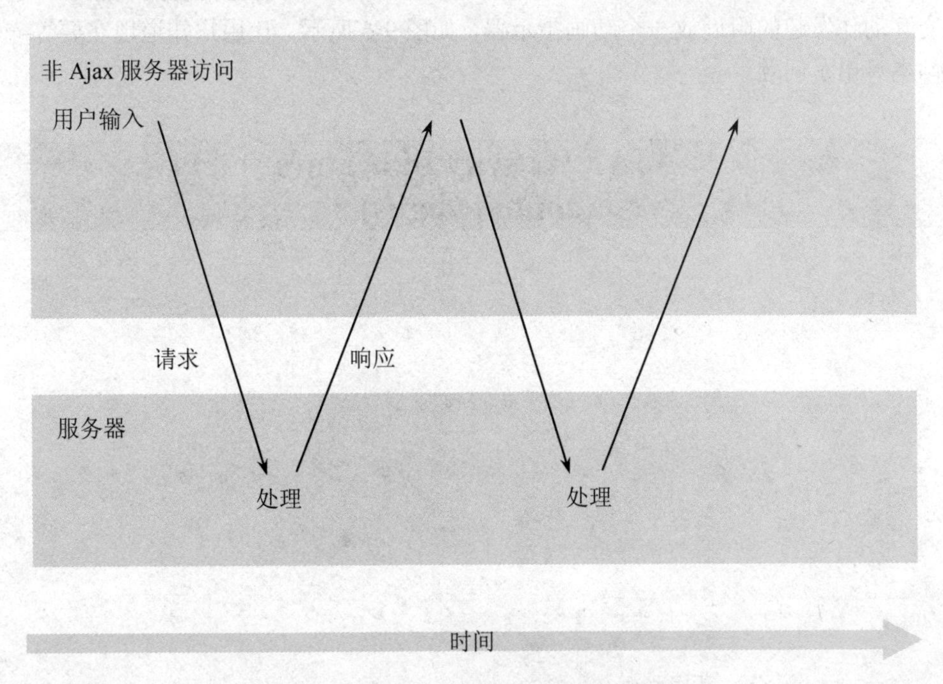

图 9-4　非 Ajax 服务器访问过程

设计任何 Ajax 页面的时候，都需要考虑用户的参与。与浏览器默认行为不符的设计会使用户在操作上感到很不适应。如果某段程序运行时间过长或等待服务器响应的时间过长，用户往往会觉得是网站本身出了问题。

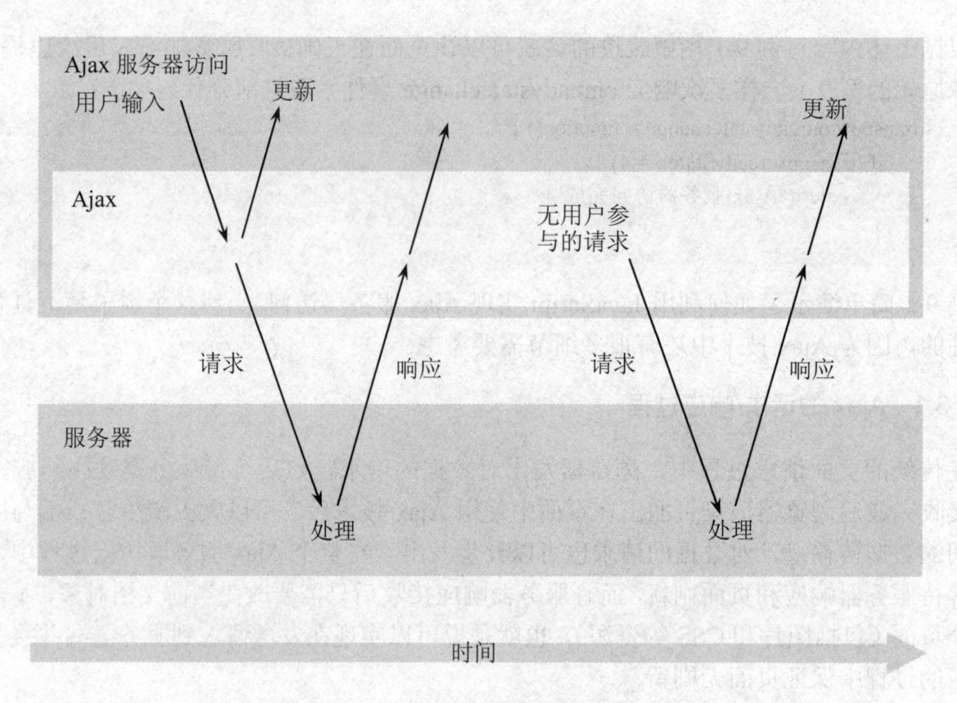

图 9-5 Ajax 服务器访问过程

如果在 Ajax 页面中用户发出一个请求，就应该告知用户目前正在访问服务器。通常的做法是在交互动作发起的附近放一个动画指示器，如图 9-6 所示，让用户知道现在要等一等，而不是网站本身出了问题。

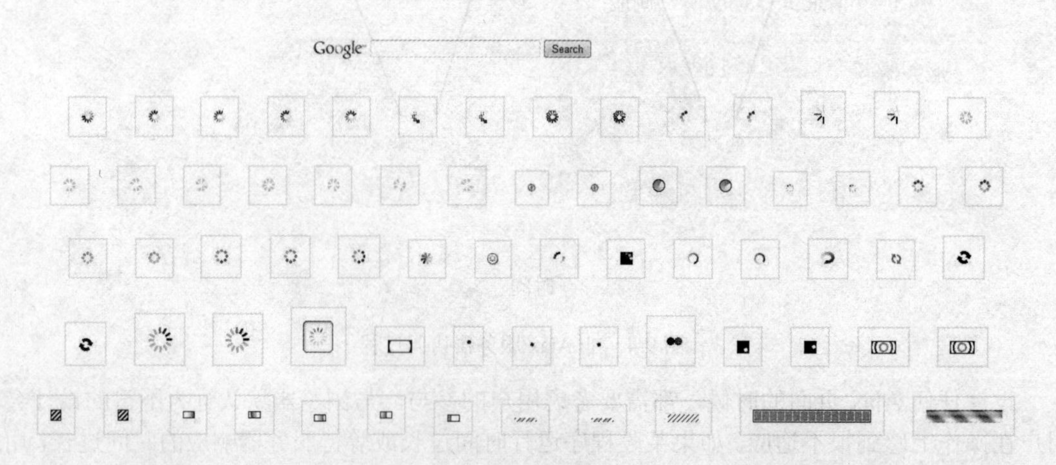

图 9-6 来自 http://www.ajax.su/ajax_activity_indicators.html 的动画指示器

9.3.2　失败的 Ajax 请求

Ajax 技术相对于传统的服务器访问方式来说是一种异步的数据发送与接收过程，在异步环境下往往需要考虑更多的异常情况，这些异常情况包括：

- 请求超时会发生什么事？应该等待多长时间？
- 要是服务器响应的数据格式不正确，该如何处理？
- 如果用户同时发出了多个请求该如何处理？

这些异常情况都是在开发一个使用 Ajax 技术的页面时必须处理的问题，在本章后续部分中将讲解如何解决这些问题，并把问题的解决方案整合成一个可重用的对象，在此之前我们必须先了解一下 Ajax 服务器访问时用的数据格式。

9.4　Ajax 数据格式

使用 Ajax 方式向服务器发出请求后，服务器会给客户端发送响应数据，在传统模式中响应数据由浏览器接收并处理，使用 Ajax 技术后响应数据将由相应的 JavaScript 代码（Ajax 中间层）接收并处理。在使用 Ajax 技术时，我们可以通过 XMLHttpRequest 对象的属性 responseXML 和 responseText 来获取服务器响应的数据。从 responseXML 属性取得的是 XML 对象，从 responseText 属性取得的数据需要我们自己判断格式并解析。

9.4.1　XML

XMLHttpRequest 对象最初在设计时就是用来返回 XML 格式的结果的。它有一个 responseXML 属性，该属性返回的 XML 属性会被自动解析成一个可以定位的 XML 格式的 DOM 对象，让我们可以通过 DOM 方法在其中定位节点和获取数据。

```
//获取根节点
var doc = transport.responseXML.documentElement;
//获取标记名为 book 的节点的集合
var books = doc.getElementsByTagName('book');
for (var i = 0; i < books.length; i++) {
    //获取节点的文本内容
    alert(songs[i].firstChild.data);
}
```

从上述代码段可以看出，XML 格式的 DOM 对象与 HTML 页面中的 DOM 对象在用法上有一些不同，取得数据的方法也有一些不一样。在 XML 里，文本内容也是节点，必须用 firstChild 属性来取得，然后通过文本节点的 data 属性或者 nodeValue 属性取得文本。

接下来我们来看一个 Ajax 页面的例子，该页面通过 Ajax 方式获取 XML 格式的数据，然后把 XML 数据插入到页面中。该例子所实现的页面可以说就是一个典型的 Ajax 应用了。

首先准备好一个作为服务器响应数据的 XML 文档，文档内容如下：

```
<?xml version="1.0" encoding="utf-8"?>
<root>
  <book>
    <title>呐喊</title>
```

```
        <author>鲁迅</author>
        <description>“呐喊”中的小说，以振聋发聩的气势...</description>
      </book>
      <book>
        <title>追风筝的人</title>
        <author>卡勒德·胡赛尼</author>
        <description>12 岁的阿富汗富家少爷阿米尔与仆人哈桑情同手足...</description>
      </book>
    </root>
```

接下来准备一个 HTML 页面，其中包括按钮和一系列样式。上面 XML 响应数据中的数据内容将会被插入到 ID 为 content 的元素里面。页面代码如下：

```
<html xmlns="http://www.w3.org/1999/xhtml" >
   <head>
    <title>9-2</title>
    <style type="text/css">
        body {
          font-family:Arial,Helvetica,sans-serif;
        }
        .book {
          border-top:1px solid #CCC;
          padding:10px 5px
        }
        .book h2 {
          margin:0;
          font-size:1em;
        }
        .book .author {
          margin:0;
          font-weight:bold;
          font-size:.9em;
        }
        .book p {
          margin:0
        }
    </style>
   </head>
   <body>
       <div id="content"></div>
       <input id="btn" type="button" value="Ajax 获取数据" />
   </body>
</html>
```

该页面要实现的目的是在单击按钮后，通过 Ajax 方式获得 XML 格式的响应数据，并把数据内容转换成下面的 HTML 结构：

```
<div class="book" id="">
    <h2>呐喊</h2>
   <p class="author">鲁迅</p>
```

```
    <p>“呐喊”中的小说，以振聋发聩的气势...</p>
</div>
```

页面中在用户单击按钮，收到 Ajax 调用的响应数据之后，用 getElementsByTagName()方法取得全部书籍元素的集合，通过循环并利用 DOM 方法逐一为每本书创建相应的 HTML 元素和文本节点，然后添加到 ID 为 content 的页面元素中。XML 数据解析并更新页面的 JavaScript 代码如下：

```
//获取根节点
var doc = transport.responseXML.documentElement;
//获取标记名为 book 的节点的集合
var books = doc.getElementsByTagName('book');
var container = document.getElementById('content');
var book, title, author, description, text;
for (var i = 0; i < books.length; i++) {
    //创建 div 作为书籍数据的容器
    book = document.createElement('div');
    book.className = 'book';
    //创建 h2 存放书籍标题
    title = document.createElement('h2');
    text = document.createTextNode(books[i].childNodes[1].firstChild.data);
    title.appendChild(text);
    book.appendChild(title);
    //创建 p 存放作者
    author = document.createElement('p');
    author.className = 'author';
    text = document.createTextNode(books[i].childNodes[3].firstChild.data);
    author.appendChild(text);
    book.appendChild(author);
    //创建 p 存放内容简介
    description = document.createElement('p');
    text = document.createTextNode(books[i].childNodes[5].firstChild.data);
    description.appendChild(text);
    book.appendChild(description);
    //将创建的 div 节点添加到页面
    container.appendChild(book);
}
```

上面的代码取得 XML 数据对象中的第 1、3、5 个元素，因为在 XML 中空白文本节点也被认为是元素，因此要跳过它们。元素的 firstChild 是文本节点，data 属性取得的正是节点里的文本内容。完整的页面代码参见例 9-2。

【例 9-2】使用 Ajax 技术接收并解析 XML 格式的数据

```
<html >
    <head>
     <title>9-2</title>
     <style type="text/css">
          body {
             font-family:Arial,Helvetica,sans-serif;
```

```
        }
        .book {
            border-top:1px solid #CCC;
            padding:10px 5px
        }
        .book h2 {
            margin:0;
            font-size:1em;
        }
        .book .author {
            margin:0;
            font-weight:bold;
            font-size:.9em;
        }
        .book p {
            margin:0
        }
    </style>
    <script type="text/javascript">
        window.onload = function() {
            //为不同的浏览器创建 XMLHttpRequest 对象实例
            var transport;
            if (window.XMLHttpRequest) {
                transport = new XMLHttpRequest();
            } else {
                try {
                    transport = new ActiveXObject("MSXML.XMLHTTP.6.0");
                } catch (e) { }
                try {
                    transport = new ActiveXObject("MSXML.XMLHTTP");
                } catch (e) { }
            }
            //为按钮添加事件处理
            var btn = document.getElementById("btn");
            btn.onclick = function() {
                //如果成功创建 XMLHttpRequest 对象实例，则通过对象向服务器发送请求
                if (transport) {
                    transport.open("GET", "books.xml", true);
                    transport.onreadystatechange = function() {
                        if (transport.readyState == 4) {
                            //获取根节点
                        /*  此处代码参见上面的 XML 数据解析并更新页面的 JavaScript 代码   */
                        }
                    }
                    transport.send();
                }
```

```
            }
        }
    </script>
  </head>
  <body>
        <div id="content"></div>
        <input id="btn" type="button" value="Ajax 获取数据" />
  </body>
</html>
```

由于例 9-2 涉及到从服务器端获取数据，所以例 9-2 的代码在放置到 Web 服务器中去之前只能在 Firefox 中正确运行，运行结果如图 9-7 所示。

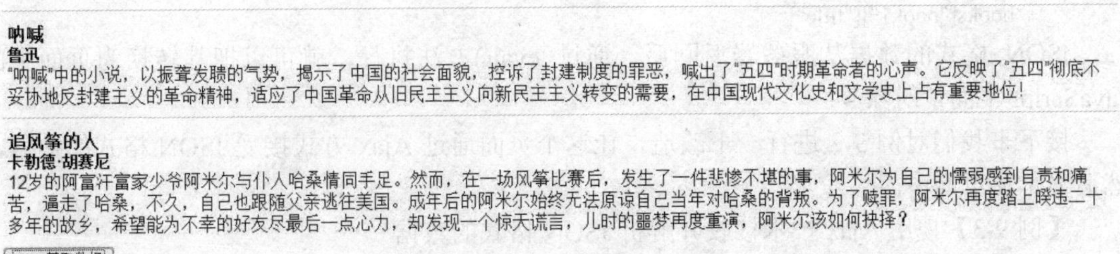

呐喊
鲁迅
"呐喊"中的小说，以振聋发聩的气势，揭示了中国的社会面貌，控诉了封建制度的罪恶，喊出了"五四"时期革命者的心声。它反映了"五四"彻底不妥协地反封建主义的革命精神，适应了中国革命从旧民主主义向新民主主义转变的需要，在中国现代文化史和文学史上占有重要地位！

追风筝的人
卡勒德·胡赛尼
12岁的阿富汗富家少爷阿米尔与仆人哈桑情同手足。然而，在一场风筝比赛后，发生了一件悲惨不堪的事，阿米尔为自己的懦弱感到自责和痛苦，逼走了哈桑，不久，自己也跟随父亲逃往美国。成年后的阿米尔始终无法原谅自己当年对哈桑的背叛。为了赎罪，阿米尔再度踏上暌违二十多年的故乡，希望能为不幸的好友尽最后一点心力，却发现一个惊天谎言，儿时的噩梦再度重演，阿米尔该如何抉择？

Ajax获取数据

图 9-7　Ajax 方式获取 XML 格式数据并解析的页面运行结果

9.4.2　JSON

XML 作为一种 Ajax 服务器访问模式下的服务器响应数据格式很好用，但同时也有一些不足。XML 格式的 DOM 对象在浏览器中的操作非常繁琐，处理各种跨浏览器问题也很不方便。

XML 只是服务器响应数据格式的一种，我们还可以利用 XMLHttpRequest 对象的 responseText 属性来获取字符串格式的服务器响应数据。字符串格式的服务器响应也能够有很强的功能，因为我们可以通过转换把字符串转换成更有用的内容。

如果我们利用字符串格式的服务器响应传输一段 JavaScript 语言代码，然后用 eval()函数执行，代码如下所示：

```
eval(transport.responseText);
```

这样的话我们将可以把服务器响应作为一段插入页面的 JavaScript 代码来执行了。现在，这种技巧已经演变成为一种非常优秀的 Ajax 数据传输方式，那就是 JSON（JavaScript Object Notation，JavaScript 对象表示法）。

JSON 格式表示的数据对象实际上就是 JavaScript 语言中的字面量对象，但是只允许包含以下几种类型：字符串、数值、数组和其他字面量对象，并且键和字符串类型的值都必须用双引号括起来。

如果把上一节中用 XML 格式表示的书籍信息用 JSON 对象保存的话，它包含两个字面量对象：book1 和 book2，两者分别包含不同书籍信息。具体写法如下：

```
var books = {
"book1": {
    "title": "呐喊",
```

```
            "author": "鲁迅",
            "description": "“呐喊”中的小说，以振聋发聩的气势..."
        },
        "book2": {
            "title": "追风筝的人",
            "author": "卡勒德·胡赛尼",
            "description": "12 岁的阿富汗富家少爷阿米尔与仆人哈桑情同手足..."
        }
    };
```

要引用 book1 的 title 数据，可以这样写：

```
books.book1.title;
//或者
books["book1"]["title"]
```

JSON 格式的数据从服务器返回后，通过 eval()方法执行，就可以把其转换为页面中的 JavaScript 字面量对象了。

接下来我们对例 9-2 进行一下改造，让这个页面通过 Ajax 方式接受 JSON 格式的数据，然后显示在页面中。

【例 9-3】使用 Ajax 技术接收并解析 JSON 格式的数据

```
<html>
    <head>
    <title>9-3</title>
    <style type="text/css">
        body {
            font-family:Arial,Helvetica,sans-serif;
        }
        .book {
            border-top:1px solid #CCC;
            padding:10px 5px
        }
        .book h2 {
            margin:0;
            font-size:1em;
        }
        .book .author {
            margin:0;
            font-weight:bold;
            font-size:.9em;
        }
        .book p {
            margin:0
        }
    </style>
    <script type="text/javascript">
        window.onload = function() {
            //为不同的浏览器创建 XMLHttpRequest 对象实例
```

```
var transport;
if (window.XMLHttpRequest) {
    transport = new XMLHttpRequest();
} else {
    try {
        transport = new ActiveXObject("MSXML.XMLHTTP.6.0");
    } catch (e) { }
    try {
        transport = new ActiveXObject("MSXML.XMLHTTP");
    } catch (e) { }
}
//为按钮添加事件处理
var btn = document.getElementById("btn");
btn.onclick = function() {
    //如果成功创建 XMLHttpRequest 对象实例，则通过对象向服务器发送请求
    if (transport) {
        transport.open("GET", "books.js", true);
        transport.onreadystatechange = function() {
            if (transport.readyState == 4) {
                //从 JSON 数据解析出 books 对象
                eval(transport.responseText);
                var container = document.getElementById('content');
                var book, title, author, description, text;
                for (var key in books) {
                    //创建 div 作为书籍数据的容器
                    book = document.createElement('div');
                    book.className = 'book';
                    //创建 h2 存放书籍标题
                    title = document.createElement('h2');
                    text = document.createTextNode(books[key]["title"]);
                    title.appendChild(text);
                    book.appendChild(title);
                    //创建 p 存放作者
                    author = document.createElement('p');
                    author.className = 'author';
                    text = document.createTextNode(books[key]["author"]);
                    author.appendChild(text);
                    book.appendChild(author);
                    //创建 p 存放内容简介
                    description = document.createElement('p');
                    text = document.createTextNode(books[key]["description"]);
                    description.appendChild(text);
                    book.appendChild(description);
                    //将创建的 div 节点添加到页面
                    container.appendChild(book);
                }
```

```
                        }
                    }
                    transport.send();
                }
            }
        }
    </script>
    </head>
    <body>
        <div id="content"></div>
        <input id="btn" type="button" value="Ajax 获取数据" />
    </body>
</html>
```

由于例 9-3 也涉及到从服务器端获取数据，所以例 9-3 的代码在放置到 Web 服务器中去之前只能在 Firefox 中正确运行，运行结果如图 9-7 所示，与例 9-2 一样，只是用到了 JSON 格式的数据。

9.5 创建 Ajax 应用对象

在前面几节中已经初步建立了应用 Ajax 技术访问服务器获取数据的页面，但是页面中的 JavaScript 代码并没有组织得很好，尤其是在实现 Ajax 技术的时候很繁琐，而且代码也不具备可重用性。本节的目的就是要建立一个对象，其中封装实现 Ajax 页面所需的全部功能，以便在实际项目中使用。

首先需要创建一个可以实例化的对象。因为每次发起 Ajax 请求的时候都需要实例化这个对象，所以把它定义成一个可重用的类，代码如下：

```
function Ajax() {
    //为不同的浏览器创建 XMLHttpRequest 对象实例
    var transport;
    if (window.XMLHttpRequest) {
        transport = new XMLHttpRequest();
    } else {
        try {
            transport = new ActiveXObject("MSXML.XMLHTTP.6.0");
        } catch (e) { }
        try {
            transport = new ActiveXObject("MSXML.XMLHTTP");
        } catch (e) { }
    }
    //让 transport 成为 Ajax 对象的成员
    this.transport = transport;
}
//为 Ajax 对象添加发起请求的 send 方法
Ajax.prototype.send = function(url, options) {
    //查看 transport 是否正确创建
```

```
        if (!this.transport)
            return;
        var transport = this.transport;
        //解析字面量对象参数
        var _options = {
            method: "GET",
            callback: function() { }
        };
        for (var key in options) {
            _options[key] = options[key];
        }
        //设置连接并发出 Ajax 请求
        transport.open(_options.method, url, true);
        transport.onreadystatechange = function() {
            _options.callback(transport);
        };
        transport.send();
    }
```

通过上述代码，构建了一个实现基本 Ajax 请求功能的对象，该对象提供了一个 send()方法，用来向服务器发出请求，该方法需要两个参数，一个是 url 用来指定服务器地址，另一个是一个字面量对象参数，用来设置服务器访问方式和回调函数。

接下来，我们把上述类放在一个单独的 JavaScript 代码文件里。这样就可以在页面中应用这个代码文件并使用 Ajax 对象了。

【例 9-4】使用自定义的 Ajax 对象向服务器发出请求

```
<html>
    <head>
    <title>9-4</title>
    <script type="text/javascript" src="ajax.js"></script>
    <script type="text/javascript">
        window.onload = function() {
            function process(transport) {
                if (transport.readyState == 4) {
                    //从 JSON 数据解析出 books 对象
                    eval(transport.responseText);
                    var container = document.getElementById('content');
                    //将 id 为 container 的 div 的内容设置为 book1 的标题
                    container.innerHTML = books.book1.title;
                }
            }
            //为按钮添加事件处理
            var btn = document.getElementById("btn");
            btn.onclick = function() {
                //实例化 Ajax 对象
                var ajax = new Ajax();
                //使用 Ajax 对象的 send 方法发出 Ajax 请求
```

```
                    ajax.send("books.js", { callback: process });
                }
            }
        </script>
    </head>
    <body>
        <div id="content"></div>
        <input id="btn" type="button" value="Ajax 获取数据" />
    </body>
</html>
```

例 9-4 首先引用了一个外部的 JavaScript 文件，这个文件中包含了本节开头定义的 Ajax 对象的代码，这样在页面中就加入了对 Ajax 对象的定义。同时，在页面中定义了一个 process() 方法，该方法将会作为参数传递给 Ajax 对象的 send()方法，当作接收到服务器响应时的回调函数。

当页面中的按钮被单击时，会触发 Ajax 对象的实例化和 send()方法调用的代码：

```
var ajax = new Ajax();
ajax.send("books.js", { callback: process });
```

这段代码执行后会根据指定的URL 和回调函数发出服务器请求并接受响应。接收到 JSON 格式的数据响应后，会在页面中显示第一本书籍的标题信息。

本例也涉及到从服务器端获取数据，所以上述代码在放置到 Web 服务器中去之前只能在 Firefox 中正确运行。

9.6 Ajax 异常处理

在上一节中我们已经创建了一个基本的 Ajax 对象，但是该对象只能在理想环境中运行，一旦碰到异常情况，比如请求超时或服务器响应数据格式不正确等，该 Ajax 对象将无法处理，还会导致整个页面运行错误。在本节中我们将逐步对现有的 Ajax 对象进行改进，使其具有基本的异常处理功能。

9.6.1 访问超时

在 Ajax 服务器请求发送出去之后，发出请求的页面会一直等待服务器响应，直到服务器关闭连接。如果遇到一些特殊情况，比如服务器繁忙无法及时响应、Internet 连接不通畅或服务器关闭等，用户就会觉得等待时间太长，从而开始怀疑是否页面本身有错误。

为了应对这一情况，比较成熟的做法是让页面等待一段时间后让调用超时，并处理超时错误。为此我们需要重新修改 Ajax 对象的定义，代码如下：

```
function Ajax() {
    //为不同的浏览器创建 XMLHttpRequest 对象实例
    var transport;
    if (window.XMLHttpRequest) {
        transport = new XMLHttpRequest();
    } else {
        try {
```

```
            transport = new ActiveXObject("MSXML.XMLHTTP.6.0");
        } catch (e) { }
        try {
            transport = new ActiveXObject("MSXML.XMLHTTP");
        } catch (e) { }
    }
    //让 transport 成为 Ajax 对象的成员
    this.transport = transport;
}
//为 Ajax 对象添加发起请求的 send 方法
Ajax.prototype.send = function(url, options) {
    //查看 transport 是否正确创建
    if (!this.transport)
        return;
    var transport = this.transport;
    //解析字面量对象参数
    var _options = {
        method: "GET",
        timeout: 5,
        onerror: function() { },
        onok: function() { }
    };
    for (var key in options) {
        _options[key] = options[key];
    }

    //判断 Ajax 访问是否超时
    var canceled = false;
    function isTimeout() {
        if (transport.readyState == 4) {
            canceled = true;
            //取消 Ajax 请求
            transport.abort();
        }
    }
    //设置的时间到后检查服务器是否有响应
    window.setTimeout(isTimeout, _options.timeout * 1000);
    //设置连接并发出 Ajax 请求
    transport.open(_options.method, url, true);
    transport.onreadystatechange = function() {
        if (transport.readyState == 4) {
        if (!canceled)
                _options.onok(transport);
            else
                _options.onerror(transport);
        }
```

```
    };
    transport.send();
}
```

上述代码，相比上一节的 Ajax 对象定义代码，添加了不少内容。

首先是对字面量对象输入参数 options 进行了扩充，添加了 timeout 属性，用于设置访问超时的时间，添加了 onok 属性，用于指定服务器正确响应后执行的函数，还添加了 onerror 属性，用于指定服务器响应错误后执行的函数，去掉了 callback 属性。修改并扩充的代码部分如下：

```
var _options = {
    method: "GET",
    timeout: 5,
    onerror: function() { },
    onok: function() { }
};
for (var key in options) {
    _options[key] = options[key];
}
```

然后，添加函数 isTimeout 用来检查服务器响应状态，并通过 setTimeout 方法延迟执行 isTimeout 来判断服务器响应等待是否超过指定时间长度。扩充的代码部分如下：

```
//判断 Ajax 访问是否超时
var canceled = false;
function isTimeout() {
    if (transport.readyState == 4) {
        canceled = true;
        //取消 Ajax 请求
        transport.abort();
    }
}
//设置的时间到后检查服务器是否有响应
window.setTimeout(isTimeout, _options.timeout * 1000);
```

其中，canceled 变量用于设置超时后手动终止调用的标志。isTimeout 函数在超时后调用，检查是否成功返回了响应结果。如果没有，就把 canceled 变量设为 true，表示必须手动结束这次调用，通过调用 XMLHttpRequest 对象的 abort()方法，并自动触发 onreadystatechange 事件。

最后，修改 onreadystatechange 事件处理函数，检查 XMLHttpRequest 对象的状态，并据此决定是分发到 onok 还是 onerror 事件处理函数，主要是检查是否是手动终止的。onreadystatechange 事件处理函数原来是通过参数传进来的，现在换成了内部的处理函数。修改的代码部分如下：

```
transport.onreadystatechange = function() {
        if (transport.readyState == 4) {
            if (!canceled)
                    _options.onok(transport);
                else
                    _options.onerror(transport);
        }
    };
```

至此，Ajax 对象经过修改，已经具备了检测服务器响应是否超时的功能。

9.6.2 HTTP 状态代码

Web 服务器在接收到任何一种访问请求时都会返回一个响应。在响应里面会包含一个状态代码，该代码表示了一些与服务器响应相关的信息。

一个正确的服务器响应往往会包含的状态代码为 200。在 200 区间内的状态代码都表示成功。300 区间内的代码表示服务器重定向。400 区间是请求错误，这也是我们在浏览器中常见的 400 错误，可能是请求没有正确发送，也可能是页面不存在。最后 500 区间表示服务器本身出错。对于 Ajax 请求来说，只有得到 200 区间内的响应代码才能说是正确的服务器响应。所以再对 Ajax 对象代码做最后的改进，主要是对 onreadystatechange 事件处理函数部分的改进，让其检查服务器返回的状态代码是否大于等于 200 且小于 300。具体改进如下：

```
transport.onreadystatechange = function() {
    if (transport.readyState == 4) {
        if (!canceled && transport.status >= 200 && transport.status < 300)
            _options.onok(transport);
        else
            _options.onerror(transport);
    }
};
```

【例 9-5】测试 Ajax 对象的异常处理能力

```
<html>
    <head>
    <title>9-5</title>
    <script type="text/javascript" src="ajax.js"></script>
    <script type="text/javascript">
        window.onload = function() {
            function process(transport) {
                var container = document.getElementById('content');
                //将 id 为 container 的 div 的内容设置为服务器响应字符串
                container.innerHTML = transport.responseText;
            }
            //服务器响应错误的事件处理
            function processError(transport) {
                var container = document.getElementById('content');
                container.innerHTML = "访问超时";
            }
            //为按钮添加事件处理
            var btn1 = document.getElementById("btn1");
            btn1.onclick = function() {
                //实例化 Ajax 对象
                var ajax = new Ajax();
                //使用 Ajax 对象的 send 方法发出 Ajax 请求
                ajax.send("TestAjax.ashx", { onok: process });
            }
```

```
                //为按钮添加事件处理
                var btn2 = document.getElementById("btn2");
                btn2.onclick = function() {
                    //实例化 Ajax 对象
                    var ajax = new Ajax();
                    //使用 Ajax 对象的 send 方法发出 Ajax 请求
                    ajax.send("TestAjax.ashx?waitTime=3", { onok: process });
                }
                //为按钮添加事件处理
                var btn3 = document.getElementById("btn3");
                btn3.onclick = function() {
                    //实例化 Ajax 对象
                    var ajax = new Ajax();
                    //使用 Ajax 对象的 send 方法发出 Ajax 请求，超时设置为 3 秒钟
                    ajax.send("TestAjax.ashx?waitTime=5",
                                    { timeout: 3, onok: process, onerror: processError });
                }
            }
        </script>
    </head>
    <body>
        <div id="content"></div>
        <input id="btn1" type="button" value="Ajax 获取数据（服务器立即给出响应）" /><br />
        <input id="btn2" type="button"
            value="Ajax 获取数据（服务器 3 秒后给出响应）" /><br />
        <input id="btn3" type="button"
        value="Ajax 获取数据（服务器 5 秒后给出响应，设置的等待时间为 3 秒）" />
    </body>
</html>
```

在上面的例子中首先在页面里引用了改进后的 Ajax 对象代码文件，然后利用 Ajax 对象分别访问了处理等待时间不同的服务器页面。第一个按钮单击后访问的服务器页面无需等待，立即会给出响应；第二个按钮单击后访问的服务器页面会等待 3 秒然后再给出响应；第三个按钮单击后访问的服务器页面会等待 5 秒然后再给出响应，但是在传递给 Ajax 对象的参数中设置了 timeout 属性为 3 秒，所以会取消等待服务器响应，当作服务器响应超时处理。

注意，例 9-5 的源代码文件中包含了一个服务器端页面，所以例 9-5 的代码需要全部放在安装了.NET Framework 的 IIS 中才能正确运行。

9.6.3 多重请求

所谓多重请求，指的是一个页面在发出一个 Ajax 请求后在服务器没有发回响应前又向该服务器发出一个同样的 Ajax 请求。在 Ajax 网站应用中，多重请求会经常发生，所以我们在编写 Ajax 页面时必须考虑到多重请求的情况。

一般来说，会有以下两种多重请求场景。

第一个是，后续 Ajax 请求覆盖掉前面的 Ajax 请求。例如，用户在搜索框中填写内容然后按下回车，但是在接收到服务器响应之前，用户意识到刚才的输入有误，于是做了修改并再次

按下回车。在这种情况下，用户并不想要第一次的搜索结果，只想要第二次的。所以我们在开发相应页面时应该检测用户是否发出了第二次请求，并决定是否应该覆盖掉第一次的请求。

第二种场景是，用户连续发出了多次 Ajax 请求，但是服务器响应的发回顺序是不定的。例如一个聊天程序需要不断轮询服务器以获得新的消息，消息的返回次序应该和调用发出的次序一致。

如果需要保证每次调用的返回次序，相当于用一个异步系统来模仿一个同步系统的行为。可以用一个令牌来跟踪每次调用。令牌可以用一个整数值来充当，每次调用的时候递增这个整数就可以了。然后只有当令牌能对上号的时候才交给回调函数处理，如果中间缺了号，那就一直等到缺号的响应返回之后再继续下去，或者等到超时之后放弃缺号的响应。

9.6.4　意外数据

对于使用了 Ajax 技术的页面来说，还有一个需要注意的问题，就是对服务器发回的响应的数据格式的检查。服务器返回的数据不一定总是正确的。

如果打算以特定的格式返回数据，比如 XML 或 JSON，应该在服务器端设置一种特殊的数据，让它在结果里能返回某种错误代码。然后让客户端在处理服务器发回的结果之前，先检查错误代码，如果服务器返回的不是想要的内容，客户端也要能处理这种异常情况。

如果要在前面编写的 Ajax 对象中加入数据格式检查的话，可以按照如下方式做修改，以 JSON 作为响应数据格式为例。

首先需要约定服务器端错误情况响应返回的数据格式：

```
var data = {
    "error": {
        "id":1,
        "message":"未知错误！"
    }
};
```

然后在 onok 事件处理函数部分中加入对异常数据的判断，以例 9-5 中的 process 函数为例：

```
function process(transport) {
    eval(transport.responseText);
    //如果 JSON 解析不成功，则不会有对象存在，意味着服务器响应错误
    if (data) {
        return;
    }
    //如果 data 对象里有一个 error 属性，服务器会返回一条错误信息
    if (data.error) {
        return;
    }
    //再往下才是正确情况的处理
    //...
}
```

碰到服务器返回错误消息的情况，可以在页面中显示警告对话框，也可以将错误消息写到页面上。

9.7 利用 JavaScript 库实现 Ajax 应用

通过前几节内容的学习，我们看到，在开发一个应用了 Ajax 技术的页面时需要编写的 JavaScript 代码很多，要考虑的问题也很多。在第 7 章中我们了解了一些现有的 JavaScript 库，实际上现在的 JavaScript 库基本上都包含了 Ajax 组件。也就是说，JavaScript 库已经完成了实现 Ajax 功能的对象的编写，我们只需引用过来学会使用就行了。一般来说被广泛使用的 JavaScript 库都会比我们自己写的稳定，因为有了广泛的用户基础，缺陷会更快被发现。

下面来看看如何用两个常用的 JavaScript 库实现 Ajax 应用。

9.7.1 jQuery

jQuery 库是围绕 DOM 操作来设计的，它在处理 Ajax 的方式上也是如此。首先在 jQuery 库中提供了一个最便捷的 Ajax 调用函数，也就是 load()函数，该函数可以用在利用 jQuery 库获取的 DOM 对象上，比如：

```
$("#content").load("a.htm");
```

上述代码首先通过$函数获取页面中 ID 为 content 的元素，然后向指定的 URL 发出 Ajax 请求，并用响应的结果替换掉 content 元素中的内容。

除了 load()函数之外，jQuery 库还提供了一个全局函数 getJSON()，该函数可以方便地用于发出 Ajax 请求并接受 JSON 类型的响应结果，比如：

```
$.getJSON("a.js", function(data) {
    var tt = "";
    tt += data.Unid + "，";
    tt += data.CustomerName + "，";
    tt += data.Memo + "，";
    tt += data.Other;
    $("#content2").html(tt);
});
```

该函数接受两个参数，第一个是 URL 地址，第二个是一个回调函数，当从服务器正确获取 JSON 格式的响应后该函数会被调用，在调用的同时，该回调函数还会获取一个参数，该参数就是解析出的 JSON 对象。上面的代码接收到的 JSON 数据如下：

```
{"Unid":1,"CustomerName":"宋江","Memo":"天魁星","Other":"黑三郎"}
```

jQuery 库除了提供函数实现便捷的 Ajax 应用之外，它还提供了一个功能完整的全局函数 ajax()，该函数通过指定的输入参数可以实现任何类型的 Ajax 请求发送和解析任何类型的服务器响应数据，比如：

```
var options = {
    url: "books.xml",
    type: "GET",
    dataType: "xml",
    timeout: 1000,
    error: function() {
        alert("Ajax 应用错误！");
    },
```

```
success: function(xml) {
    var tt = "";
    $(xml).find("title").each(function(i) {
        tt += $(this).text() + "，"
    });
    $("#content3").html(tt);
}
};
$.ajax(options);
```

在上述代码中，ajax()函数需要一个字面量对象类型的参数，在这个参数中对 Ajax 请求进行了详细配置，url 属性指定了服务器页面地址，type 属性指定了请求发送的方式，dataType 属性指定了服务器响应数据的格式，timeout 属性指定了超时的时间，error 属性指定了异常情况产生时的回调函数，success 属性指定了成功接收服务器响应数据后的回调函数。

上述三个函数只是 jQuery 库提供的实现 Ajax 应用的主要函数，有关其他 Ajax 应用相关函数的使用可以去参看 jQuery 库的帮助文档（http://docs.jquery.com）。

【例 9-6】利用 jQuery 库实现 Ajax 应用

```
<html>
    <head>
    <title>9-6</title>
    <script type="text/javascript" src="jquery-1.4.4.min.js"></script>
    <script type="text/javascript">
        window.onload = function() {
            function btn1Click() {
                //用 load 方法实现 Ajax 应用
                $("#content1").load("a.htm");
            }
            function btn2Click() {
                //用 getJSON 方法实现 Ajax 应用
                $.getJSON("a.js", function(data) {
                    var tt = "";
                    tt += data.Unid + "，";
                    tt += data.CustomerName + "，";
                    tt += data.Memo + "，";
                    tt += data.Other;
                    $("#content2").html(tt);
                });
            }
            function btn3Click() {
                //用 ajax 方法实现 Ajax 应用
                var options = {
                    url: "books.xml",
                    type: "GET",
                    dataType: "xml",
                    timeout: 1000,
                    error: function() {
```

```
                    alert("Ajax 应用错误！");
                },
                success: function(xml) {
                    var tt = "";
                    $(xml).find("title").each(function(i) {
                        tt += $(this).text() + "，";
                    });
                    $("#content3").html(tt);
                }
            };
            $.ajax(options);
        }
        //为按钮绑定事件处理
        $("#btn1").bind("click", btn1Click);
        $("#btn2").bind("click", btn2Click);
        $("#btn3").bind("click", btn3Click);
    }
  </script>
 </head>
 <body>
     <input id="btn1" type="button" value="load 方法获取数据" />
     <input id="btn2" type="button" value="getJSON 方法获取数据" />
     <input id="btn3" type="button" value="ajax 方法获取数据" /><br/>
     <div id="content1"></div>
     <div id="content2"></div>
     <div id="content3"></div>
 </body>
</html>
```

注意，由于例 9-6 涉及到从服务器端获取数据，所以例 9-6 的代码在放置到 Web 服务器中去之前只能在 Firefox 中正确运行。

9.7.2 ExtJS

ExtJS 是一个非常优秀的 JavaScript 库，可以用来开发富有华丽外观的富客户端应用，能使 Web 应用更加具有活力。

ExtJS 库的设计目的与 jQuery 库不一样，它更注重于为页面提供各种外观组件而不是简化 JavaScript 编码，所以 ExtJS 库并没有像 jQuery 库那样提供很多用于简化 Ajax 应用的对象，而是提供了一个功能完整的全局函数 Ext.Ajax.request()，就像 jQuery 库中提供的 ajax()函数一样，该函数通过指定的输入参数可以实现任何类型的 Ajax 请求发送和解析任何类型的服务器响应数据，它接受一个字面量对象类型的参数作为函数的配置参数，代码如下：

```
//字面量对象参数
var options = {
    url: "a.js",
    timeout: 1000,
    method: "GET",
```

```
        failure: function(response, options) { },
        success: function(response, options) {
            alert(response.responseText);
        }
    };
```

在上述参数 options 中对 Ajax 请求进行了详细配置，url 属性指定了服务器页面地址，timeout 属性指定了超时的时间，failure 属性指定了异常情况产生时的回调函数，success 属性指定了成功接收服务器响应数据后的回调函数。在创建好参数后就可以发起 Ajax 请求了，代码如下：

```
    Ext.Ajax.request(options);
```

在成功获取服务器响应之后，上述 success 属性指定的回调函数会被执行，该回调函数会接收到两个参数，第一个参数是对包含数据的 XMLHttpRequest 对象的引用，第二个参数是对 options 参数的引用。通过第一个参数，我们就可以得到服务器响应的具体数据了。如果服务器发回的是 JSON 格式的数据，则可以用 ExtJS 库提供的 Ext.decode()方法将其转换为对象；如果服务器发回的是 XML 格式的数据，则可以用 ExtJS 库提供的 Ext.DomQuery 类的方法进行遍历。

【例 9-7】利用 jQuery 库实现 Ajax 应用

```
<html>
    <head>
     <title>9-7</title>
     <link rel="stylesheet" type="text/css" href="ext/resources/css/ext-all.css"/>
     <script type="text/javascript" src="ext/adapter/ext/ext-base.js"></script>
     <script type="text/javascript" src="ext/ext-all.js"></script>
     <script type="text/javascript">
         Ext.onReady(function() {
             //字面量对象参数 1
             var options1 = {
                 url: "a.js",
                 timeout: 1000,
                 method: "GET",
                 failure: function(response, options) { },
                 success: function(response, options) {
                     //获取 JSON 格式数据并解析
                     var data = Ext.decode(response.responseText);
                     var tt = "";
                     tt += data.Unid + "，";
                     tt += data.CustomerName + "，";
                     tt += data.Memo + "，";
                     tt += data.Other;
                     Ext.get("content1").update(tt);
                 }
             };
             //字面量对象参数 2
             var options2 = {
```

```
                url: "books.xml",
                timeout: 1000,
                method: "GET",
                failure: function(response, options) { },
                success: function(response, options) {
                    //获取 XML 格式数据并解析
                    var data = response.responseXML;
                    var title = Ext.DomQuery.select('/root/book/title', data);
                    var tt = "";
                    tt += title[0].childNodes[0].nodeValue + "，";
                    tt += title[1].childNodes[0].nodeValue;
                    Ext.get("content2").update(tt);
                }
            };
            //为按钮绑定单击事件
            Ext.get("btn1").on("click", function() {
                //使用参数 1 的配置发送 ajax 请求
                Ext.Ajax.request(options1);
            });
            //为按钮绑定单击事件
            Ext.get("btn2").on("click", function() {
                //使用参数 2 的配置发送 ajax 请求
                Ext.Ajax.request(options2);
            });
        });
    </script>
    </head>
    <body>
        <input id="btn1" type="button" value="Ajax 方法获取 JSON 数据" />
        <input id="btn2" type="button" value="Ajax 方法获取 XML 数据" />
        <div id="content1"></div>
        <div id="content2"></div>
    </body>
</html>
```

上述例子使用 ExtJS 库用 Ajax 方式访问了服务器，获取服务器响应，并解析服务器响应数据将结果显示在页面上。

注意，由于例 9-7 涉及到从服务器端获取数据，所以例 9-7 的代码在放置到 Web 服务器中去之前不能正确运行。

本章小结

本章主要说明了什么是 Ajax，并且比较了它和传统页面调用的差异。介绍了 Ajax 中使用的各种数据交换格式，以及它们各自适合的场景。

本章还逐步讲解了如何自己设计一个 Ajax 对象——并且演示了如何为各种意外情况规划

和扩展 Ajax 对象。最后重点讲解了两个典型的 JavaScript 库——jQuery 与 ExtJS 在 Ajax 技术应用上提供的便捷方法。在对 jQuery 与 ExtJS 库实现 Ajax 应用的举例说明中只涉及到了常用的一些函数与对象。如果需要全面了解 jQuery 与 ExtJS 库实现 Ajax 应用的话，还需要查询相关的 API 文档。

习　题

9-1　什么是 Ajax？

9-2　Ajax 服务器访问方式与传统方式的区别是什么？

9-3　利用本章所讲的 Ajax 对象实现服务器响应文本的获取？

9-4　利用 jQuery 库实现获取服务器时间？

9-5　利用 ExtJS 库实现获取服务器时间？

综合实训

目标

利用本章所学知识，创建一个用户登录页面并以 Ajax 方式提交用户名与密码到服务器进行判断，并接收和显示服务器返回的数据。

准备工作

在进行本实训前，必须学习完本章的全部内容，并掌握利用 jQuery 库实现 DOM 操作、事件处理与 Ajax 的方法。

实训预估时间：90 分钟

按图 9-8 设计页面。

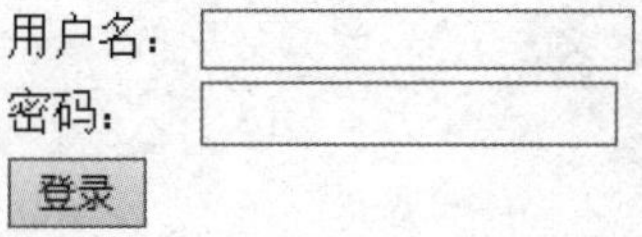

用户名：
密码：
登录

图 9-8　综合实训页面设计

要求实现在页面载入后，用户能够填写用户名和密码，并且当用户单击登录按钮后能以Ajax方式将用户名和密码提交到服务器，并接受服务器返回的登录成功与否的消息，最后以页面对话框方式提示用户是否登录成功。

值得注意的是，在编写 JavaScript 代码时可以用 jQuery 库辅助实现 Ajax 功能。同时本实训也涉及到服务器端程序，这里给出.NET 版的服务器端程序代码以供参考：

```
<%@ WebHandler Language="C#" Class="Login" %>
using System;
using System.Web;
public class Login : IHttpHandler {
    public void ProcessRequest (HttpContext context) {
        //延时 3 秒，让 Ajax 效果更明显
```

```
            System.Threading.Thread.Sleep(3000);
            if (context.Request.Params["name"] != null && context.Request.Params["psw"] != null)
            {
                if (context.Request.Params["name"].ToString() == "admin"
                && context.Request.Params["psw"].ToString() == "admin")
                {
                    context.Response.ContentType = "text/plain";
                    context.Response.Write("{\"isLogin\":\"true\"}");
                }
                else
                {
                    context.Response.ContentType = "text/plain";
                    context.Response.Write("{\"isLogin\":\"false\"}");
                }
            }
            else
            {
                context.Response.ContentType = "text/plain";
                context.Response.Write("{\"isLogin\":\"false\"}");
            }
        }
        public bool IsReusable {
            get {
                return false;
            }
        }
    }
```

第 10 章　JavaScript 表单验证

本章将介绍Web页面中常用的表单验证方式并详细说明如何利用JavaScript实现客户端表单验证，最后讲解了如何利用 Ajax 技术实现无刷新的、客户端结合服务器端的表单验证。

- 服务器端表单验证与客户端表单验证的原理
- 利用 JavaScript 实现客户端表单验证
- 利用 Ajax 技术与服务器端结合实现无刷新的表单验证

10.1　服务器端表单验证

在 Web 应用开发中，我们经常要使用表单来收集用户提交的数据，比如用户注册和成绩单提交等场景。在通过表单收集用户数据时往往需要验证用户提交的信息，以确保内容是合理的，例如可以在字段旁加上“*”号表示必填项目。同时，为了保证用户提交数据的正确性，应该通过程序迫使用户填写有效的数据。表单验证的意义在于：让程序检查用户的输入，确保输入的数据是正确的。

在 Web 应用中，数据验证可以分为两种，一种是服务器端数据验证，另一种是客户端数据验证。客户端数据验证一般在浏览器中通过 JavaScript 代码来实现，此时数据还没有发送到服务器。服务器端数据验证是指数据从浏览器发送到服务器之后通过服务器程序进行验证。一个 Web 应用通常在服务器端和客户端都要进行数据验证。

服务器端验证是在数据提交到服务器后由服务器端代码执行的。例 10-1 是用 ASP.NET 编写的，在该例中，用服务器端代码验证了用户是否填写了用户名和出生日期。

【例 10-1】简单的 ASP.NET 服务器端表单验证

```
<%@ Page Language="C#" %>
    <script runat="server">
    protected void Page_Load(object sender, EventArgs e)
    {
        if (IsPostBack)
        {
            //清空提示信息
            msg1.Text = "";
            //检查用户名是否为空
```

```
                if(Request.Params["userName"].ToString() == "")
                    msg1.Text += " 用户名不能为空 ";
                //利用正则表达式检查出生日期格式是否正确
                string birthDay = Request.Params["birthDay"].ToString();
                if (!Regex.IsMatch(birthDay, @"^\d\d\d\d[\/.-]\d\d[\/.-]\d\d$"))
                    msg1.Text += " 出生日期格式不正确 ";
            }
        }
    </script>
<html>
    <head runat="server">
        <title></title>
    </head>
    <body>
        <form action="simpleform.aspx" runat="server">
          <span>用户名：</span><input name="userName" type="text" /><br />
          <span>出生日期：</span><input name="birthDay" type="text" /><br />
          <input type="submit" />
          <asp:Label ID="msg1" runat="server" Text="" ForeColor="Red"></asp:Label>
        </form>
    </body>
</html>
```

上述例子演示了如何用 ASP.NET 在服务器端验证用户输入，其中利用了正则表达式验证日期格式，如果用户的输入不合要求，就会显示一条错误信息。注意，上述例子必须在配置有.NET 环境的 IIS 服务器中才能正确运行。

通过上述例子可以看到，服务器端验证基本上可以应对所有情况的数据验证，但是为了提高 Web 服务器的运行效率，一般来说只有需要使用服务器数据的验证才会被放到服务器去执行，比如验证用户名是否存在，对于一些一般性的验证，比如必填字段和 Email 格式是否正确等都可以放到客户端进行验证。

10.2 客户端表单验证

客户端表单验证可以通过 JavaScript 来实现。JavaScript 原生支持正则表达式，利用正则表达式可以高效地对用户输入的数据进行验证。正则表达式验证可以使用如下代码实现，以时间格式为例：

```
//设置日期格式正则表达式
var dateRegexp = /^\d\d\d\d[\/.-]\d\d[\/.-]\d\d$/;
var birthDay = document.getElementById("txt2");
//检查日期格式是否正确
if (birthDay.value.search(dateRegexp) == -1) {
    //格式不正确
}else{
    //格式正确
}
```

一般来说客户端验证需要考虑三个方面的问题，首先是何时进行验证，其次是验证结果如何提示用户，最后是页面需要根据不同的验证结果做出不同的反应。

首先是验证的时机，也就是数据验证在什么时候执行。数据验证通常可以根据需求放在JavaScript 提供的事件中执行，比如需要在用户填写完 Email 地址后立即执行格式验证的话则可以在 Email 输入文本框的 onblur 事件中执行数据验证代码，如果需要在用户每键入一个字符的时候进行数据验证的话可以使用文本框的 onchange 事件，如果在用户提交表单前需要进行表单验证的话可以在表单的 onsubmit 事件中执行验证代码。为表单添加 onsubmit 事件的代码如下：

```
//根据表单 id 获取表单
var frm1 = document.getElementById("frm1");
//处理表单的 onsubmit 事件
frm1.onsubmit = function() {
    //数据验证代码...
}
```

其次，验证结果需要以一种合适的方式呈现给用户。客户端验证不会提交数据给服务器，所以验证时页面不会刷新，客户端验证需要动态地修改 DOM 元素将验证结果显示给用户。通常在设计页面时，可以在需要显示验证结果的位置放一个 class 属性值为 error 的 span 标记（<span class="error"></span>）作为错误消息的占位符，但是当这些 span 标记内容为空的时候对页面毫无贡献，而且散落在 HTML 代码中会影响页面的整体布局。如果能通过 JavaScript 自动添加和删除这些 span 标记，则可以使页面代码更加整洁。当客户端验证检测到表单错误时，先检查当前文本框对应的 class 属性值为 error 的 span 标记是否存在，如果存在则修改其内容，反之则插入新的标记。我们可以编写一个函数来完成这个功能，其代码如下：

```
//在文本框后插入验证错误信息
function ErrorMsg(txtBox, msg) {
    var errSpan = txtBox.nextSibling;
    //判断 span 标记是否已经存在
    if (errSpan != null && errSpan.nodeName == "SPAN" && errSpan.className == "error")
    {
        errSpan.innerHTML = msg;
    }
    else {
        //创建 span 标记并利用 DOM 方法添加到文本框之后
        errSpan = document.createElement("span");
        errSpan.className = "error";
        errSpan.innerHTML = msg;
        if (txtBox.nextSibling != null)
            txtBox.parentNode.insertBefore(errSpan, txtBox.nextSibling);
        else
            txtBox.parentNode.appendChild(errSpan);
    }
}
```

最后，当客户端验证发现页面上存在错误时，应该阻止表单提交，一个存在错误的表单即使被提交到服务器，还是会返回来给用户修改的。要阻止表单提交可以在表单的 onsubmit

事件中通过代码阻止事件的默认行为。通常可以用将事件处理函数返回值设置为 false 的方式阻止事件的默认行为。

【例 10-2】简单的客户端表单验证

```
<html>
    <head>
    <title></title>
    <style type="text/css">
        .error{
          color:Red;
        }
    </style>
    <script type="text/javascript">
        window.onload = function() {
            //根据表单 id 获取表单
            var frm1 = document.getElementById("frm1");
            //在文本框后插入验证错误信息
            function ErrorMsg(txtBox, msg) {
                var errSpan = txtBox.nextSibling;
                //判断 span 标记是否已经存在
                if (errSpan != null && errSpan.nodeName == "SPAN" &&
                errSpan.className == "error") {
                    errSpan.innerHTML = msg;
                }
                else {
                    //创建 span 标记并利用 DOM 方法添加到文本框之后
                    errSpan = document.createElement("span");
                    errSpan.className = "error";
                    errSpan.innerHTML = msg;
                    if (txtBox.nextSibling != null)
                        txtBox.parentNode.insertBefore(errSpan, txtBox.nextSibling);
                    else
                        txtBox.parentNode.appendChild(errSpan);
                }
            }
            //处理表单的 onsubmit 事件
            frm1.onsubmit = function() {
                var isValidate = true;
                //检查用户名是否填写
                var userName = document.getElementById("txt1");
                if (userName.value == "") {
                    isValidate = false;
                    ErrorMsg(userName, "必须填写用户名!");
                }
                else
                    ErrorMsg(userName, "");
                //设置日期格式正则表达式
```

```
            var dateRegexp = /^\d\d\d\d[\/.-]\d\d[\/.-]\d\d$/;
            var birthDay = document.getElementById("txt2");
            //检查日期格式是否正确
            if (birthDay.value.search(dateRegexp) == -1) {
                isValidate = false;
                ErrorMsg(birthDay, "出生日期格式不正确!");
            }
            else
                ErrorMsg(birthDay, "");
            //如果验证不通过则阻止表单提交
            if (!isValidate)
                return false;
            else
                alert("验证通过！");
        }
    }
    </script>
  </head>
  <body>
      <form id="frm1" action="http://www.baidu.com">
          <span>用户名：</span><input id="txt1" name="userName" type="text" /><br />
          <span>出生日期：</span><input id="txt2" name="birthDay" type="text" /><br />
          <input type="submit" />
      </form>
  </body>
</html>
```

上述例子演示了如何用 JavaScript 在客户端验证用户输入，其中利用了正则表达式验证日期格式，如果用户的输入不合要求，就会在相应的文本框之后显示一条错误信息，并阻止表单的提交。

虽然客户端表单验证可以利用正则表达式对几乎所有数据格式进行验证以保证数据的正确性，但是如果验证过程中需要服务器数据的话客户端验证就无能为力了，比如在注册新用户时检查用户名是否已经存在。

后续将讨论如何利用 Ajax 技术结合客户端验证与服务器端验证解决上述问题。

10.3　用 Ajax 实现表单验证

客户端利用 JavaScript 语言和正则表达式能够实现非常强大的客户端验证功能，但还是有不足之处。首先，客户端无法利用服务器中的数据来完成验证，比如检测某个输入的身份证号码是不是一个真实存在的；其次，某些情况下正则表达式也无法准确地验证数据，比如在上一节的例子中，检查日期的正则表达式^\d\d\d\d[\/.-]\d\d[\/.-]\d\d$允许输入的是四位数字、一个分隔符、两位数字、一个分隔符和两位数字。这条表达式可以有效地阻止一些明显的错误输入，但对一些无效输入，比如“9999/99/99”“2011/03/32”“2007/02/29”就无能为力了。正则表达式不可能完全捕捉各种畸形的状况，还有很多情况是正则表达式完全起不到作用的：比如没有规定格式的日期、数值范围和 URL 是否有效。要验证这些用户输入，需要服务器端验证才行。

要在服务器端验证用户输入并不困难，例 10-1 就实现了服务器端的数据验证。但在实际情况中如果无区别地把所有的数据全部交由服务器端验证的话，验证效率会很低，而且带来的用户体验也不太好。最好的做法应该是服务器端验证与客户端验证相结合。客户端利用正则表达式实际上可以完成初步的验证，以时间日期来说的话客户端验证可以过滤掉全部的错误输入，比如“1236”和“五月”等。在输入的数据通过客户端验证之后再以 Ajax 方式发送给服务器做进一步的验证。

客户端验证用 Ajax 方式结合服务器端验证可以按照如下步骤实现：

（1）页面加载的时候，给每个字段的 onblur 事件附加一个处理函数。

（2）当用户的输入焦点离开某个字段时，onblur 事件处理函数开始执行，从字段中取得当前值，并在客户端进行初步验证。

（3）如果初步验证结果是输入数据错误则显示错误消息，在输入的数据通过客户端验证之后，可以向服务器发出一个 XMLHttpRequest 调用，向服务器传递字段的名称和取值。

（4）服务期执行相关验证代码，然后返回验证结果。

（5）JavaScript 接收到 Ajax 调用结果，如果是错误消息就阻止表单提交并在页面上显示错误信息，如果没有错误则提交表单或执行其他动作。

实现上述验证过程要做的事情不少。由于使用了 Ajax 技术，在其实现中要通过 JavaScript 绑定事件、发出 Ajax 调用、解析 Ajax 调用结果、修改页面的 DOM。这种情况下可以考虑引入 JavaScript 库来完成以上繁重的工作，这里选用轻量级且功能全面的 jQuery 库比较合适。

通过 Ajax 技术向服务器发送需要验证的字段信息时，需要传递给服务器的信息只是一个字段的名称和取值，所以用查询字符串来传递是最好的选择。服务器从 URL 里分离出这两项信息进行验证，最后用 JSON 格式返回结果。

下面将在例 10-2 的客户端验证基础上结合 Ajax 技术加入服务器端验证，以保证表单中的用户名不会与服务器中的数据重复，同时验证时间日期是否正确。

服务器端代码可以放在一个叫作 AjaxValidate.ashx 的文件中（以 ASP.NET 作为服务器端），其代码如下：

```
<%@ WebHandler Language="C#" Class="AjaxValidate" %>
using System;
using System.Web;
public class AjaxValidate : IHttpHandler {
    public void ProcessRequest(HttpContext context)
    {
        if (context.Request.Params["field"] != null && context.Request.Params["value"] != null)
        {
            context.Response.ContentType = "text/plain";
            string field = context.Request.Params["field"].ToString();
            switch (field)
            {
                case "dayofyear":
                    try
                    {
```

```
                    //检查日期输入是否正确
                    Convert.ToDateTime(context.Request.Params["value"]);
                    context.Response.Write("{\"error\":0,\"msg\":\"\"}");
                }
                catch
                {
                    //如果不正确则以 JSON 格式返回信息
                    context.Response.Write("{\"error\":1,\"msg\":\"日期输入不正确！\"}");
                }
                break;
            case "name":
                string name = context.Request.Params["value"].ToString();
                //检查用户名是否正确，实际应用中应该在数据库中比较
                if (name == "admin")
                {
                    //如果存在重名则以 JSON 格式返回信息
                    context.Response.Write("{\"error\":1,\"msg\":\"用户名“" +
                                        name + "”已经存在！\"}");
                }
                else
                {
                    context.Response.Write("{\"error\":0,\"msg\":\"\"}");
                }
                break;
            default:
                context.Response.Write("{\"error\":1,\"msg\":\"输入参数不正确！\"}");
                break;
        }
    }
    else
    {
        context.Response.Write("{\"error\":1,\"msg\":\"缺少输入参数！\"}");
    }
}
public bool IsReusable {
    get {
        return false;
    }
}
}
```

服务器端代码的主要功能是检测客户端传来的用户名是否和服务器中已有的用户名重复，如果重复则以 JSON 格式返回结果。如果服务器接收到的是时间日期的验证请求，则检查传入的时间日期是否有效，如果无效也以 JSON 格式返回结果。

在本例中客户端代码的主要任务是初步验证数据格式，在格式正确的前提下将数据发送到服务器做进一步的有效性验证，用户名输入部分的验证代码如下：

```
//用户名文本框的输入格式先在客户端判断然后送到服务器端判断
$("#txt1").bind("blur", function () {
    isValidate["userName"] = false;
    var txtUserName = $("#txt1").val();
    //客户端验证，看看是否输入了用户名
    if (txtUserName == "") {
    ErrorMsg(this, "必须填写用户名!");
        $("#img1").hide();
    }
    else {
        //客户端验证通过后，发送数据到服务器做进一步判断
        $.getJSON("AjaxValidate.ashx", {
            "field": "name",
                "value": txtUserName
        }, function (data) {
                var inputBox = $("#txt1").get(0);
                if (data.error == 1) {
                    $("#img1").hide();
                    ErrorMsg(inputBox, data.msg);
                } else {
                    isValidate["userName"] = true;
                    ErrorMsg(inputBox, "");
                    $("#img1").show();
                }
        });
    }
});
```

在上述代码里，通过 jQuery 库提供的 bind 方法为文本框绑定了 onblur 事件处理程序，一旦用户完成输入，焦点离开文本框，则会触发验证事件。首先会进行客户端验证，在上述代码中是验证文本框是否为空，客户端验证通过后则将数据发送到服务器做进一步的判断，这里用到了 jQuery 库中的$.getJSON 函数向指定 URL 发出请求并取得返回的 JSON 数据。如果验证通过则将相应的标识符 isValidate["userName"]设置为 true，验证没有通过则设置为 false 并显示接收到的错误信息。该标识符用于在 onsubmit 事件中判断是否所有文本框的验证都已经通过。

【例 10-3】客户端利用 Ajax 技术结合服务器端表单验证

```
<html>
    <head>
    <title></title>
    <style type="text/css">
        .error{
            color:Red;
        }
    </style>
    <script type="text/javascript" src="jquery-1.4.4.min.js"></script>
    <script type="text/javascript">
```

```
window.onload = function () {
    //根据表单 id 获取表单
    var frm1 = document.getElementById("frm1");
    //在文本框后插入验证错误信息
    function ErrorMsg(txtBox, msg) {
        var errSpan = txtBox.nextSibling;
        //判断 span 标记是否已经存在
        if (errSpan != null && errSpan.nodeName == "SPAN"
        && errSpan.className == "error") {
            errSpan.innerHTML = msg;
        }
        else {
            //创建 span 标记并利用 DOM 方法添加到文本框之后
            errSpan = document.createElement("span");
            errSpan.className = "error";
            errSpan.innerHTML = msg;
            if (txtBox.nextSibling != null)
                txtBox.parentNode.insertBefore(errSpan, txtBox.nextSibling);
            else
                txtBox.parentNode.appendChild(errSpan);
        }
    }
    var isValidate = new Array();
    isValidate["userName"] = false;
    isValidate["birthDay"] = false;
    isValidate["Sex"] = false;
    //用户名文本框的输入格式先在客户端判断然后送到服务器端判断
    $("#txt1").bind("blur", function () {
        isValidate["userName"] = false;
        var txtUserName = $("#txt1").val();
        //客户端验证，看看是否输入了用户名
        if (txtUserName == "") {
            ErrorMsg(this, "必须填写用户名!");
            $("#img1").hide();
        }
        else {
            //客户端验证通过后，发送数据到服务器做进一步判断
            $.getJSON("AjaxValidate.ashx", {
                "field": "name",
                "value": txtUserName
            }, function (data) {
                var inputBox = $("#txt1").get(0);
                if (data.error == 1) {
                    $("#img1").hide();
                    ErrorMsg(inputBox, data.msg);
```

```
                } else {
                    isValidate["userName"] = true;
                    ErrorMsg(inputBox, "");
                    $("#img1").show();
                }
            });
        }
    });
    //出生日期文本框的输入格式先在客户端判断然后送到服务器端判断
    $("#txt2").bind("blur", function () {
        isValidate["birthDay"] = false;
        var txtBirthDay = $("#txt2").val();
        //设置日期格式正则表达式
        var dateRegexp = /^\d\d\d\d[\/.-]\d\d[\/.-]\d\d$/;
        //检查日期格式是否正确
        if (txtBirthDay.search(dateRegexp) == -1) {
            ErrorMsg(this, "出生日期格式不正确!");
            $("#img2").hide();
        }
        else {
            //发送数据到服务器做进一步判断
            $.getJSON("AjaxValidate.ashx", {
                "field": "dayofyear",
                "value": txtBirthDay
            }, function (data) {
                var inputBox = $("#txt2").get(0);
                if (data.error == 1) {
                    $("#img2").hide();
                    ErrorMsg(inputBox, data.msg);
                } else {
                    isValidate["birthDay"] = true;
                    ErrorMsg(inputBox, "");
                    $("#img2").show();
                }
            });
        }
    });
    //性别文本框的输入只需要在客户端判断
    $("#txt3").bind("blur", function () {
        isValidate["Sex"] = false;
        var txtSex = $("#txt3").val();
        if (txtSex == "男" || txtSex == "女") {
            isValidate["Sex"] = true;
            ErrorMsg(this, "");
            $("#img3").show();
```

```
                } else {
                    ErrorMsg(this, "性别只能为"男"或"女"!");
                    $("#img3").hide();
                }
            });
            //处理表单的 onsubmit 事件
            frm1.onsubmit = function () {
                for (var k in isValidate) {
                    if (isValidate[k] == false) {
                        alert("数据验证未通过!");
                        return false;
                    }
                }
            }
        }
    </script>
  </head>
  <body>
      <form id="frm1" action="http://www.baidu.com">
        <span>用户名：</span><input id="txt1" name="userName" type="text" />
        <img id="img1" style="display:none" src="icon_ok.gif" alt=""/><br />
        <span>出生日期：</span><input id="txt2" name="birthDay" type="text" />
        <img id="img2" style="display:none" src="icon_ok.gif" alt=""/><br />
        <span>性别：</span><input id="txt3" name="Sex" type="text" />
        <img id="img3" style="display:none" src="icon_ok.gif" alt=""/><br />
        <input type="submit" />
      </form>
  </body>
</html>
```

例 10-3 初看上去可能有些复杂，不过本质上只是把前面介绍的几种验证方式结合在一起。例 10-3 中验证了包含用户名、出生日期和性别共三个输入框的表单，其中用户名和出生日期结合服务器端验证了数据的有效性，性别部分的输入数据在客户端就能完成验证。

用 Ajax 的方式结合客户端验证与服务器端验证可以有效提高表单的使用体验，避免了页面刷新，也避免了等待重新下载整个页面，同时又能充分利用服务器端在编写复杂代码上的优势，使验证例程更加全面，更有效地防止用户输入不正确的内容。

本章小结

本章主要说明了如何利用 JavaScript 实现表单验证，并且介绍了表单验证的常用方式。在 Web 应用中表单验证很重要，任何投入实用的表单页面都应该去尽力确保其收集到的数据的质量。客户端验证能应对大多数情况，只是需要服务器数据的时候数据验证需要在服务器端进行。从用户体验和程序运行效率考虑，利用 Ajax 技术结合客户端验证与服务器端验证是很有必要的。

习　题

10-1　表单验证分为哪些方式？

10-2　服务器端验证和客户端验证的区别是什么？

10-3　利用客户端验证的方式实现对年龄（0～60 岁）和性别输入的验证？

10-4　利用服务器端验证时间日期输入是否正确？

10-5　利用客户端与服务器端结合的方式验证时间日期输入是否正确？

综合实训

目标

利用本章所学知识，创建一个电子邮件注册页面表单并以客户端与服务器端结合的方式验证用户填入的数据，如果数据通过验证则提交表单，否则阻止表单提交。

准备工作

在进行本实训前，必须学习完本章的全部内容，并掌握利用 jQuery 库实现 DOM 操作、事件处理与 Ajax 的方法。

实训预估时间：90 分钟

按图 10-1 和图 10-2 设计页面。

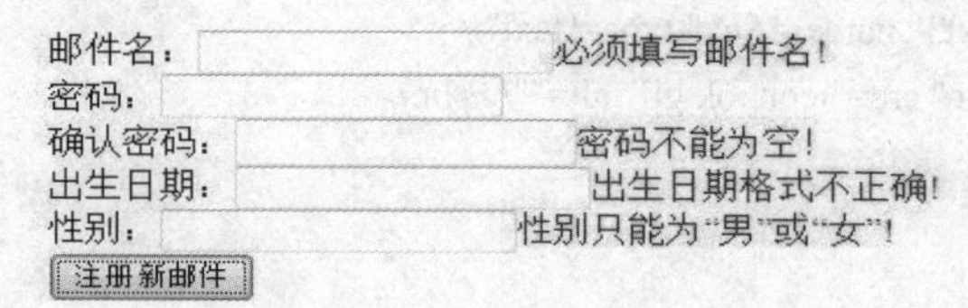

图 10-1　验证错误时的页面

图 10-2　验证正确时的页面

要求实现在页面载入后，用户能够填写注册新邮件用的表单。其中“邮件名”需要在客户端验证其不能为空，然后在服务器端验证防止其与现有的邮件名重复；“密码”和“确认密码”在客户端验证，它们的内容不能为空且必须保持一致；“出生日期”需要在客户端验证其基本格式，然后在服务器端验证其表示的日期是有效的；“性别”在客户端验证其只能填写“男”或“女”。所有的数据错误信息在相应的文本框后显示。

值得注意的是，本实训是对例 10-3 的扩充，在实现编写 JavaScript 代码时可以用 jQuery 库辅助完成事件处理与实现 Ajax 功能。同时本实训也涉及到服务器端程序，这里给出.NET 版的服务器端程序代码以供参考：

```
<%@ WebHandler Language="C#" Class="AjaxValidate" %>
using System;
using System.Web;
public class AjaxValidate : IHttpHandler {
    public void ProcessRequest(HttpContext context)
    {
        if (context.Request.Params["field"] != null && context.Request.Params["value"] != null)
```

```
    {
        context.Response.ContentType = "text/plain";
        string field = context.Request.Params["field"].ToString();
        switch (field)
        {
            case "dayofyear":
                try
                {
                    //检查日期输入是否正确
                    Convert.ToDateTime(context.Request.Params["value"]);
                    context.Response.Write("{\"error\":0,\"msg\":\"\"}");
                }
                catch
                {
                    //如果不正确则以 JSON 格式返回信息
                    context.Response.Write("{\"error\":1,\"msg\":\"日期输入不正确！\"}");
                }
                break;
            case "name":
                string name = context.Request.Params["value"].ToString();
                //检查用户名是否正确，实际应用中应该在数据库中比较
                if (name == "admin@mymail.com")
                {
                    //如果存在重名则以 JSON 格式返回信息
                    context.Response.Write("{\"error\":1,\"msg\":\"用户名“" +
                                                                name + "”已经存在！\"}");
                }
                else
                {
                    context.Response.Write("{\"error\":0,\"msg\":\"\"}");
                }
                break;
            default:
                context.Response.Write("{\"error\":1,\"msg\":\"输入参数不正确！\"}");
                break;
        }
    }
    else
    {
        context.Response.Write("{\"error\":1,\"msg\":\"缺少输入参数！\"}");
    }
}
public bool IsReusable {
    get {
        return false;
    }
}
}
```

参考文献

[1] Nicholas C.Zakas．JavaScript 高级程序设计．北京：人民邮电出版社，2006．

[2] Jeremy Keith．JavaScript DOM 编程艺术．北京：人民邮电出版社，2007．

[3] 张鑫，黄灯桥，杨彦强．JavaScript 凌厉开发——Ext 详解与实践．北京：清华大学出版社，2009．

[4] 丁世锋，蔡平．零基础学 JavaScript．北京：机械工业出版社，2010．

[5] Snook,J.．JavaScript 捷径教程．北京：人民邮电出版社，2009．

[6] Steve Suehring．JavaScript 编程循序渐进．北京：机械工业出版社，2008．

[7] 张银鹤．JavaScript 完全学习手册．北京：清华大学出版社，2009．